应用型本科高校建设示范教材

微积分（经管类）教程篇（上册）

主　编　曹海军　王海棠　周玲丽

副主编　张　鑫　马彦君　李　丽　于学光

中国水利水电出版社
www.waterpub.com.cn
·北京·

内 容 提 要

本书以培养学生的专业素质为目的，充分吸收多年来的教学实践经验和教学改革成果，主要特点是把数学知识和经济学、管理学的有关内容有机结合起来，融经济、管理于数学，培养学生用数学知识和方法解决实际问题的能力。

《微积分（经管类）教程篇》分上下两册。上册内容包括函数、极限与连续、导数与微分、一元函数微分的应用、一元函数积分学。下册内容包括微分方程与差分方程、多元函数微分学、二重积分、无穷级数、数学实验等。

本书内容全面、结构严谨、推理严密、详略得当、例题丰富；可读性及应用性强；难易适度，证明简洁，注重数学知识的应用性；拓展内容新颖，数学实验简单实用。本书可作为普通高等院校经济管理类学科“微积分”课程的教材或教学参考书。

图书在版编目（CIP）数据

微积分 : 经管类. 教程篇. 上册 / 曹海军, 王海棠, 周玲丽主编. -- 北京 : 中国水利水电出版社, 2022.5(2024.7 重印)
应用型本科高校建设示范教材
ISBN 978-7-5226-0705-4

Ⅰ. ①微… Ⅱ. ①曹… ②王… ③周… Ⅲ. ①微积分－高等学校－教材 Ⅳ. ①O172

中国版本图书馆CIP数据核字(2022)第081243号

策划编辑：杜威　责任编辑：张玉玲　加工编辑：曲书瑶　封面设计：梁燕

书　名	应用型本科高校建设示范教材 微积分（经管类）教程篇（上册） WEIJIFEN (JINGGUAN LEI) JIAOCHENG PIAN
作　者	主　编　曹海军　王海棠　周玲丽 副主编　张　鑫　马彦君　李　丽　于学光
出版发行	中国水利水电出版社 （北京市海淀区玉渊潭南路 1 号 D 座　100038） 网址：www.waterpub.com.cn E-mail：mchannel@263.net（答疑） sales@mwr.gov.cn 电话：（010）68545888（营销中心）、82562819（组稿）
经　售	北京科水图书销售有限公司 电话：（010）68545874、63202643 全国各地新华书店和相关出版物销售网点
排　版	北京万水电子信息有限公司
印　刷	三河市德贤弘印务有限公司
规　格	170mm×240mm　16 开本　14.25 印张　263 千字
版　次	2022 年 5 月第 1 版　2024 年 7 月第 2 次印刷
印　数	2001－4000 册
定　价	38.00 元

前　言

一、数学的发展

数学是研究现实世界的数量关系和空间形式的科学，简单来说，就是研究数和形的科学。

数学是一门古老而又年轻的科学。早在公元前两千多年，人们由于贸易、测量和航海的需要，整理了更远古的计算和测量方法，从而形成了数学。这一时期，数学知识还是片面的、零碎的，没有形成严谨的体系，称为数学的萌芽时期。

从公元前 6 世纪开始，古希腊的数学就已获得独立的地位，而数学作为一门完整的科学，是在公元前 3 世纪，由欧几里得的不朽之作《几何原本》确立的。公元前 6 世纪到 17 世纪中叶，称为初等数学时期；17 世纪，笛卡尔的解析几何与微积分的诞生成为变量数学的标志；18 世纪，由于物理学、天文学和数学本身的发展，出现许多新的数学分支，如级数、微分方程、微分几何、复变函数、实变函数和泛函分析等，因此 18 世纪是分析的世纪；19 世纪至今，产生了非欧几何，康托尔创立了集合论，由此产生了拓扑学、概率统计、运筹学、控制论、系统分析、经济数学和生物数学等。

二、微积分概述

在中学阶段学习的主要是初等数学（包括初等代数和初等几何），其研究对象基本是不变的量；微积分则是以函数（变量）、连续函数为研究对象，极限是其最基本的研究方法，微分与积分为其主要内容。

微积分对于高等院校经管类学生来说是一门面广、量大而影响深远的重要基础课程，概念难度偏大、理论性强、抽象性强。通过对微积分的学习，学生应当掌握微积分的基本概念、基本理论，培养数学运算能力、抽象思维能力、逻辑思维能力、自学能力和创新能力，提高数学修养和数学素质，为以后学习专业技术知识和从事科学技术研究打下坚实的基础。

微积分诞生于 300 多年以前，被科学家誉为人类思想的伟大成果之一。几百年来，微积分一直被各个大学作为重要的基础课来让学生学习，原因就是它非常有用，而且对于培养思维能力来说有积极作用。微积分来源于实践，也可应用于实践，在工程技术乃至社会科学领域都有非常重要的应用。下面举几个典型的例子。比如，在火箭的发射、升空、飞行过程中，它做的是变速运动，那么怎样定义火箭运动的瞬时速度？怎样计算瞬时速度？比如，对一条任意形状的光滑曲线，怎样求曲线上某一点处的切线？比如，一门大炮，它的炮身和地面的夹角直接影响到炮弹的射程，则它和地面的夹角为多少时炮弹的射程最远？再比如，对一块边缘不规则的田地，怎样求出这块田地的面积？这些问题都可以用微积分来解决。实际上，这四个例子对应着历史上著名的四大类问题，即速度问题、切线问题、最大最小值问题、求面积和体积问题，它们是微积分产生的源泉。

微积分是微分学和积分学的统称，它的萌芽、诞生与发展经历了漫长的时期。早在古希腊时期，欧多克斯提出了穷竭法，这是微积分的先驱。而我国庄子的《天下篇》中也有“一尺之棰，日取其半，万世不竭”的极限思想；公元 263 年，刘徽为《九章算术》作注时提出了“割圆术”，用正多边形来逼近圆周，这是极限思想的成功运用。

积分概念是从求某些面积、体积和弧长的问题中产生的。古希腊数学家阿基米德在《抛物线求积法》中用穷竭法求出抛物线弓形的面积，他没有用极限方法，而是用“有限”开工的穷竭法，这成为积分学的萌芽。

微分是从对曲线作切线的问题和求函数的极大值、极小值问题中产生的。微分方法的第一个真正值得注意的先驱工作起源于 1629 年费马陈述的概念。费马给出了如何确定极大值和极小值的方法。其后英国剑桥大学三一学院的巴罗教授又给出了求切线的方法，进一步推动了微分学概念的产生。在前人工作的基础上，牛顿和莱布尼茨在 17 世纪下半叶各自独立创立了微积分。

1665 年 5 月 20 日，在牛顿手写的一份文件中开始有“流数术”的记载，微积分的诞生不妨以这一天为标志。牛顿关于微积分的著作很多写于 1665—1676 年，但这些著作发表很迟。他完整地提出微分与积分是一对互逆运算，并且给出换算的公式，就是后来著名的牛顿－莱布尼茨公式。

如果将整个数学比作一棵大树，那么初等数学是树的根，名目繁多的数学分支是树枝，而树干的主要部分就是微积分。从 17 世纪开始，随着社会的进步和生产力的发展，以及航海、天文、矿山建设等领域许多课题要解决，数学也开始研究变化着的量，由此数学进入了“变量数学”时代，即微积分不断完善成为一门学科。整个 17 世纪有数十位科学家为微积分的创立进行了开创性的研究，但使微积分成为数学的一个重要分支的还是牛顿和莱布尼茨。

微积分的诞生一般分为三个阶段：极限概念阶段、求积的无限小方法阶段、积分与微分的互逆关系阶段。最后一个阶段是由牛顿和莱布尼茨完成的。前两阶段的工作，欧洲的大批数学家（可追溯到古希腊的阿基米德）都做出了各自的贡献。追溯到公元前 3 世纪，在古希腊的数学家、力学家阿基米德（公元前 287—

公元前 212 年）的著作《圆的测量》和《论球与柱》中就已含有微积分的萌芽，他在抛物线下的弓形面积、球和球冠面积、螺线下的面积和旋转双曲线的体积问题的研究中就隐含着近代积分的思想。开普勒在 1615 年《测量酒桶体积的新科学》一书中，就把曲线看成边数无限增大的直线形，并提出圆的面积就是无穷多的三角形面积之和，这些都可视为极限思想的佳作。意大利数学家卡瓦列利在 1635 年出版的《连续不可分几何》一书中把曲线看成是无限多条线段（不可分量）拼成的。对于这方面的工作，古代中国毫不逊色于西方，微积分思想在中国早有萌芽，甚至是古希腊数学不能比拟的。公元前 7 世纪老庄哲学中就有无限可分性和极限思想；公元前 4 世纪《墨经》中有了有穷、无穷、无限小（最小无内）、无穷大（最大无外）的定义和极限、瞬时等概念。刘徽在公元 263 年首创了割圆术求圆面积和方锥体积，求得圆周率约等于 3.1416，他的极限思想和无穷小方法是世界古代极限思想的深刻体现。

微积分思想虽然可追溯至古希腊，但它的概念和法则却是 16 世纪下半叶，在开普勒、卡瓦列利等求积的不可分量思想和方法基础上产生和发展起来的。而这些思想和方法从刘徽对圆锥、圆台、圆柱的体积公式的证明到公元 5 世纪祖暅求球体积的方法中都可找到。北宋大科学家沈括在《梦溪笔谈》中独创了“隙积术”“会圆术”和“棋局都数术”，开始了对高阶等差级数求和的研究。

上述科学家都为 17 世纪微积分成为一门科学奠定了基础，解析几何也为微积分的创立奠定了基础。16 世纪以后欧洲封建社会日趋没落，资本主义逐渐兴起，为科学技术的发展开创了美好前景。到了 17 世纪，许多著名的数学家、天文学家、物理学家都为解决上述四大类问题做了大量的研究工作。笛卡尔 1637 年发表了《科学中的正确运用理性和追求真理的方法论》（简称《方法论》），创立了解析几何，表明了几何问题不仅可以归结成代数形式，而且可以通过代数变换来发现、证明几何性质。他不仅用坐标表示点的位置，而且把点的坐标运用到曲线上。他认为点移动成线，所以方程不仅可表示已知数与未知数之间的关系、变量与变量之间的关系，还可以表示曲线。此外，笛卡尔还打破了表示体积、面积及长度的量之间不可进行加减的束缚。至此几何图形的各种量可以转化为代数量来进行表示，使得几何与代数在数量上统一了起来。就这样笛卡尔把相互对立的“数”与“形”统一起来，从而实现了数学史上的一次飞跃，为微积分的成熟提供了必要条件，开拓了变量数学的广阔空间。

三、关于本教材

本教材充分考虑高等教育大众化阶段的现实状况，以教育部非数学专业数学基础课教学指导分委员会制定的新的“经济管理类本科数学基础课程教学基本要求”为依据，结合经管类研究生入学考试的数学大纲进行编写。参加本教材编写的人员都是多年担任经济数学实际教学的教师，他们都有较高的理论造诣和较丰富的教学经验。本教材以培养应用型人才为目标，将数学基本知识与经济、管理学科中的实际应用有机结合起来，主要有以下几个特点：

（1）注重体现应用型本科院校特色。根据经济类和管理类各专业对数学知识的需求，本着“轻理论、重应用”的原则制定内容体系。

（2）注重理论联系实际。在内容安排上由浅入深，与中学数学进行了合理的衔接。在引入概念时，介绍了概念产生的实际背景，采用提出问题—讨论问题—解决问题的思路，逐步展开知识点，使学生能够从实际问题出发，激发学习兴趣；另外在微分学与积分学章节中，引入了经济、管理类的实际应用例题和课后练习题，以培养学生应用数学工具解决实际问题的意识和能力。

（3）本教材结构严谨、逻辑严密、语言准确、解析详细，易于学生阅读。由于弱化了抽象理论，突出了理论应用和方法介绍，内容深度广度适当，贴近教学实际，便于教师教与学生学。本教材内容分为教程篇（上、下册）和导学篇（上、下册），包括函数的极限、一元函数微积分学、微分方程、多元函数微积分学、无穷级数、数学实验、微积分在经济中的应用等内容。

（4）在教程篇每一章的结束部分，都增加了数学拓展，其中包含数学建模和有杰出贡献的数学家的生平简介。通过数学建模，可以使学生认识到所学的数学知识在经济、管理学中有着广泛的应用，同时能够利用所学知识对相应问题进行简单求解。通过介绍数学家的生平和事迹，可以使学生真正了解数学发展的基本过程，而且能让学生学习数学家追求真理、维护真理的坚韧不拔的科学精神。在导学篇每章的后面都配有单元练习，供学生学完一章后复习、总结、提高之用。其中的题目主要考查本章必须掌握的知识点，并强调知识点的综合运用，注重培养学生的解题思路和解题方法，便于学生自测。

（5）与中学数学衔接紧密。附录Ⅰ中对常用基本初等函数的定义域和图像进行全面总结，附录Ⅱ对常见的三角函数公式进行了全面总结，并在附录Ⅲ、Ⅳ、Ⅴ中分别介绍了二阶行列式、三阶行列式、一些常用的平面曲线及其图形、各种类型的不定积分公式，供学生查阅参考。

在编写过程中，我们借鉴同类院校经典教材的优点，注重教材改革中的一些成功案例，使得本教材更适合当代大学生人才培养和教学实践的需要。

本教材为了更好地实现与中学数学内容的衔接，对反三角函数的相关内容进行了详细描述；为保证教学内容更加系统，将微分方程调整到定积分之后；根据现有微积分课程课时要求，对空间解析几何的内容进行了适当精简合并，将其添加到多元函数微分学的第一节，同时增加了大量经济、管理数学模型的例题和习题。

参加教程篇编写的有曹海军（第 1—5 章），周玲丽（第 6、7、10 章），张鑫（第 8、9 章）。教程篇由曹海军、周玲丽统稿及定稿。参加导学篇编写的有王海棠（第 1、2、9、10 章），马彦君（第 3、4 章），李丽（第 5、6 章），于学光（第 7、8 章）。导学篇由王海棠统稿及定稿。在编写过程中，我们参考和借鉴了许多国内外有关文献资料，并得到了很多同行的帮助和指导，在此对所有关心支持本教材编写的教师表示衷心感谢。

限于编写水平，书中难免有错误和不足之处，敬请广大读者批评指正。

编 者

2022 年 3 月

目　　录

第 1 章　函数

数学起源于计量、丈量、簿记等人类的实际生产生活. 因此，数学与经济生活、生产管理等有着天然不可分割的联系. 日常的经济事务和管理工作都离不开数学，特别是初等数学在其中的应用，而经济学科和管理学科的理论大多数以微积分为工具和基础. 对于经济管理类学生，学习并掌握一定的微积分知识，对其在专业课学习、抽象思维和逻辑推理能力的培养方面都有重要的作用.

初等数学的研究对象基本上是不变的量，而微积分的研究对象则是变动的量. 所谓函数关系就是变量之间的依赖关系，函数是研究经济现象的重要工具，是经济与管理数学的重要概念之一，也是微积分研究的对象. 本章在初等数学相关知识的基础上进一步讨论经济学中的常用函数.

【学习目标】

- 理解函数概念，了解分段函数、复合函数、反函数的概念.
- 熟练掌握函数的基本性质，以及基本初等函数的解析式和函数性质、函数图像.
- 会根据某些实际问题进行简单数学建模，掌握常用的经济函数.

1.1　预备知识

1.1.1　邻域

邻域是微积分中经常用到的一个概念. 设 a 与 δ 是实数，且 $\delta>0$，则称开区间 $(a-\delta,a+\delta)$ 为点 a 的 δ **邻域**，记作 $U(a,\delta)$，即

$$U(a,\delta)=(a-\delta,a+\delta)=\{x|a-\delta<x<a+\delta\}=\{x||x-a|<\delta\}.$$

点 a 称为该邻域的**中心**，δ 称为该邻域的**半径**. $U(a,\delta)$ 在数轴上的表示如图 1.1 所示.

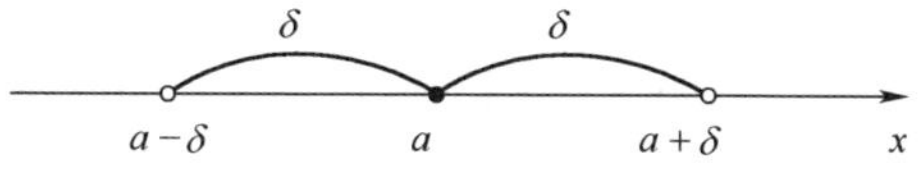

图 1.1

有时需要把邻域的中心去掉，邻域$U(a,\delta)$去掉中心点a后，称为点a的**去心δ邻域**，记作$\mathring{U}(a,\delta)$，即

$$\mathring{U}(a,\delta)=(a-\delta,a)\cup(a,a+\delta)=\{x|0<|x-a|<\delta\},$$

这里$0<|x-a|$就表示$x\neq a$．$\mathring{U}(a,\delta)$在数轴上的表示如图 1.2 所示．

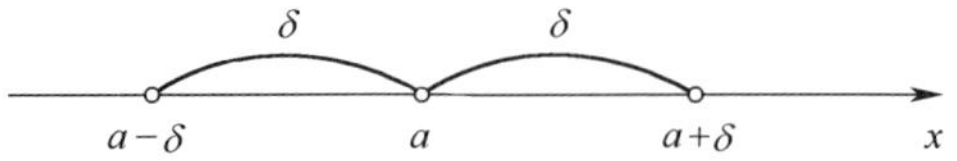

图 1.2

为了表述方便，有时把开区间$(a-\delta,a)$称为点a的**左δ邻域**，把$(a,a+\delta)$称为点a的**右δ邻域**．如果无需指明a的某邻域（去心邻域）的半径，邻域（去心邻域）可记作$U(a)$（$\mathring{U}(a,\delta)$）．

1.1.2 函数的概念

在观察自然现象或生产过程时，常常遇到各种不同的量，有些量在进程中始终保持同一数值，称为**常量**；有些量在进程中取不同的数值，称为**变量**．通常用字母$a,b,c,\cdots$表示常量，用字母$x,y,z,\cdots$表示变量．

定义 1.1.1 设x和y是两个变量，D是一个给定的非空数集．如果对于D中每个确定的变量x的取值，变量y按照一定的法则总有确定的数值与之对应，则称y是x的**函数**，记作

$$y=f(x),\quad x\in D,$$

其中，x称为**自变量**，y称为**因变量**，D称为这个函数的**定义域**，记作D_f，即

$$D_f=D.$$

在函数定义中，对每个取定的$x_0\in D$，按照对应法则f，总有确定的值y_0与之对应，这个值称为函数$y=f(x)$在点x_0处的**函数值**，记作$f(x_0)$或$y|_{x=x_0}$．

当x取遍D的各个数值时，对应函数值$f(x)$的全体组成的集合称为函数的**值域**，记作R_f，即

$$R_f=\{y|y=f(x),\ x\in D\}.$$

由函数的定义可知，构成函数的两个基本要素是定义域与对应法则，而值域是由以上二者派生出来的．若两个函数的对应法则和定义域都相同，则认为这两个函数相同，与自变量及因变量用什么字母表示无关．

函数定义域的确定，取决于两种不同的研究背景：一是有实际应用背景的函

数，其定义域取决于变量的实际意义；二是抽象的、用算式表达的函数，其定义域是使算式有意义的一切实数组成的集合，这种定义域称为**自然定义域**.

例如，函数 $y=\pi x^2$，若 x 表示圆的半径，y 表示圆的面积，则此时定义域 $D=[0,+\infty)$；若不考虑 x 的实际意义，则其自然定义域为 $D=(-\infty,+\infty)$.

若自变量在定义域内任取一个数值，对应的函数值只有一个，这种函数称为**单值函数**，否则称为**多值函数**. 例如，变量 x 和 y 之间的对应法则由 $x^2+y^2=1$ 给出，显然对任意 $x\in(-1,1)$，对应的 y 有两个值，所以方程确定了一个多值函数. 本教材中若无特别说明，函数均指单值函数.

函数的表示方法主要有三种：表格法、图形法、解析法（公式法）. 将图形法与公式法相结合研究函数，可以将抽象问题直观化. 一方面可以借助几何方法研究函数的有关特性，另一方面可以借助函数的理论研究几何问题. 函数 $y=f(x)$ 的图形，指的是坐标平面上的点集 $\{(x,y)\mid y=f(x),\ x\in D\}$，通常是平面内的一条曲线.

例 1.1.1　确定下列函数的定义域：

（1）$y=\ln\left(x^2-4x+3\right)$；　　（2）$y=\sqrt{4-x^2}+\dfrac{1}{\sqrt{x-1}}$.

解　（1）定义域应满足 $x^2-4x+3>0$，解不等式，得定义域为

$$D=(-\infty,1)\cup(3,+\infty).$$

（2）定义域应满足 $\begin{cases}4-x^2\geqslant 0,\\ x-1>0,\end{cases}$ 解不等式组，得定义域为 $D=(1,2]$.

例 1.1.2　函数

$$f(x)=\begin{cases}1-x, & x>0,\\ x, & x\leqslant 0\end{cases}$$

是一个分段函数，其定义域 $D=(-\infty,+\infty)$，值域 $R_f=(-\infty,1)$，图形如图 1.3 所示.

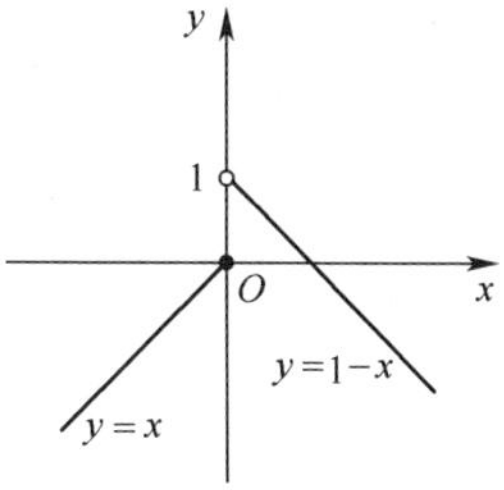

图 1.3

例 1.1.3　函数

$$y=|x|=\begin{cases}x, & x\geqslant 0,\\ -x, & x<0\end{cases}$$

称为**绝对值函数**，其定义域$D=(-\infty,+\infty)$，值域$R_f=[0,+\infty)$，图形如图 1.4 所示.

例 1.1.4 函数

$$y=\operatorname{sgn}x=\begin{cases}1, & x>0,\\ 0, & x=0,\\ -1, & x<0\end{cases}$$

称为**符号函数**，其定义域$D=(-\infty,+\infty)$，值域$R_f=\{-1,\ 0,\ 1\}$，图形如图 1.5 所示.

显然，对任意$x\in(-\infty,+\infty)$，有$x=\operatorname{sgn}x\cdot|x|$.

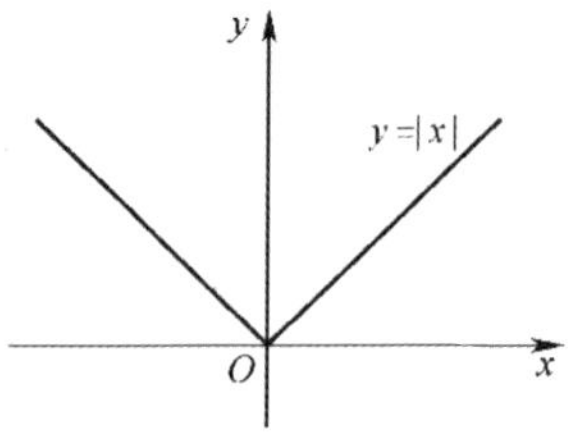

图 1.4

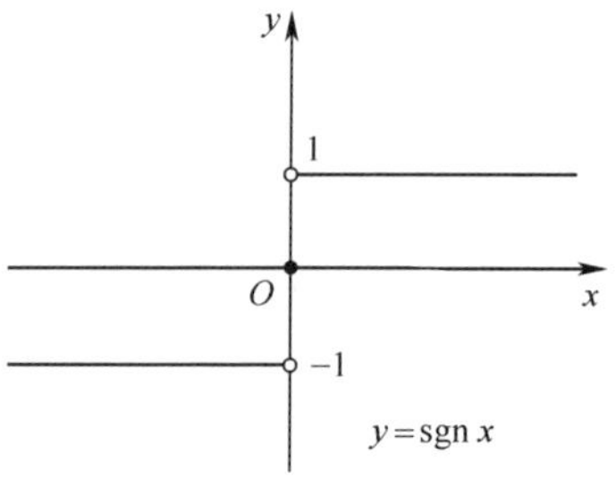

图 1.5

例 1.1.5 设x为任一实数，不超过x的最大整数称为x的整数部分，记作$[x]$. 若把x看作变量，则函数

$$y=[x]$$

称为**取整函数**，其定义域$D=(-\infty,+\infty)$，值域$R_f=\mathbf{Z}$，图形如图 1.6 所示.

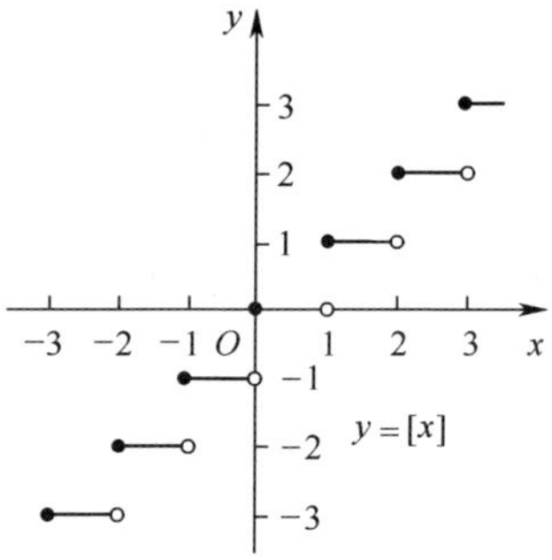

图 1.6

需要指出，例 1.1.2 至例 1.1.5 都是分段函数，对于分段函数要注意以下两点：

（1）分段函数是用若干个表达式表示的一个函数，而不是几个函数.

（2）分段函数的定义域是各段表达式定义域的并集.

1.1.3　函数的几种特性

函数的几种特性

1. 函数的有界性

设函数 $f(x)$ 的定义域为 D，数集 $X \subseteq D$．如果存在数 K_1，使得对任一 $x \in X$ 都有

$$f(x) \leqslant K_1$$

成立，则称函数 $f(x)$ 在 X 上有**上界**，而 K_1 称为函数 $f(x)$ 在 X 上的一个**上界**．如果存在数 K_2，使得对任一 $x \in X$ 都有

$$f(x) \geqslant K_2$$

成立，则称函数 $f(x)$ 在 X 上有**下界**，而 K_2 称为函数 $f(x)$ 在 X 上的一个**下界**．如果存在正数 M，使得对任一 $x \in X$ 都有

$$|f(x)| \leqslant M$$

成立，则称函数 $f(x)$ 在 X 上**有界**．如果这样的 M 不存在，则称函数 $f(x)$ 在 X 上**无界**．这就是说，如果对于任何 $M>0$，总存在 $x_0 \in X$，使得 $|f(x_0)|>M$，则函数 $f(x)$ 在 X 上**无界**.

例如，函数 $y=\sin x$，对一切 $x \in (-\infty,+\infty)$，恒有 $|\sin x| \leqslant 1$，故 $y=\sin x$ 在 $(-\infty,+\infty)$ 内有界.

显然，函数 $f(x)$ 在 X 上有界的充要条件是 $f(x)$ 在 X 上既有上界又有下界.

注意：有界函数的界不是唯一的.

2. 函数的单调性

设函数 $f(x)$ 的定义域为 D，区间 $I \subseteq D$，如果对于区间 I 上任意两点 x_1 和 x_2，当 $x_1 < x_2$ 时，恒有

$$f(x_1) < f(x_2)\ （或\ f(x_1) > f(x_2)），$$

则称函数 $f(x)$ 在 I 上是**单调增加**（或**单调减少**）的；如果对于区间 I 上任意两点 x_1 和 x_2，当 $x_1 < x_2$ 时，恒有

$$f(x_1) \leqslant f(x_2)\ （或\ f(x_1) \geqslant f(x_2)），$$

则称函数 $f(x)$ 在 I 上是**单调不减**（或**单调不增**）的.

单调增加和单调减少的函数统称为**单调函数**，I 称为**单调区间**.

从几何直观上看，单调增加函数的图形是随 x 的增加而上升的曲线，单调减少函数的图形是随 x 的增加而下降的曲线，分别如图 1.7 和图 1.8 所示.

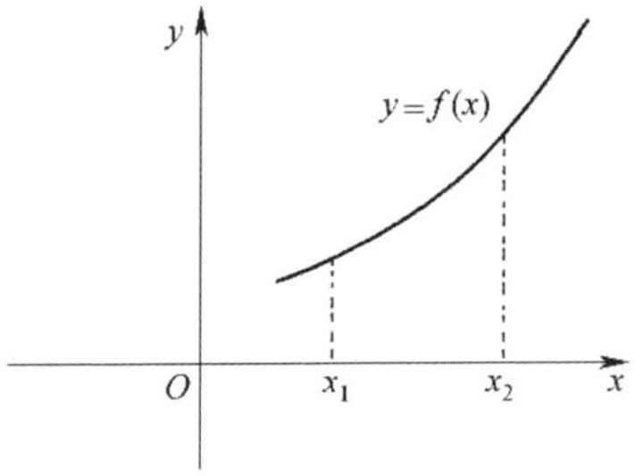

图 1.7

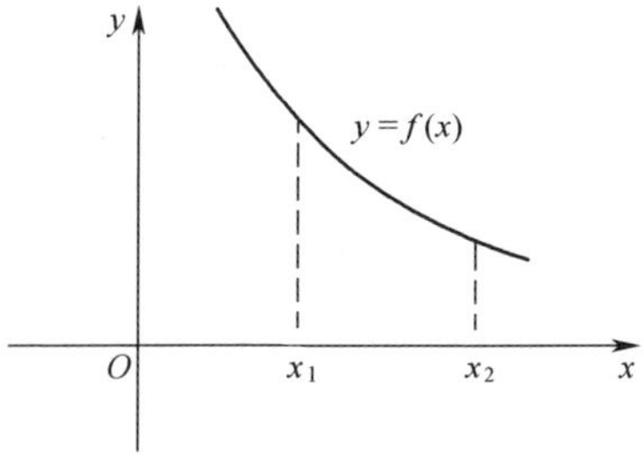

图 1.8

例如，$y=x^2$ 在 $(-\infty,0)$ 内单调减少，在 $[0,+\infty)$ 内单调增加，在定义域 $(-\infty,+\infty)$ 内却不具有单调性.

再如，$y=\dfrac{1}{x}$ 在 $(-\infty,0)$，$(0,+\infty)$ 内都单调减少，但在定义域 $(-\infty,0)\cup(0,+\infty)$ 内不具有单调性.

3．函数的奇偶性

设函数 $f(x)$ 的定义域 D 关于原点对称（即若 $x\in D$，则 $-x\in D$），如果对任一 $x\in D$，都有

$$f(-x)=f(x)\text{（或 }f(-x)=-f(x)\text{）}$$

恒成立，则称 $f(x)$ 为**偶函数**（或**奇函数**）.

从几何直观上看，偶函数的图形关于 y 轴对称（图 1.9），奇函数的图形关于原点对称（图 1.10）.

例如，$y=\sin x$ 是奇函数，$y=\cos x$ 是偶函数，而 $y=\sin x+\cos x$ 既不是奇函数也不是偶函数，称此类函数为**非奇非偶函数**.

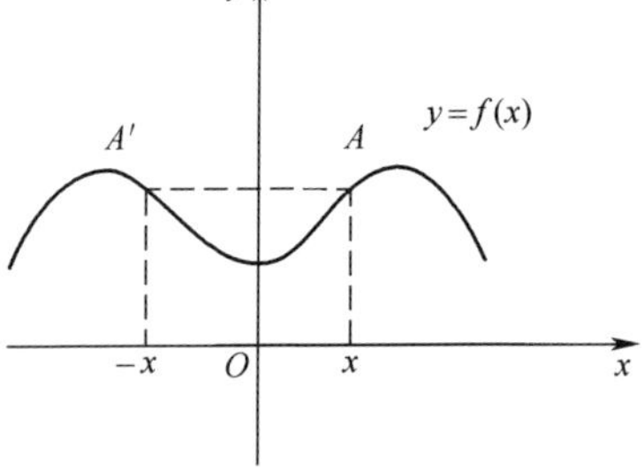

图 1.9

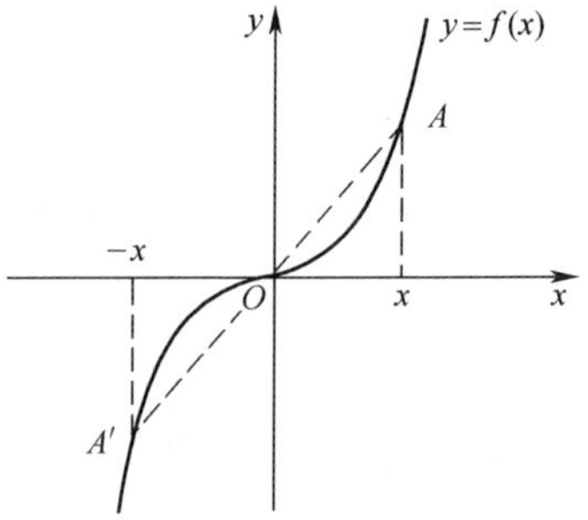

图 1.10

4．函数的周期性

设函数 $f(x)$ 的定义域为 D，如果存在一个正数 T，使得对于任一 $x\in D$，有

$x+T\in D$，且

$$f\left(x+T\right)=f\left(x\right)$$

恒成立，则称函数 $f\left(x\right)$ 为**周期函数**，T 称为函数 $f\left(x\right)$ 的一个**周期**．通常所说的周期函数的周期是指**最小正周期**．

例如，函数 $y=\sin x$，$y=\cos x$ 都是以 2π 为周期的周期函数；函数 $y=\tan x$，$y=\cot x$ 都是以 π 为周期的周期函数．

1.1.4　反函数与复合函数

反函数与复合函数

1．反函数

函数关系的实质就是从定量分析的角度来描述运动过程中变量之间的相互依赖关系．但在研究过程中，选取哪个量作为自变量，哪个量作为因变量往往是由具体问题来决定的．例如，圆的面积 A 与其半径 r 的函数关系为 $A=\pi r^2$（$r>0$），这里 r 是自变量，A 是因变量；但如果把半径 r 表示为面积 A 的函数，则有 $r=\sqrt{\dfrac{A}{\pi}}$（$A>0$），这里 A 是自变量，r 则是因变量．对这两个函数而言，可以把后一个函数看作前一个函数的反函数，也可以把前一个函数看作后一个函数的反函数．

定义 1.1.2　设函数 $y=f\left(x\right)$ 的定义域为 D，值域为 R．如果对于 R 中的每一个 y，D 中总有唯一的 x，使 $f\left(x\right)=y$，则在 R 上确定了以 y 为自变量、x 为因变量的函数 $x=\varphi\left(y\right)$，称为 $y=f\left(x\right)$ 的**反函数**，记作 $x=f^{-1}\left(y\right)$，$y\in R$；或称 $y=f\left(x\right)$ 与 $x=f^{-1}\left(y\right)$ **互为反函数**．

习惯上用 x 表示自变量，用 y 表示因变量，因此函数 $y=f\left(x\right)$，$x\in D$ 的反函数通常表示为

$$y=f^{-1}\left(x\right),\quad x\in R.$$

相对于反函数 $y=f^{-1}\left(x\right)$ 来说，函数 $y=f\left(x\right)$ 也称为**直接函数**．从几何直观上看，若点 $A\left(x,y\right)$ 是函数 $y=f\left(x\right)$ 图形上的点，则点 $A'\left(y,x\right)$ 是反函数 $y=f^{-1}\left(x\right)$ 的图形上的点．反之亦然．

因此 $y=f\left(x\right)$ 和 $y=f^{-1}\left(x\right)$ 的图形关于直线 $y=x$ 对称（图 1.11）．

需要指出，并非所有的函数都有反函数．例如，$y=x^2$ 在其定义域 $D=\left(-\infty,+\infty\right)$ 上没有反函数；但 $y=x^2$ 在 $\left(-\infty,0\right]$ 和 $\left[0,+\infty\right)$ 上分别有反函数 $y=-\sqrt{x}$，$x\in\left[0,+\infty\right)$ 及 $y=\sqrt{x}$，$x\in\left[0,+\infty\right)$．那么函数 $y=f\left(x\right)$ 满足什么条件就一定存在反函数呢？

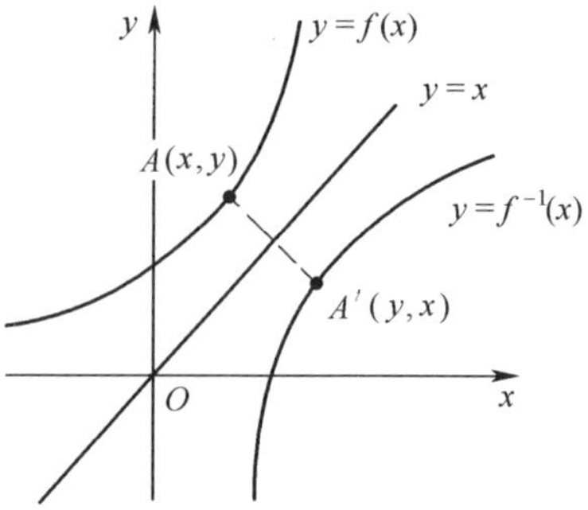

图 1.11

经讨论发现有如下结论.

定理 1.1.1 单调函数 $y=f(x)$ 必存在单调的反函数 $y=f^{-1}(x)$，且 $y=f(x)$ 与 $y=f^{-1}(x)$ 具有相同的单调性.

例 1.1.6 求函数 $y=\sqrt{x}+1$ 的反函数.

解 函数 $y=\sqrt{x}+1$ 的定义域是 $D=[0,+\infty)$，值域是 $R=[1,+\infty)$.

由 $y=\sqrt{x}+1$，可解得

$$x=(y-1)^2,\ y\in[1,+\infty).$$

变换 x 与 y 的位置，得所求的反函数为

$$y=(x-1)^2,\ x\in[1,+\infty).$$

例 1.1.7 求函数 $y=\sin x$ 的反函数.

解 函数 $y=\sin x$ 的定义域是 $D=(-\infty,+\infty)$，值域是 $R=[-1,1]$. 由定理 1.1.1 知，若选择 $y=\sin x$ 的单调区间为 $\left[-\frac{\pi}{2},\frac{\pi}{2}\right]$，对任意的 $y\in[-1,1]$ 都有唯一的一个 $x\in\left[-\frac{\pi}{2},\frac{\pi}{2}\right]$ 满足 $y=\sin x$，这样就在 $D=[-1,1]$ 上确定了以 y 为自变量，以 x 为因变量的函数 $x=\arcsin y$. 变换 x 与 y 的位置，得所求的反函数为

$$y=\arcsin x,\quad x\in[-1,1].$$

由原函数与反函数的图形关于 $y=x$ 对称，可以得到反正弦函数的图形（图 1.12）.

显然，直接函数与其反函数的定义域和值域恰好对调.

2. 复合函数

在实际问题中经常会遇到这样的情形：在某变化过程中，第一个变量依赖于第二个变量，而第二个变量又依赖于另外一个变量. 例如，设函数 $y=\mathrm{e}^u$，而 $u=x^2$，

以 x^2 代替第一式中的 u，则有 $y=\mathrm{e}^{x^2}$．这类函数称为复合函数.

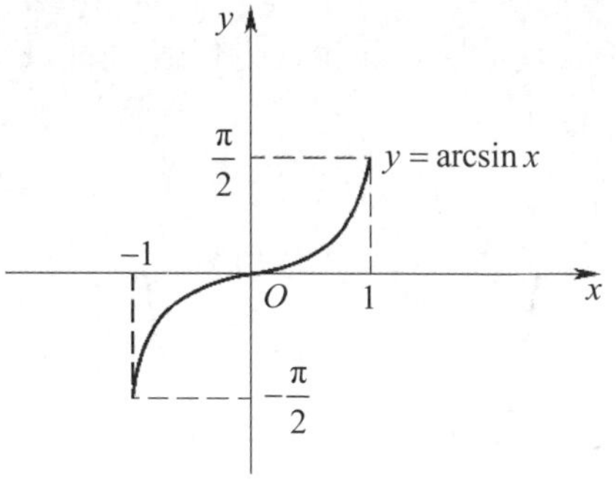

图 1.12

定义 1.1.3　设函数 $y=f(u)$ 的定义域为 D_f，而 $u=\varphi(x)$ 的值域为 R_φ，若 $D_f\cap R_\varphi\neq\varnothing$，则称函数 $y=f[\varphi(x)]$ 是由 $y=f(u)$ 和 $u=\varphi(x)$ 复合而成的**复合函数**．其中，x 称为**自变量**，y 称为**因变量**，u 称为**中间变量**.

复合函数是说明函数对应法则的某种表达方式的一个概念．利用复合函数，可以将几个简单的函数复合成一个复杂的函数；也可以将一个复杂的函数分解成若干个简单函数的复合．例如，$y=\sqrt{u}$，$u=1-x^2$ 可以构成复合函数 $y=\sqrt{1-x^2}$，$x\in[-1,1]$；同样，$y=\cos^2 x$ 可以看作由 $y=u^2$ 与 $u=\cos x$ 复合而成.

注意：复合函数并不要求 $u=\varphi(x)$ 的值域完全落在 $y=f(u)$ 的定义域中.

必须指出，并非任何两个函数都可以构成一个复合函数．例如，$y=\arcsin u$ 与 $u=2+x^2$ 就不能构成一个复合函数，这是因为 $u=2+x^2$ 的值域是 $[2,+\infty)$，而 $y=\arcsin u$ 的定义域为 $[-1,1]$，这两个集合的交集是空集.

复合函数的概念还可以推广到多个中间变量的情形．例如 $y=\mathrm{e}^{\sqrt{x^2+1}}$ 可以看作由

$$y=\mathrm{e}^u,\ u=\sqrt{v},\ v=x^2+1$$

三个函数复合而成，其中 u, v 是中间变量．又如，$y=\sqrt{\ln\sin^2 x}$ 可以看作由

$$y=\sqrt{u},\ u=\ln v,\ v=w^2,\ w=\sin x$$

四个函数复合而成，其中 u, v, w 是中间变量.

1.1.5　初等函数

在实际问题中遇到的函数是多种多样的，这些函数大多是由幂函数、指数函数、对数函数、三角函数和反三角函数构成的，这五类函数统称为**基本初等函数**．由

于在中学数学中已经深入学习过这些函数，在这里只做简要复习.

1．幂函数 $y=x^{\alpha}$（α 是常数）

幂函数的定义域随 α 而异，但无论 α 为何值，$y=x^{\alpha}$ 在 $(0,+\infty)$ 内总有定义，且图形都经过 $(1,1)$ 点（图 1.13）.

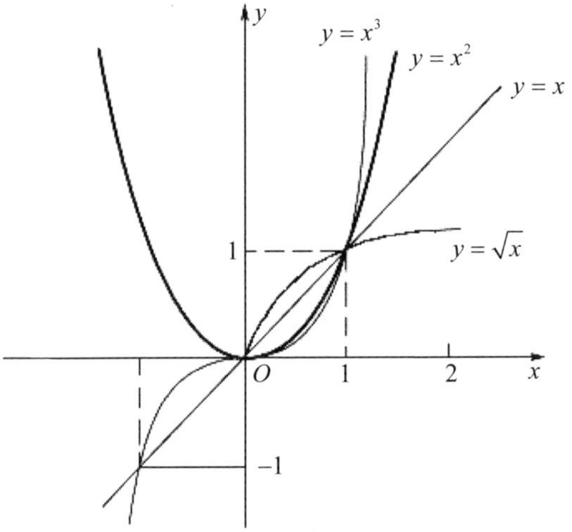

图 1.13

2．指数函数 $y=a^{x}$（$a>0$ 且 $a\neq 1$）

指数函数定义域为 $(-\infty,+\infty)$，值域为 $R=(0,+\infty)$．当 $0<a<1$ 时，函数单调减少；当 $a>1$ 时，函数单调增加. 指数函数的图形总在 x 轴的上方，且过 $(0,1)$ 点（图 1.14）.

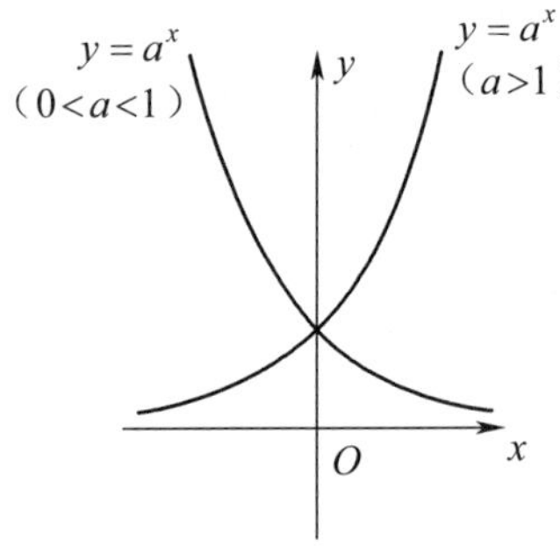

图 1.14

在高等数学中经常用到以 e 为底的指数函数 $y=\mathrm{e}^{x}$，其中 $\mathrm{e}\approx 2.71828\cdots$，是一个无理数.

例 1.1.8（复利计算公式）　设本金为 A_0 元，年利率为 r，如果计算单利，即利息在下一年不生息，则 t 年后的本利和为 $A_0(1+tr)$.

另一种计息方式为复利，即每年的利息滚入下一年的本金也生息，俗称“利滚利”. 如果计算复利，则第一年末本利和为

$$S_1 = A_0 + A_0 r = A_0(1+r),$$

第二年的本利和为

$$S_2 = S_1 + S_1 r = A_0(1+r)^2,$$

如此反复，第 t 年末的本利和为

$$S_t = S_{t-1} + S_{t-1} r = A_0(1+r)^t \quad (t=0,\ 1,\ 2,\ \cdots).$$

这里 t 年末的本利和 S_t 为变量 t（年）的指数函数.

例如，将 100 元存入银行，年利率为 4%，计算复利，则第三年末的本利和为 $100\times(1+0.04)^3 \approx 112.49$（元），第十年末的本利和为 $100\times(1+0.04)^{10} \approx 148.02$（元）.

上述计算公式适用于人口增长、价格增长（通货膨胀）、病毒传染等问题，通常称这些指标呈指数增长，其特点是随着时间 t 的增加，相应函数变化得越来越快.

3．对数函数 $y=\log_a x$（$a>0$ 且 $a\neq 1$）

对数函数的定义域为 $(0,+\infty)$，值域为 $(-\infty,+\infty)$. 当 $0<a<1$ 时，函数单调减少；当 $a>1$ 时，函数单调增加. 对数函数的图形总在 y 轴的右方，且过 $(1,0)$ 点（图 1.15）.

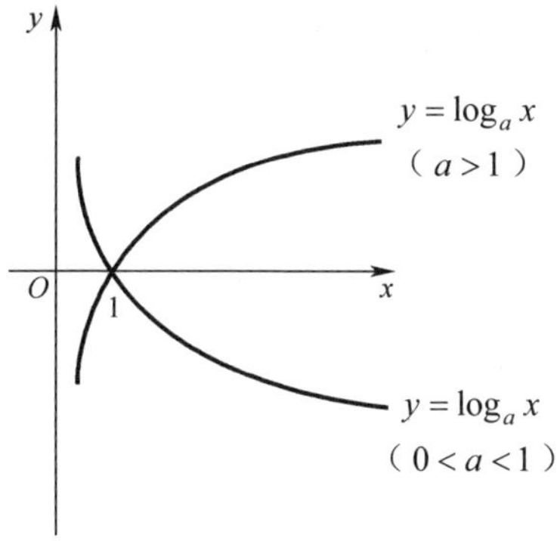

图 1.15

需要指出，底数相同的指数函数与对数函数互为反函数.

4．三角函数

三角函数有 $y=\sin x$，$y=\cos x$，$y=\tan x$，$y=\cot x$，$y=\sec x$，$y=\csc x$.

正弦函数 $y=\sin x$ 的定义域为 $(-\infty,+\infty)$，值域为 $[-1,1]$.

余弦函数 $y=\cos x$ 的定义域为 $(-\infty,+\infty)$，值域为 $[-1,1]$.

正切函数 $y=\tan x$ 的定义域为 $\left\{x \middle| x\in\mathrm{R},\ x\neq n\pi+\dfrac{\pi}{2},\ n\in\mathrm{Z}\right\}$，值域为 $(-\infty,+\infty)$.

余切函数 $y=\cot x$ 的定义域为 $\{x|x\in\mathrm{R},\ x\neq n\pi+\pi,\ n\in\mathrm{Z}\}$，值域为 $(-\infty,+\infty)$.

正割函数 $y=\sec x=\dfrac{1}{\cos x}$ 的定义域为 $\left\{x \middle| x\in\mathrm{R},\ x\neq n\pi+\dfrac{\pi}{2},\ n\in\mathrm{Z}\right\}$，值域为 $(-\infty,-1]\cup[1,+\infty)$.

余割函数 $y=\csc x=\dfrac{1}{\sin x}$ 的定义域为 $\{x|x\in\mathrm{R},\ x\neq n\pi,\ n\in\mathrm{Z}\}$，值域为 $(-\infty,-1]\cup[1,+\infty)$.

5. 反三角函数

反三角函数有 $y=\arcsin x$，$y=\arccos x$，$y=\arctan x$， $y=\operatorname{arccot} x$.

反正弦函数 $y=\arcsin x$ 的定义域为 $[-1,1]$，值域为 $\left[-\dfrac{\pi}{2},\dfrac{\pi}{2}\right]$（图 1.12).

反余弦函数 $y=\arccos x$ 的定义域为 $[-1,1]$，值域为 $[0,\pi]$（图 1.16).

$y=\arcsin x$ 与 $y=\arccos x$ 还满足

$$\sin(\arcsin x)=x,\ \cos(\arcsin x)=\sqrt{1-x^2},\ \arcsin(\sin x)=x\quad\left(x\in\left[-\frac{\pi}{2},\frac{\pi}{2}\right]\right);$$

$$\arccos(-x)=\pi-\arccos x,\ \cos(\arccos x)=x,$$

$$\sin(\arccos x)=\sqrt{1-x^2},\ \arccos(\cos x)=x\quad(x\in[0,\pi]).$$

反正切函数 $y=\arctan x$ 的定义域为 $(-\infty,+\infty)$，值域为 $\left(-\dfrac{\pi}{2},\dfrac{\pi}{2}\right)$（图 1.17).

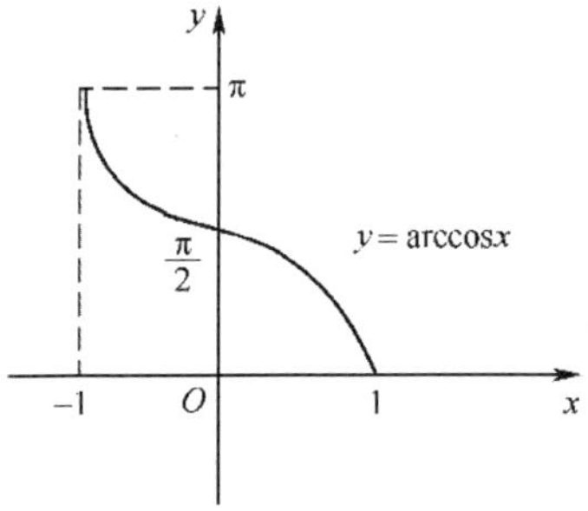

图 1.16

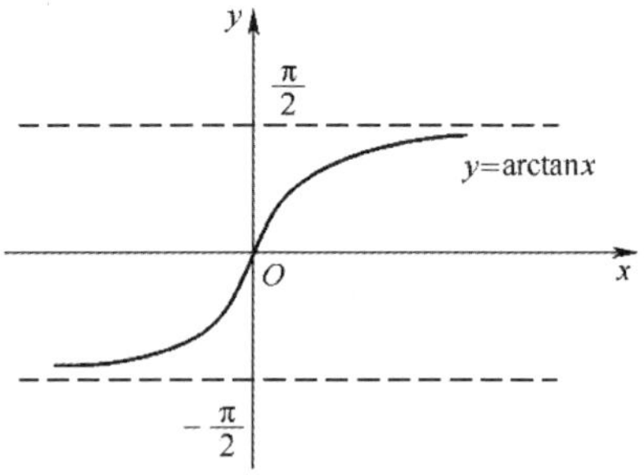

图 1.17

反余切函数 $y=\operatorname{arccot} x$ 的定义域为 $(-\infty,+\infty)$，值域为 $(0,\pi)$（图 1.18).

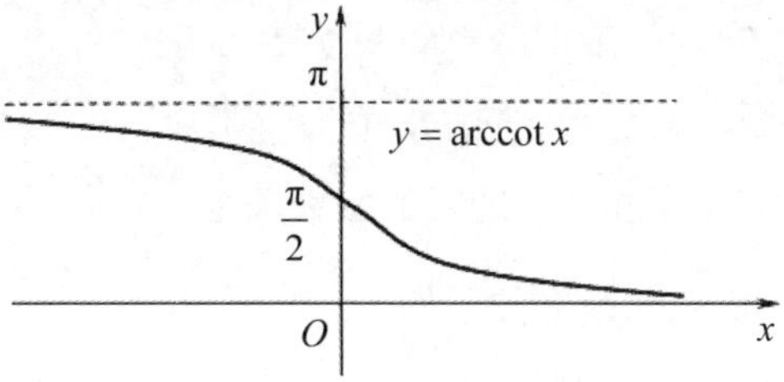

图 1.18

$y=\arctan x$， $y=\operatorname{arccot} x$ 还满足

$$\tan(\arctan x)=x,\ \arctan(\tan x)=x\quad \left(x\in\left(-\frac{\pi}{2},\frac{\pi}{2}\right)\right),$$

$$\cot(\operatorname{arccot} x)=x,\ \operatorname{arccot}(\cot x)=x\ (x\in(0,\pi)).$$

其中，$y=\arcsin x$ 与 $y=\arctan x$ 在定义域内单调递增，而 $y=\arccos x$ 与 $y=\operatorname{arccot} x$ 在定义域内单调递减.

注意：三角函数 $y=\sin x$ 与反三角函数 $y=\arcsin x$ 仅在 $x\in\left[-\frac{\pi}{2},\frac{\pi}{2}\right]$ 时互为反函数，其他也有类似结论.

定义 1.1.4　由基本初等函数经过有限次的四则运算和有限次的函数复合所构成，并可用一个式子表示的函数，称为**初等函数**.

例如，$y=\sqrt{1-x^2}$，$y=\sin^2 x$，$y=x\cos\sqrt{\ln(2+x^2)}$ 等都是初等函数. 在本教材中所讨论的函数大部分是初等函数.

需要指出，大多数分段函数一般说来不是初等函数，但也并不是所有的分段函数都不是初等函数. 例如，绝对值函数 $y=|x|=\begin{cases}x, & x\geqslant 0,\\ -x, & x<0\end{cases}$ 就是初等函数，因为 $y=|x|=\sqrt{x^2}$ 是由 $y=\sqrt{u}$ 与 $u=x^2$ 复合而成的.

1.2　函数关系的建立与常用经济函数

1.2.1　函数关系的建立

为解决实际应用问题，首先要将该问题量化，从而建立起该问题的数学模型，即建立函数关系.

要把实际问题中变量之间的函数关系正确抽象出来，首先应分析哪些是常量，哪些是变量，然后确定选取哪个为自变量，哪个为因变量，最后根据题意建立起它们之间的函数关系，同时给出函数的定义域.

例 1.2.1 某出租车的千米运价为：在 a 千米以内，每千米 k 元，超过部分为每千米 $\frac{4}{5}k$ 元. 求运价 y 和里程 x 之间的函数关系.

解 根据题意，可列出函数关系如下：

$$y=\begin{cases} kx, & 0<x\leqslant a, \\ kx+\dfrac{4}{5}k(x-a), & x>a. \end{cases}$$

这里运价 y 和里程 x 的函数关系是用分段函数表示的，定义域为 $(0,+\infty)$.

1.2.2 常见经济函数

在经济学研究中，一个经济量往往受到多个经济量的影响，例如影响某一商品需求量的因素，包括该商品的价格、消费者的收入、与该商品有关的其余商品的价格、广告投入、消费者的偏好及某些意外事件等. 为了讨论这些因素的影响，通常从最简单的情况研究起，即假定其余因素不变的前提下，分析某个自变量对因变量的影响.

1. 需求函数和供给函数

需求函数和供给函数是经济理论中的两个重要概念.

（1）需求函数.

需求量是指在某一特定时期内某种商品在一定价格条件下，消费者愿意购买并有付款能力购买的商品量. 商品的需求量是受多种因素制约的，但价格是影响需求量的主要因素. 因此，这里只讨论需求量与价格的关系.

设 P 表示商品的价格、Q 表示商品的需求量，则 $Q=f(P)$ 称为**需求函数**.

一般地，当商品的价格提高时，需求量就减少；反之，当商品的价格降低时，需求量便增加. 因此，需求函数是单调递减函数.

例如，函数 $Q_d=aP+b$（$a<0$，$b>0$）称为**线性需求函数**.

（2）供给函数.

供给量是指在某一特定时期内某种商品在一定价格条件下，生产者愿意出售且可能出售的商品量. 同需求量一样，供给量也是受多种因素所制约的，但价格是影响供给量的主要因素. 因此，这里只讨论供给量与价格的关系.

设 P 表示商品的价格、S 表示商品的供给量，则 $S=f(P)$ 称为**供给函数**.

一般地，当商品的价格降低时，供给量就减少；反之，当商品的价格提高时，供给量便增加. 因此，供给函数是单调递增函数.

例如，函数$Q_s = cP + d$（$c > 0$）称为**线性供给函数**.

2．市场均衡

对于同一种商品，若供给量等于需求量，这时这种商品就达到了**市场均衡**.

设某商品的需求函数、供给函数分别为

$$Q_d = aP + b\ (a < 0,\ b > 0),$$

$$Q_s = cP + d\ (c > 0),$$

其中a，b，c，d均为常数.

令$Q_d = Q_s$，则

$$aP + b = cP + d,\quad P = \frac{d-b}{a-c} \equiv P_0 .$$

价格P_0称为该商品的**市场均衡价格**.

当市场价格高于均衡价格时，将出现供过于求的现象；当市场价格低于均衡价格时，将出现供不应求的现象．而当市场均衡时，有

$$Q_d = Q_s = Q_0,$$

称Q_0为**市场均衡数量**（图1.19）.

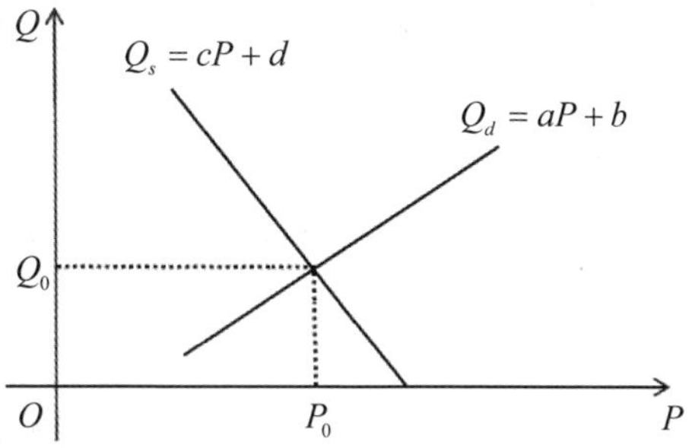

图1.19

根据市场背景不同，需求函数与供给函数的表达方式可能有所不同，还可以是二次函数、多项式函数或是指数函数等．但其基本规律是相同的，需求函数总是单调递减函数，供给函数总是单调递增函数，都可以找到其相应的市场均衡点(P_0, Q_0).

例1.2.2　设某种商品的需求函数与供给函数分别为

$$Q_d = 200 - 5P,\ Q_s = 25P - 10,$$

求该商品的市场均衡价格和市场均衡数量.

解　由$Q_d = Q_s$得

$$200 - 5P = 25P - 10,\ P = P_0 = 7,$$

所以

$$Q_0 = 25P_0 - 10 = 165,$$

即市场均衡价格为7，而均衡数量为165.

3．成本函数

企业生产和销售一定数量的某种产品的总费用称为**成本**，**成本函数**表示为费用与产量（或销售量）之间的关系．产品成本（记为C）分为固定成本（记为C_0）和可变成本（记为C_1）两部分．固定成本不随产量的变化而变化，比如厂房和设备的折旧费、管理人员的报酬、广告费等；而可变成本受产量的影响，随产量的变化而变化．一般总成本函数表示为

$$C(x) = C_0 + C_1(x)\ (x \geqslant 0).$$

当$x = 0$时，对应的成本函数值就是产品的固定成本值C_0.

$$\overline{C}(x) = \frac{C(x)}{x}\quad (x > 0)$$

称为**平均成本函数**.

成本函数都是单调递增函数，其图像称为**成本曲线**.

4．收益函数和利润函数

人们从事生产和经营活动时，关心的除成本以外，更关心的是产品的收益（记为R）和利润（记为L）.低成本、高收入以致高利润是每一个生产经营者的愿望.收益是指产品出售后所得的收入，而利润就是收入扣去成本和相关税收后的余额.

在不考虑一些次要因素的情况下，收益R和利润L都只与其相应产品的产量或者销售量x有关.它们可以看成是关于x的函数，分别称为**收益函数**，记为$R(x)$；**利润函数**，记为$L(x)$.

一般地，总收益$R(x)$是销售量x与销售单价P的乘积，即$R(x) = Px$；总利润$L(x)$等于总收入减去总成本（假设不计算税收），即

$$L(x) = R(x) - C(x).$$

在市场经济理论中，企业是以获得最大利润为追求目标的，所以，利润函数亦称为企业的目标函数.

由于总利润$L(x) = R(x) - C(x)$，因此当企业刚好保本时，应满足

$$L(x) = R(x) - C(x) = 0.$$

由上式得出的x_0值，即为保本生产量，亦称盈亏平衡点，因为当生产量$x < x_0$时，企业经营的结果是亏损，只有当生产量$x > x_0$时，企业方能盈利．盈亏临界点理论是20世纪30年代由美国经济学家 Woltey Rauthatrancn 首先提出的，该理论已经广泛地应用于经济决策和为企业制订生产计划、销售计划提供理论依据.

例 1.2.3 某工厂生产积木玩具，每生产一套积木玩具的可变成本为15元，

每天的固定成本为 2000 元，如果每套积木玩具的出厂价为 20 元，为了不亏本，该厂每天至少要生产多少套这种积木玩具？

解　设每天的生产量为 x，则有

每天的总成本函数：$C(x)=2000+15x$，

每天的总收益函数：$R(x)=20x$，

每天的总利润函数：$L(x)=R(x)-C(x)=5x-2000$.

所以若不亏本，至少 $L(x)=R(x)-C(x)\geqslant 0$，即 $5x-2000\geqslant 0$，得 $x\geqslant 400$.

因此，每天至少生产 400 套这种玩具才不至于亏本.

1.3　函数拓展

1.3.1　数学建模——数学拟合法

以下是我国某地区不同身高的未成年男性的体重平均值表（见表 1-1）：

表 1-1

身高/cm	60	70	80	90	100	110
体重/kg	6.13	7.90	9.99	12.15	15.02	17.50
身高/cm	120	130	140	150	160	170
体重/kg	20.92	26.86	31.11	38.85	47.25	55.05

根据表中提供的数据，能否从已经学过的函数 $y=ax+b$，$y=a\ln x+b$，$y=ab^x$ 中选择一种函数，使它比较近似地反映出该地区未成年男性体重 y 关于身高 x 的函数关系？试求出这个函数解析式.

分析　可以根据表中的数据描点画出图像（这个图像称为**散点图**），再根据散点图的形状判断应当选择哪种函数关系，然后根据已知数据求出所选式子的待定常数，最后将表中的身高数据代入求得的解析式，看所得函数值是否与已知体重数据基本吻合.

解　以身高为横坐标，体重为纵坐标，在直角坐标系中画出散点图（图 1.20），根据散点图画出连续图像（图 1.21），可考虑用指数函数 $y=ab^x$ 拟合上述数据之间的对应关系.

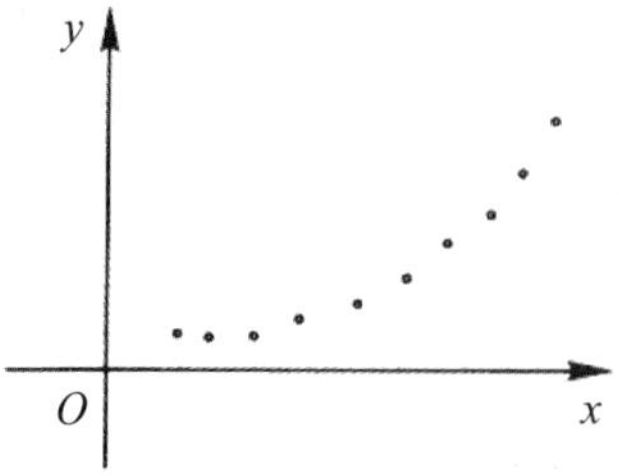

图 1.20

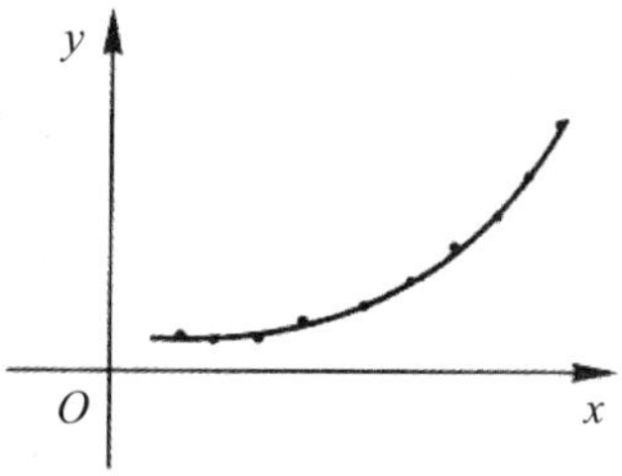

图 1.21

把 $x=80$，$y=9.99$ 和 $x=160$，$y=47.25$ 两组数代入 $y=ab^x$，可得

$$\begin{cases} 9.99=ab^{80}, \\ 47.25=ab^{160}. \end{cases}$$

利用计算器计算可得 $a=2.11$，$b=1.0196$. 所以该地区未成年男性体重关于身高的近似函数关系式可选为

$$y=2.11\times1.0196^x.$$

通过计算器计算，将已知数据

$x=90$ 代入函数解析式，可得 $y=12.11$，实际为 $y=12.15$；

$x=110$ 代入函数解析式，可得 $y=17.84$，实际为 $y=17.50$；

$x=130$ 代入函数解析式，可得 $y=26.31$，实际为 $y=26.86$.

通过数据比较可观察，所求得解析式能较好地反映该地区未成年男性的体重与身高的函数关系，同时能根据函数解析式预估该地区未成年男性的体重与身高的标准比值. 例如：

身高 $x=135$ cm 时，相应的标准体重约为 $y=28.99$ kg；

身高 $x=163$ cm 时，相应的标准体重约为 $y=49.93$ kg.

1.3.2 数学家简介——刘徽

刘徽（Liu Hui）（约 225－295 年），汉族，山东邹平人，魏晋时期伟大的数学家，中国古典数学理论的奠基者之一. 他的杰作《九章算术注》和《海岛算经》是我国最宝贵的数学遗产，奠定了他在中国数学史上的不朽地位.

刘徽在数学上的主要成就之一，是为《九章算术》做了注释，书名叫《九章算术注》，此书于魏景元 4 年（公元 263 年）成书，共 9 卷，现在有传本可据. 刘徽的《九章算术注》整理了《九章算术》中各种解题方法的思想体系，旁征博引，

纠正了其中某些错误，提高了《九章算术》的学术水平；他善于用文字讲清道理，用图形说明问题，便于读者学习、理解、掌握；而且，他在注释中提出了很多独到的见解.

例如，他创造了用“割圆术”来计算圆周率的方法，从而开创了我国数学发展史中圆周率研究的新纪元. 他从圆的内接正六边形算起，依次将边数加倍，一直算到内接正 192 边形的面积，从而得到圆周率 π 的近似值为 $\frac{157}{50}=3.14$. 后人为了纪念刘徽，称这个数值为“徽率”. 以后他又算到圆内接正 3072 边形的面积，从而得到圆周率 π 的近似值为 $\frac{39277}{1250}=3.1416$. 外国关于 π 取值 3.1416 的记载最早是由印度的阿利耶毗陀（Aryabhato）计算得出的，但他比祖冲之晚 200 多年，比刘徽晚半个世纪.

刘徽在割圆术中所述的“割之弥细，所失弥少. 割之又割，以至于不可割，则与圆周合体而无所失矣”，已经完全体现出了现代极限的思想. 他的割圆术只需要计算内接多边形而不需要计算外切多边形，这与阿基米德的方法比较起来显得事半功倍. 此外他的极限思想还反映在“少广”章开方术的注释中，以及“商功”章棱锥体体积计算的注释中. 刘徽堪称我国第一个创造性地把极限观念应用于数学的人.

此外，刘徽在“方程”章的注释中对二元一次方程组创立了目前常用的“互乘相消法”，在“盈不足”章的注释中建立了一个等差级数求和公式. 他是世界上最早提出十进小数概念的人，并主张用十进小数来表示无理数的立方根. 他提出并定义了许多数学概念，如幂（面积）、方程（线性方程组）、正负数等. 他还发现了一条体积计算的定律：由正方形与其内切圆的面积之比为 $4:\pi$，推得正方台（锥）与其内切圆台（锥）的体积之比也是 $4:\pi$.

刘徽研究了曲面体体积，尤其是球体体积的求法. 他指出，在一立方体中作两内切圆柱体，其交叉部分形成的特异曲面体体积的确定乃是求曲面体体积的关键. 他经过周密的思考，虽未能解决，但他采取了严肃的态度，决定把它留给后人. 刘徽的敏锐观察被继承下来，“敢下阙疑，以待能言者”. 到 5 世纪时，这个问题终于被祖暅圆满地解决了，祖暅获得了一个普遍原理“幂势既同，则积不容异”. 后来卡瓦列利也发现了这个原理，因此又称此原理为“卡瓦列利原理”.

刘徽还推广了陈子的测日法，撰写了《重差》和《九章重差图》，其内容是对汉代天文学家测量太阳高度和距离方法的论述，这是一部运用几何知识测量远处目标的高、远、深、广的数学著作. 唐初时《九章重差图》失传，现仅有《重差》

留存．因其所论第一题是测量海岛的高度和距离等，所以又名《海岛算经》.

刘徽的大多数推理、证明都合乎逻辑，十分严谨，从而把《九章算术》及他自己提出的解法、公式建立在必然性的基础之上．虽然刘徽没有写出自成体系的著作，但他注释《九章算术》所运用的数学知识，实际上已经形成了一个独具特色、包括概念和判断，并以数学证明为其联系纽带的理论体系．

刘徽思维敏捷，方法灵活，既提倡推理又主张直观．他是我国最早明确主张用逻辑推理的方式来论证数学命题的人.刘徽的一生是为数学刻苦探求的一生.他虽然地位低下，但人格高尚，他的著作堪称中国传统数学理论的精华，为后人留下了宝贵的文化财富．

第 2 章　极限与连续

研究经济变量的变化趋势，预测经济变量的未来走向，就必然会用到微积分中最基本、最重要的概念之一——极限. 微积分中的许多重要概念均是在极限概念的基础上建立的. 不夸张地说，极限理论是微积分的基石. 本章将介绍极限的概念、性质、计算方法，并在此基础上讨论函数的连续性.

【学习目标】

- 理解数列极限、函数极限的概念，会根据极限概念分析函数变化趋势，会用极限四则运算法则、两个重要极限等方法求函数极限.
- 理解无穷小量与无穷大量的概念，会用等价无穷小求函数极限.
- 了解函数连续的概念，会判定函数间断点.
- 了解极限在经济方面的应用.

2.1　数列的极限

数列极限的概念与性质

2.1.1　引例

极限概念是由于求解某些实际问题的精确解答而产生的. 例如，我国古代数学家刘徽利用圆内接正多边形来推算圆面积的方法——**割圆术**，就是极限思想在几何学上的应用.

设有一圆，首先作其内接正六边形，其面积记作 A_1；再作内接正十二边形，其面积记作 A_2；再作内接正二十四边形，其面积记作 A_3；如此循环，每次边数加倍，将内接正 $6\times 2^{n-1}$ 边形的面积记作 A_n（$n\in \mathrm{N}^+$）. 这样，就得到一系列内接正多边形的面积.

它们构成一系列有次序的数（图 2.1）. n 越大，内接正多边形与圆的面积差别就越小，从而以 A_n 作为圆面积的近似值也越精确. 但是无论 n 取得如何大，只要 n 确定了，A_n 终究只是多边形的面积，还不是圆的面积. 因此，设想 n 无限增大（记作 $n\to\infty$），即内接正多边形的边数无限增加，在这个过程中，内接正多边形的面积无限接近于圆的面积，即 A_n 无限接近于某一个确定的数值，这个确定的数值就理解为圆的面积．在数学上这个确定的数值称为上面这列有次序的数（所谓数列）当 $n\to\infty$ 时的极限．在圆面积问题中可以看到，正是这个数列的极限才精确地表达了圆的面积．

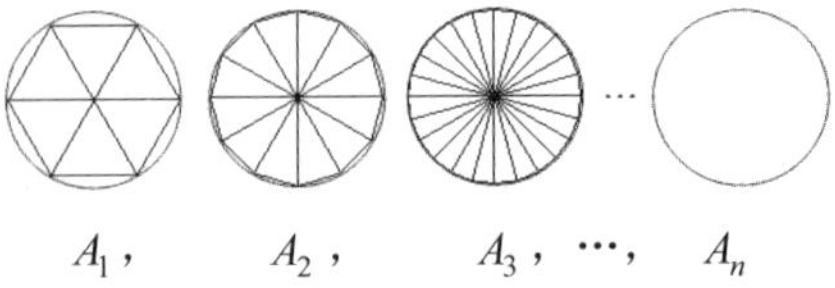

图 2.1

其实，在战国时期，《庄子·杂篇·天下》中有“一尺之棰，日取其半，万世不竭”的名句，意思是说，一尺长的棍棒，每日截取它的一半，永远截不完．这也形象地说明了事物具有无限可分性，深刻体现了古人对极限思想的理解．

在解决实际问题中形成的这种极限方法，已成为微积分学中的一种基本方法，因此有必要做进一步的阐明．下面首先引入数列的定义，再讨论数列极限的概念与性质．

2.1.2 数列极限的概念

定义 2.1.1 如果按照某一法则，对每个 $n\in\mathrm{N}^+$，对应着一个确定的实数 u_n，这些实数 u_n 按照下标 n 从小到大排列得到一个序列

$$u_1,\ u_2,\ \cdots,\ u_n,\ \cdots$$

称为**数列**，简记为数列 $\{u_n\}$．

根据以上定义，数列 $\{u_n\}$ 又可以理解为定义在正整数集合上的函数

$$u_n=f(n),\quad n\in\mathrm{N}^+ .$$

数列中的每一个数称为数列的**项**，第 n 项 u_n 称为数列的**一般项**或**通项**．例如：

（1）$1,\ \frac{1}{2},\ \frac{1}{3},\ \cdots,\ \frac{1}{n},\ \cdots$；

（2）$\frac{1}{2},\ \frac{2}{3},\ \frac{3}{4},\ \cdots,\ \frac{n}{n+1},\ \cdots$；

（3）$1,\ 2,\ 3,\ \cdots,\ n,\ \cdots$；

（4）$1,\ -\frac{1}{2},\ \frac{1}{3},\ \cdots,\ (-1)^{n-1}\frac{1}{n},\ \cdots$；

（5）$1,\ -1,\ 1,\ -1,\ \cdots,\ (-1)^{n-1},\ \cdots$

都是数列的例子，它们的一般项依次为

$$\frac{1}{n},\quad \frac{n}{n+1},\quad n,\quad (-1)^{n-1}\frac{1}{n},\quad (-1)^{n-1} .$$

观察以上数列，我们可以看到，随着 n 的无限增大，它们有着各自的变化趋势：数列（1）无限接近于 0，数列（2）无限接近于 1，数列（3）无限增大，数列（4）无限接近于 0，数列（5）不接近于任何常数.

观察可知，随着 n 的无限增大，数列的变化趋势可分为以下两种情形：数列无限接近于某个确定的常数或者数列不接近于任何常数. 由此给出数列极限的描述性定义.

定义 2.1.2　设 $\{u_n\}$ 为一数列，如果当 n 无限增大时，u_n 无限接近于某个确定的常数 a，则称常数 a 为数列 $\{u_n\}$ 的**极限**，记作

$$\lim_{n\to\infty} u_n = a \text{ 或 } u_n \to a\ (n\to\infty),$$

此时也称数列 $\{u_n\}$ **收敛**.

如果当 n 无限增大时，u_n 不接近于任一常数，则称数列 $\{u_n\}$ 没有极限，或者数列 $\{u_n\}$ **发散**，习惯上也称 $\lim\limits_{n\to\infty} u_n$ 不存在.

根据以上定义易知，上述数列中

$$\lim_{n\to\infty}\frac{1}{n}=0,\ \lim_{n\to\infty}\frac{n}{n+1}=1,\ \lim_{n\to\infty}(-1)^{n-1}\frac{1}{n}=0,\ \{n\} \text{ 与 } \left\{(-1)^n\right\} \text{ 是发散的.}$$

定义 2.1.2 用直观描述的方法给出了极限的定义，并用观察法得到了几个数列的极限，但是有些复杂的数列很难通过观察得到极限，并且定义 2.1.2 中“n 无限增大”与“u_n 无限接近于”等语言缺少了数学的严谨性与精确性. 那么该如何使用数学语言阐述“n 无限增大”与“u_n 无限接近于”呢？

两个数 a 与 b 之间的接近程度可以用 $|b-a|$ 度量，$|b-a|$ 越小，a 与 b 越接近. 因此，定义 2.1.2 中“当 n 无限增大时，u_n 无限接近于某个确定的常数 a”指“当 n 无限增大时，u_n 与 a 可以任意接近”，换句话说，“当 n 充分大时，$|u_n-a|$ 可以任意小”.

下面以 $\lim\limits_{n\to\infty}\frac{1}{n}=0$ 为例说明数列极限的精确定义.

例如，如果事先给定小正数 0.1，要使 $\left|\frac{1}{n}-0\right|<0.1$，只需 $n>10$. 也就是说，从数列的第 11 项起无穷项都满足 $\left|\frac{1}{n}-0\right|<0.1$.

如果事先给定小正数 0.01，要使 $\left|\frac{1}{n}-0\right|<0.01$，只需 $n>100$. 也就是说，从数列的第 101 项起无穷项都满足 $\left|\frac{1}{n}-0\right|<0.01$.

如果事先给定小正数 0.001，要使$\left|\frac{1}{n}-0\right|<0.001$，只需$n>1000$．也就是说，从数列的第 1001 项起无穷项都满足$\left|\frac{1}{n}-0\right|<0.001$．

……

由此可见，无论事先指定多么小的正数ε，总存在足够大的正整数$N=\left[\frac{1}{\varepsilon}\right]$，使$n>N$的无穷项$u_{N+1}$, u_{N+2}, $\cdots$都满足$\left|\frac{1}{n}-0\right|=\frac{1}{n}<\frac{1}{N}<\varepsilon$．

根据以上讨论，给出数列极限的精确定义．

定义 2.1.2′（$\varepsilon-N$ **定义**）　设$\{u_n\}$为一数列，如果存在常数a，对于任意给定的正数ε（不论它多么小），总存在正整数N，使得当$n>N$时，不等式$|u_n-a|<\varepsilon$恒成立，则称常数a为数列$\{u_n\}$的**极限**，或者称数列$\{u_n\}$**收敛于**a，记作

$$\lim_{n\to\infty}u_n=a \text{ 或 } u_n\to a\ (n\to\infty).$$

如果不存在这样的常数a，则称数列$\{u_n\}$**发散**，也称$\lim\limits_{n\to\infty}u_n$不存在．

上面定义中的正数ε可以任意给定，这一点是很重要的，因为只有这样，不等式$|u_n-a|<\varepsilon$才能表达出u_n与a无限接近的意思．此外还应注意到：定义中的正整数N是与任意给定的正数ε有关的，它随ε的给定而选定．

下面给出“数列$\{u_n\}$的极限为a”的几何意义．

若$\lim\limits_{n\to\infty}u_n=a$，则对于任给的$\varepsilon>0$，无论它多么小，都存在正整数$N$，在数列$\{u_n\}$中，从第$N+1$项开始以后的所有项$u_{N+1}$, u_{N+2}, $\cdots$都落在区间$(a-\varepsilon,a+\varepsilon)$中，而在该区间之外最多只有$\{u_n\}$的有限项$u_1, u_2, \cdots, u_N$（图 2.2）．

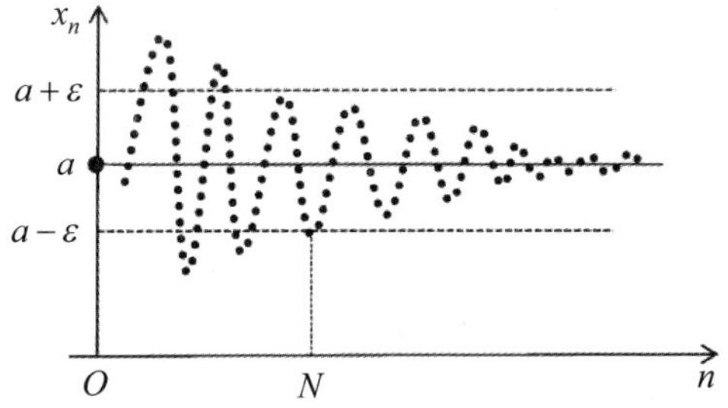

图 2.2

为了表达方便，引入记号“$\forall$”表示对于任意给定的或对于每一个，记号“$\exists$”表示存在或找到，“对于任意给定的正数ε”可写成“$\forall\varepsilon>0$”，“存在正整数N”

写成“∃正整数 N”. 于是，数列极限 $\lim\limits_{n\to\infty} u_n = a$ 可简单表达为

$$\lim_{n\to\infty} u_n = a \Leftrightarrow \forall\varepsilon > 0，\exists 正整数 N，当 n > N 时，有 |u_n - a| < \varepsilon .$$

数列极限的精确定义并未直接给出数列极限的计算方法，但可以用它来证明数列的极限.

例 2.1.1　设 $|q| < 1$，证明：$\lim\limits_{n\to\infty} q^n = 0$.

证明　令 $u_n = q^n$，当 $q = 0$ 时，结论显然成立. 以下设 $0 < |q| < 1$. $\forall\varepsilon > 0$（设 $\varepsilon < 1$），要使

$$|u_n - 0| = |q^n - 0| = |q^n| = |q|^n < \varepsilon$$

成立，只需 $n > \dfrac{\ln\varepsilon}{\ln|q|}$. 取正整数 $N = \left[\dfrac{\ln\varepsilon}{\ln|q|}\right]$，则当 $n > N$ 时，恒有 $|u_n - 0| < \varepsilon$ 成立.

由定义知，当 $|q| < 1$ 时，有 $\lim\limits_{n\to\infty} q^n = 0$.

注意：可观察，当 $|q| > 1$ 时，$|q|^n$ 无限增大，从而 $\lim\limits_{n\to\infty} q^n$ 不存在.

例 2.1.2　复利年金现值与永续年金.

在 1.1 节例 1.1.8 中得到了复利计算公式

$$S_n = A_0(1+r)^n .$$

根据此公式，现在的 A_0 元相当于 n 年后的 S_n 元，称 S_n 为 A_0 在 n 年末的终值，而 A_0 称为 n 年末的资金 S_n 的现值，且有

$$A_0 = \frac{S_n}{(1+r)^n} .$$

年金是指每期（如年）均发生的等额收付款项（如每年均颁发一项奖学金，每年的奖金额相等）. 设每期末发生年金 A，每期的利率为 r，计算复利，第 k 期末年金 A 的现值为 $\dfrac{A}{(1+r)^k}$（$k = 1, 2, \cdots, n$）. 到 n 期末，各期末发生的年金总现值为

$$\begin{aligned} P_n &= \frac{A}{1+r} + \frac{A}{(1+r)^2} + \cdots + \frac{A}{(1+r)^n} \\ &= \frac{A}{r}\left[1 - \frac{1}{(1+r)^n}\right]. \end{aligned}$$

当年金的期数永远继续，即 $n \to \infty$ 时，称为**永续年金**，其现值为

$$P_0 = \lim_{n\to\infty} P_n = \lim_{n\to\infty} \frac{A}{r}\left[1 - \frac{1}{(1+r)^n}\right] = \frac{A}{r} . \qquad (2.1.1)$$

例如，建立一项永久性的奖励基金，每年年终发放一次，奖金额为 1 万元，若以年复利5% 计算，现在需存入银行多少钱?

由公式（2.1.1）可得

$$P_0=\frac{A}{r}=\frac{1}{0.05}=20 \text{（万元）},$$

即现在需存入 20 万元.

2.1.3 收敛数列的性质

下面四个定理都是有关收敛数列的性质.

定理 2.1.1（极限的唯一性） 如果数列$\{u_n\}$收敛，则其极限必唯一.

证明 现用反证法证明. 设数列$\{u_n\}$有两个极限 a 和 b，不妨设$a<b$，取$\varepsilon=\frac{b-a}{2}>0$. 因为$\lim\limits_{n\to\infty}u_n=a$，故$\exists$正整数$N_1$，当$n>N_1$时，有不等式

$$|u_n-a|<\frac{b-a}{2}$$

成立，即

$$a-\frac{b-a}{2}<u_n<a+\frac{b-a}{2},$$

从而有

$$u_n<\frac{a+b}{2}. \tag{2.1.2}$$

同理，因为$\lim\limits_{n\to\infty}u_n=b$，故$\exists$正整数$N_2$，当$n>N_2$时，有不等式

$$|u_n-b|<\frac{b-a}{2}$$

成立，即

$$b-\frac{b-a}{2}<u_n<b+\frac{b-a}{2},$$

从而有

$$u_n>\frac{a+b}{2}. \tag{2.1.3}$$

取$N=\max\{N_1,N_2\}$，则$n>N$时，式（2.1.2）和式（2.1.3）同时成立，矛盾，假设不成立. 从而本定理的断言成立.

定理 2.1.2（收敛数列的有界性） 如果数列$\{u_n\}$收敛，则数列$\{u_n\}$一定有界.

证明 观察图 2.2，数列$\{u_n\}$收敛于 a，由数列极限的定义，取$\varepsilon=1$，则存在正整数 N，当$n>N$时，有

$$|u_n - a| < 1$$

成立．于是，当$n > N$时，

$$|u_n| = |(u_n - a) + a| \leqslant |(u_n - a)| + |a| < 1 + |a|.$$

取$M = \max\{|u_1|, |u_2|, \cdots, |u_N|, 1+|a|\}$，则对$\forall n \in \mathrm{N}^+$，都有

$$|u_n| \leqslant M.$$

这就证明了数列$\{u_n\}$是有界的．

根据上述定理，如果数列$\{u_n\}$无界，则数列$\{u_n\}$一定发散．但是，如果数列$\{u_n\}$有界，却不能断定数列$\{u_n\}$一定收敛．例如，数列$\{(-1)^{n-1}\}$有界，但却是发散的．所以数列有界仅是数列收敛的必要条件，而不是充分条件．

注意：无界的数列$\{u_n\}$一定是发散的．

定理 2.1.3（收敛数列的保号性） 如果$\lim\limits_{n\to\infty} u_n = a$，且$a > 0$（或$a < 0$），则存在正整数$N$>0，当$n > N$时，有$u_n > 0$（或$u_n < 0$）．

证明 设$a > 0$．由于$\lim\limits_{n\to\infty} u_n = a$，取$\varepsilon = \dfrac{a}{2} > 0$，则$\exists$正整数$N$>0，当$n > N$时，有

$$|u_n - a| < \frac{a}{2},$$

从而有

$$u_n > a - \frac{a}{2} = \frac{a}{2} > 0.$$

当$a < 0$时可类似证明．

推论 2.1.1 如果数列$\{u_n\}$从某项起有$u_n \geqslant 0$（或$u_n \leqslant 0$），且$\lim\limits_{n\to\infty} u_n = a$，那么$a \geqslant 0$（或$a \leqslant 0$）．

证明 设数列$\{u_n\}$从第N_1项起，即当$n > N_1$时，有$u_n \geqslant 0$．

现用反证法证明$a \geqslant 0$．若$\lim\limits_{n\to\infty} u_n = a < 0$，由定理 2.1.3 可知，存在正整数$N_2$，当$n > N_2$时，有$u_n < 0$，取$N = \max\{N_1, N_2\}$，则当$n > N$时，按假定有$u_n \geqslant 0$，而按定理 2.1.3 有$u_n < 0$，这引起矛盾．因此必有$a \geqslant 0$．

数列$\{u_n\}$从某项起有$u_n \leqslant 0$的情形可类似证明．

注意：如果数列$\{u_n\}$从某项起有$u_n > 0$，且$\lim\limits_{n\to\infty} u_n = a$，不一定有$a > 0$．

例如数列$\left\{\dfrac{1}{n}\right\}$，对任意项有$u_n > 0$，但是$\lim\limits_{n\to\infty} u_n = \lim\limits_{n\to\infty}\dfrac{1}{n} = 0$．

最后，介绍子数列的概念以及关于收敛数列与其子数列间关系的一个结论．

在数列$\{u_n\}$中任意抽取无限多项并保持这些项在原数列$\{u_n\}$中的先后次序，这样得到的数列称为原数列$\{u_n\}$的**子数列**（或**子列**）.

设在数列$\{u_n\}$中，第一次抽取u_{n_1}，第二次在u_{n_1}后抽取u_{n_2}，第三次在u_{n_2}后抽取u_{n_3}，…，这样无休止地抽取下去，得到一个数列

$$u_{n_1}, u_{n_2}, u_{n_3}, \cdots, u_{n_k}, \cdots,$$

该数列记作$\{u_{n_k}\}$，就是数列$\{u_n\}$的一个子数列.

可见，在子数列$\{u_{n_k}\}$中，一般项u_{n_k}是第k项，而在原数列$\{u_n\}$中却是第n_k项，显然，$n_k \geqslant k$.

定理 2.1.4（收敛数列与其子数列间的关系） 如果数列$\{u_n\}$收敛于a，则其任一子数列也收敛，且极限也是a.

证明从略.

由定理 2.1.4 可知，如果数列$\{u_n\}$有一个子数列发散，则数列$\{u_n\}$一定发散. 而如果数列$\{u_n\}$有两个收敛于不同极限的子数列，则数列$\{u_n\}$也一定发散. 例如，数列$\{(-1)^{n-1}\}$的奇子数列$\{u_{2k-1}\}$收敛于 1，而偶子数列$\{u_{2k}\}$收敛于-1，因此数列$\{(-1)^{n-1}\}$是发散的. 同时这个例子也说明，一个发散的数列也可能有收敛的子数列.

推论 2.1.2 设数列$\{u_{2k-1}\}$和$\{u_{2k}\}$是数列$\{u_n\}$的奇子数列和偶子数列，则$\lim\limits_{n\to\infty} u_n = a$的充分必要条件为$\lim\limits_{k\to\infty} u_{2k-1} = \lim\limits_{k\to\infty} u_{2k} = a$.

证明从略.

2.2 函数的极限

2.2.1 引例

因为数列$\{u_n\}$可以看作自变量为n的函数$u_n = f(n)$，$n \in \mathrm{N}^+$，所以数列$\{u_n\}$的极限为a，就是当自变量n取正整数且无限增大（即$n \to \infty$）时，对应的函数值$f(n)$无限接近于确定的数a. 把数列极限概念中的函数为$f(n)$而自变量的变化过程为$n \to \infty$等特殊性撇开，可以引出函数极限的概念：在自变量的某个变化过程中，如果对应的函数值无限接近于某个确定的数，那么这个确定的数就称为自变量在这一变化过程中函数的极限. 这个极限是与自变量的变化过程密切相关的，

由于自变量的变化过程不同，函数的极限就表现为不同的形式.

例如，我国在研制第一架歼 20 时所需要的工时数，远远高于第一百零一架所需要的工时数. 这是因为，如果科研工作者们不断重复做同一种工作，他们的操作方法会不断得到改进，操作时间也在逐步减少，直到操作所需要的时间均匀平衡为止. 如果用 y 表示生产第一架歼 20 所需要的工时数，根据上述分析，y 会随着时间 t 的推移而减少，y 可以视作时间 t 的函数 $y=f(t)$，最终生产一架 20 所需要的工时数会接近一个均衡时间 a 小时. 这个问题可以理解为：当 $t\to+\infty$ 时，生产一架歼 20 所需要的工时数以 a 为极限.

下面讨论自变量 x 变化过程中函数 $f(x)$ 的极限，根据自变量 x 的变化不同，主要有两种情形：

（1）自变量 x 的绝对值 $|x|$ 无限增大，即趋于无穷大（记作 $x\to\infty$）时，对应的函数 $f(x)$ 的变化情形.

（2）自变量 x 任意接近于有限值 x_0，即趋于有限值 x_0（记作 $x\to x_0$）时，对应的函数 $f(x)$ 的变化情形.

2.2.2　自变量趋于无穷大时函数的极限

自变量趋于无穷大时函数的极限

考察函数 $f(x)=1+\dfrac{1}{x}$，从其图像（图 2.3）中可以看出：当 $|x|$ 无限增大（记作 $x\to\infty$）时，函数值无限接近于常数 1，称常数 1 为函数 $f(x)=1+\dfrac{1}{x}$ 当 $x\to\infty$ 时的极限.

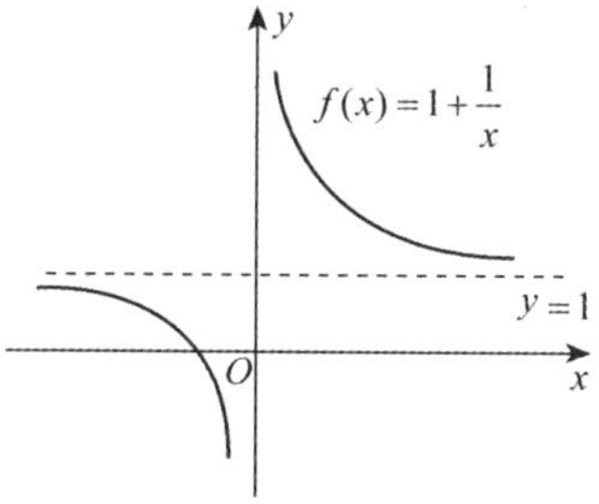

图 2.3

一般地，有下面的描述性定义.

定义 2.2.1 设函数 $y=f(x)$ 在 $|x|\geqslant a$ 时有定义，当 $|x|$ 无限增大时，如果函数 $f(x)$ 无限接近于确定的常数 A，则称常数 A 为 $x\to\infty$ 时函数 $f(x)$ 的**极限**，记作

$$\lim_{x\to\infty} f(x)=A \text{ 或 } f(x)\to A \quad (x\to\infty).$$

由定义 2.2.1 可知，常数 1 为函数 $f(x)=1+\dfrac{1}{x}$ 当 $x\to\infty$ 时的极限，记作

$$\lim_{x\to\infty}\left(1+\frac{1}{x}\right)=1.$$

有时还需要区分 x 趋于无穷大的符号，如果 x 沿 x 轴正向无限增大，记为 $x\to+\infty$；沿 x 轴负向绝对值无限增大，记为 $x\to-\infty$，相应地可表示为

$$\lim_{x\to+\infty} f(x)=A;\quad \lim_{x\to-\infty} f(x)=A.$$

由此可得，引例中 a 为 $f(t)$ 当 $t\to+\infty$ 时的极限，记作

$$\lim_{t\to+\infty} f(t)=a.$$

由以上描述性定义并借助于基本初等函数的图形，不难得出：

（1）$\lim\limits_{x\to\infty} C=C$；（2）$\lim\limits_{x\to+\infty} e^x$ 不存在；

（3）$\lim\limits_{x\to-\infty} e^x=0$；（4）$\lim\limits_{x\to+\infty} \arctan x=\dfrac{\pi}{2}$；

（5）$\lim\limits_{x\to-\infty} \arctan x=-\dfrac{\pi}{2}$.

定理 2.2.1 $\lim\limits_{x\to\infty} f(x)=A$ 成立的充要条件是 $\lim\limits_{x\to+\infty} f(x)=\lim\limits_{x\to-\infty} f(x)=A$.

由定理 2.2.1 可知，$\lim\limits_{x\to\infty} e^x$ 与 $\lim\limits_{x\to\infty}\arctan x$ 都不存在.

依照数列极限的 $\varepsilon-N$ 定义，下面给出当 $x\to\infty$ 时函数 $f(x)$ 极限的精确定义.

定义 2.2.1′（$\varepsilon-X$ 定义） 设函数 $f(x)$ 当 $|x|\geqslant a$ 时有定义. 如果存在常数 A，对于任意给定的正数 ε（不论它多么小），总存在着正数 X，使得当 $|x|>X$ 时，不等式

$$|f(x)-A|<\varepsilon$$

恒成立，则称常数 A 为 $f(x)$ 当 $x\to\infty$ 时的**极限**，记作

$$\lim_{x\to\infty} f(x)=A \quad \text{或} \quad f(x)\to A \quad (x\to\infty).$$

上述定义可以简单地表达为：

$$\lim_{x\to\infty} f(x)=A \Leftrightarrow \forall\varepsilon>0,\ \exists X>0，\text{当 } |x|>X \text{ 时，有 } |f(x)-A|<\varepsilon.$$

类似地，可以写出极限 $\lim\limits_{x\to+\infty} f(x)=A$ 和 $\lim\limits_{x\to-\infty} f(x)=A$ 的定义.

定义 2.2.2 设函数 $f(x)$ 当 $x>a$（$x<a$）时有定义，如果存在常数 A（B），对

于任意给定的正数 ε（不论它多么小），总存在着正数 X，使得当 $x > X$（$x < -X$）时，不等式

$$\left|f(x)-A\right|<\varepsilon \quad \left(\left|f(x)-B\right|<\varepsilon\right)$$

恒成立，则称常数 A（B）为 $f(x)$ 当 $x \to +\infty$（$x \to -\infty$）时的极限，记作

$$\lim_{x\to+\infty} f(x)=A \quad \left(\lim_{x\to-\infty} f(x)=B\right).$$

从几何直观上来看，$\lim\limits_{x\to\infty} f(x)=A$ 是指无论取多么小的正数 ε，总能找到一个正数 X，当 $x > X$ 或 $x < -X$ 时，曲线 $y=f(x)$ 总是介于两条水平直线 $y=A-\varepsilon$ 和 $y=A+\varepsilon$ 之间（图 2.4）.

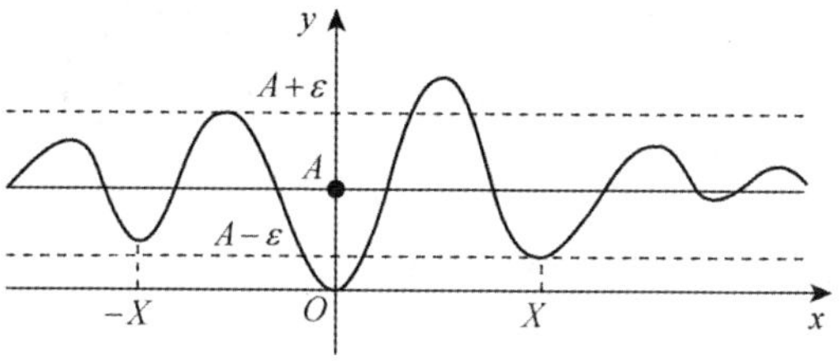

图 2.4

一般地，若 $\lim\limits_{x\to\infty} f(x)=A$（$\lim\limits_{x\to+\infty} f(x)=A$ 或 $\lim\limits_{x\to-\infty} f(x)=A$），则称直线 $y=A$ 为曲线 $y=f(x)$ 的**水平渐近线**.

例 2.2.1　证明：$\lim\limits_{x\to\infty}\dfrac{1}{x}=0$.

证明　$\forall\varepsilon>0$，要使不等式 $\left|\dfrac{1}{x}-0\right|=\dfrac{1}{|x|}<\varepsilon$ 成立，只要 $|x|>\dfrac{1}{\varepsilon}$. 因此，如果取 $X=\dfrac{1}{\varepsilon}$，则当 $|x|>X$ 时，不等式 $\left|\dfrac{1}{x}-0\right|<\varepsilon$ 成立. 这就证明了 $\lim\limits_{x\to\infty}\dfrac{1}{x}=0$.

2.2.3　自变量趋于有限值时函数的极限

自变量趋于有限值时函数的极限

考察函数 $f(x)=\dfrac{x^2-1}{x-1}$，从其图像（图 2.5）中可以看出：当 x 从 $x=1$ 的左侧或右侧无限接近于 1 时，$f(x)$ 的函数值无限趋向于 2，此时称 2 为函数 $f(x)$ 当 $x\to1$ 时的极限.

一般地，有下面描述性定义.

定义 2.2.3　设函数 $f(x)$ 在 x_0 的某去心邻域内有定义，如果存在常数 A，当 x 无限接近于 x_0 时，函数 $f(x)$ 无限接近于 A，则称常数 A 为 $f(x)$ 当 $x\to x_0$ 时的

极限，记作

$$\lim_{x\to x_0} f(x)=A \quad 或 \quad f(x)\to A \quad (x\to x_0).$$

显然，函数 $f(x)$ 当 $x\to x_0$ 时极限存在与否与函数 $f(x)$ 在 x_0 处的函数值无关，也与 $f(x)$ 在 x_0 点有无定义无关.

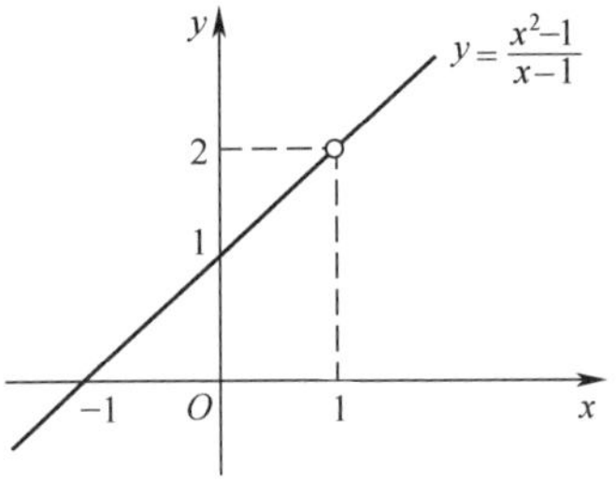

图 2.5

由描述性定义并借助初等函数的图形不难得出：

（1） $\lim_{x\to x_0} C=C$； （2） $\lim_{x\to x_0} x=x_0$.

例 2.2.3 在单位圆上观察 $\lim_{x\to 0}\sin x$ 和 $\lim_{x\to 0}\cos x$ 的值.

解 作单位圆，并任取 $\angle AOB=x$（图 2.6），则

$$\sin x=AB,\quad \cos x=OB.$$

当 $x\to 0$ 时，AB 无限接近于 0，OB 无限接近于 1，所以

$$\lim_{x\to 0}\sin x=0,\quad \lim_{x\to 0}\cos x=1.$$

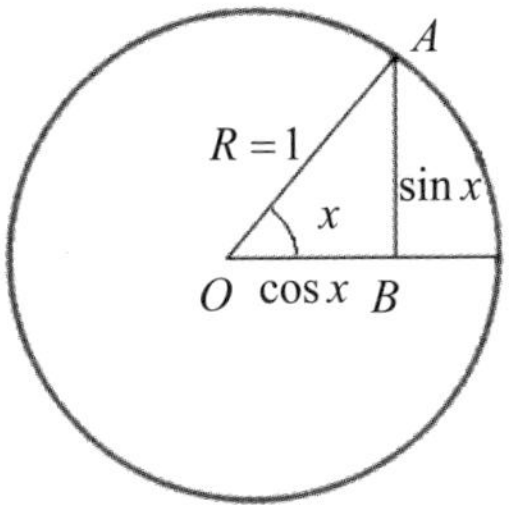

图 2.6

依照数列极限的 $\varepsilon-N$ 定义，下面给出当 $x\to x_0$ 时函数 $f(x)$ 极限的精确定义.

定义 2.2.3′（$\varepsilon-\delta$ 定义） 设函数 $f(x)$ 在 x_0 的某空心邻域内有定义. 如果存在常数 A，对于任给 $\varepsilon>0$，总存在 $\delta>0$，使当 $0<|x-x_0|<\delta$ 时，不等式

$$|f(x)-A|<\varepsilon$$

恒成立，则称常数 A 为函数 $f(x)$ 当 $x \to x_0$ 时的**极限**，记作

$$\lim_{x \to x_0} f(x) = A \text{ 或 } f(x) \to A \quad (x \to x_0).$$

从几何直观上看，$\lim\limits_{x \to x_0} f(x) = A$ 是指无论对于多么小的正数 ε，总能找到正数 δ，当 $y = f(x)$ 图形上点的横坐标 x 在邻域 $(x_0 - \delta, x_0 + \delta)$ 内，但 $x \neq x_0$ 时，曲线 $y = f(x)$ 总是介于两条水平直线 $y = A - \varepsilon$ 和 $y = A + \varepsilon$ 之间（图 2.7）.

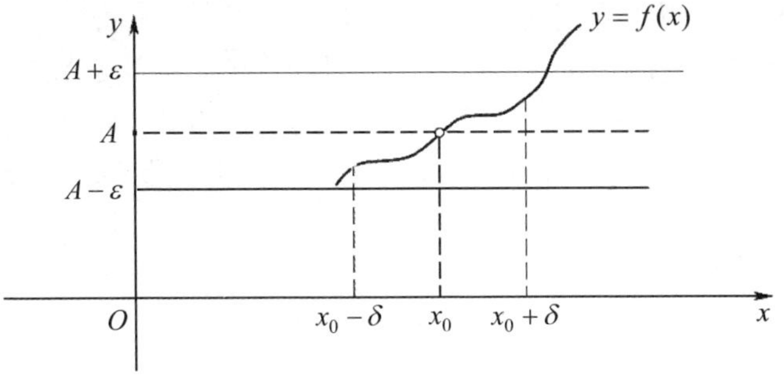

图 2.7

上述定义可以简单地表达为

$\lim\limits_{x \to x_0} f(x) = A \Leftrightarrow \forall \varepsilon > 0$，$\exists \delta > 0$，当 $0 < |x - x_0| < \delta$ 时，有 $|f(x) - A| < \varepsilon$.

例 2.2.3　证明：$\lim\limits_{x \to 1} \dfrac{x^2 - 1}{x - 1} = 2$.

证明　函数 $f(x) = \dfrac{x^2 - 1}{x - 1}$ 在 $x = 1$ 处无定义，但 $f(x)$ 当 $x \to 1$ 时极限存在与否与其并没有关系．事实上，$\forall \varepsilon > 0$，要使

$$|f(x) - A| = \left| \frac{x^2 - 1}{x - 1} - 2 \right| = |(x + 1) - 2| = |x - 1| < \varepsilon ,$$

可取 $\delta = \varepsilon$，那么当 $0 < |x - 1| < \delta$ 时，就有 $\left| \dfrac{x^2 - 1}{x - 1} - 2 \right| < \varepsilon$ ．这就证明了 $\lim\limits_{x \to 1} \dfrac{x^2 - 1}{x - 1} = 2$.

在定义 2.2.3 中，$x \to x_0$ 的方式是任意的，即不论 x 从 x_0 的左侧还是 x_0 的右侧无限接近于 x_0，函数 $f(x)$ 都无限地接近于常数 A，这种极限实际上为双侧极限．但有时只能或只需考虑 x 仅从 x_0 的一侧无限接近于 x_0 时函数 $f(x)$ 的极限情形，这就是单侧极限问题．对于单侧极限，一般地，有如下定义.

定义 2.2.4　（1）设函数 $f(x)$ 在 x_0 某左邻域有定义，如果当 x 从 x_0 的左侧无限接近于 x_0 时，$f(x)$ 的函数值无限接近于某个常数 A，则称 A 为 $f(x)$ 当 $x \to x_0$ 时的**左极限**，记作

$$\lim_{x\to x_0^-} f(x) = A \text{ 或 } f\left(x_0^-\right) = A .$$

（2）设函数 $f(x)$ 在 x_0 某右邻域有定义，如果当 x 从 x_0 的右侧无限接近于 x_0 时，$f(x)$ 的函数值无限接近于某个常数 A，则称 A 为 $f(x)$ 当 $x\to x_0$ 时的**右极限**，记作

$$\lim_{x\to x_0^+} f(x) = A \text{ 或 } f\left(x_0^+\right) = A .$$

左极限和右极限统称为**单侧极限**.

以上为左极限和右极限的描述性定义，其定义（$\varepsilon-\delta$ 定义）请读者自行写出.

由以上定义，不难得到以下结论.

定理 2.2.2 函数 $f(x)$ 在点 $x=x_0$ 处极限存在的充要条件是 $f(x)$ 在 x_0 处的左、右极限都存在且相等，即

$$\lim_{x\to x_0} f(x) = A \Leftrightarrow \lim_{x\to x_0^-} f(x) = \lim_{x\to x_0^+} f(x) = A .$$

注意：此定理常用于判定分段函数在分段点处极限的存在性.

例 2.2.4 讨论函数 $f(x)=\begin{cases} x-1, & x<0, \\ 0, & x=0, \\ x+1, & x>0, \end{cases}$ 当 $x\to 0$ 时极限是否存在.

解 考察当 $x\to 0$ 时，$f(x)$ 的左右极限. 由定义与几何直观（图 2.8），可知

$$\lim_{x\to 0^-} f(x) = \lim_{x\to 0^-}(x-1) = -1 ,\quad \lim_{x\to 0^+} f(x) = \lim_{x\to 0^+}(x+1) = 1 .$$

因为左右极限存在但不相等，所以 $\lim\limits_{x\to 0} f(x)$ 不存在.

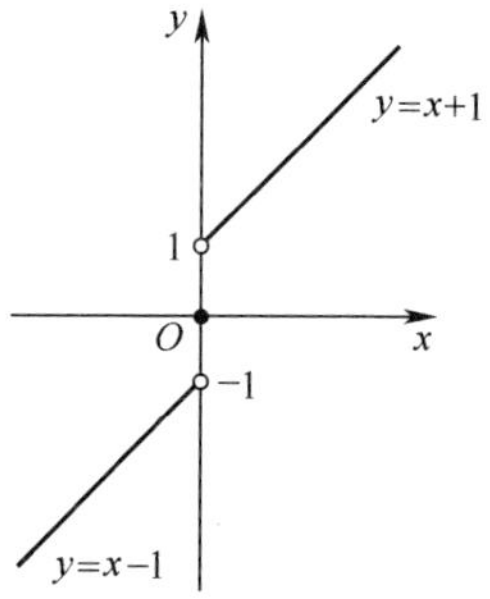

图 2.8

虽然极限的定义较为抽象，但只要初学者掌握了极限概念的直观意义，略过各种极限的严格定义及后面几节中的有关证明，并不会影响本课程的学习.

函数极限的 6 种情形难以从具体形式上统一起来. 为了表达和论证函数极限的共同性质和运算法则，除非特别指明，本教材中将用 $\lim f(x)$ 泛指函数极限的

任一类型．在证明时，只对其中一种情形加以论证，对证明过程稍加修改即可适用于其余类型．今后将用变量泛指数列或函数，用“某变化过程”泛指 $n\to\infty$，$x\to x_0$（x_0^- 或 x_0^+），$x\to\infty$（$+\infty$ 或 $-\infty$）之一．

2.2.4　函数极限的性质

与收敛数列的性质相比较，可得函数极限的一些相应性质．它们都可以根据函数极限的定义，运用类似于证明收敛数列性质的方法加以证明．由于函数极限中自变量的变化过程较复杂，下面仅就 $x\to x_0$ 的情形给出结论，至于其他变化过程的相应结论请读者自己给出．

定理 2.2.3（函数极限的唯一性）　如果 $\lim\limits_{x\to x_0} f(x)$ 存在，则其极限必唯一．

定理 2.2.4（函数极限的局部有界性）　如果 $\lim\limits_{x\to x_0} f(x)=A$，则存在常数 $M>0$ 和 $\delta>0$，使得当 $0<|x-x_0|<\delta$ 时，有 $|f(x)|\leqslant M$．

定理 2.2.5（函数极限的局部保号性）　如果 $\lim\limits_{x\to x_0} f(x)=A\ (A\neq 0)$ 且 $A>0$（或 $A<0$），则存在常数 $\delta>0$，使得当 $0<|x-x_0|<\delta$ 时，有 $f(x)>0$（或 $f(x)<0$）．

由定理 2.2.5，易得以下推论．

推论 2.2.1　如果在 x_0 的某去心邻域内恒有 $f(x)\geqslant 0$（或 $f(x)\leqslant 0$），且满足 $\lim\limits_{x\to x_0} f(x)=A$，则有 $A\geqslant 0$（或 $A\leqslant 0$）．

注意：如果在 x_0 的某去心邻域内恒有 $f(x)>0$，且 $\lim\limits_{x\to x_0} f(x)=A$，不一定 $A>0$．例如，函数 $y=x^2$ 在 $x_0=0$ 的去心邻域内恒有 $f(x)>0$，但是

$$\lim_{x\to 0} f(x)=\lim_{x\to 0} x^2=0.$$

2.3　无穷小与无穷大

本节讨论两种特殊的变量：无穷小量与无穷大量．这两种特殊的变量无论在极限理论还是在极限的应用上都起着十分重要的作用．

2.3.1　无穷小

无穷小

“孤帆远影碧空尽，唯见长江天际流．”这是李白的《黄鹤楼送孟浩然之广陵》中的名句．浩荡的长江江面上一只孤伶伶的小船载着友人，渐去渐远，越来越小，越来越模糊，只剩下了一点影子，最终

消失在水天相接之处．诗人也生出无尽的惆怅和思念．仔细体会，优美的诗句里其实蕴含了极限的概念．“小船渐去渐远，只剩下一点影子，最终消失在水天相接之处”是多么传神地描绘了一个变量趋于 0 也就是极限为 0 的动态意境．在这个变化过程中，函数无限接近于 0，就称它是无穷小量．一般地，有下述定义．

定义 2.3.1 如果函数 $f(x)$ 在自变量 x 的某一变化过程中的极限为 0，则称函数 $f(x)$ 为该变化过程中的无穷小量，简称**无穷小**，记作

$$\lim f(x)=0 .$$

特别地，以 0 为极限的数列 $\{u_n\}$ 称为 $n\to\infty$ 时的无穷小．

例如，$\lim\limits_{x\to 1}(x-1)=0$，所以函数 $x-1$ 为 $x\to 1$ 时的无穷小．

$\lim\limits_{x\to\infty}\dfrac{\sin x}{x}=0$，所以函数 $\dfrac{\sin x}{x}$ 为 $x\to\infty$ 时的无穷小．

$\lim\limits_{n\to\infty}\dfrac{1}{n+1}=0$，所以数列 $\left\{\dfrac{1}{n+1}\right\}$ 为 $n\to\infty$ 时的无穷小．

有时为了表达方便，也用希腊字母 α, β, γ 等表示无穷小．

注意：（1）无穷小不是很小的数，而是在自变量的某个变化过程中，其极限为 0 的变量．一个很小的正数（如 1nm）是常数而不是无穷小．

（2）无穷小是相对于自变量的某一变化过程而言的，例如 $x\to\infty$ 时 $\dfrac{1}{x}$ 是无穷小，而 $x\to 1$ 时 $\dfrac{1}{x}$ 就不是无穷小．

（3）常数 0 可看作任何变化过程中的无穷小．

无穷小量与函数极限有如下关系．

定理 2.3.1 在自变量的同一变化过程中，函数 $f(x)$ 以 A 为极限的充要条件是 $f(x)=A+\alpha$，其中 α 为无穷小．

证明 仅就自变量 $x\to x_0$ 的情形为例证明，其他情形可类似求证．

先证必要性．设 $\lim\limits_{x\to x_0}f(x)=A$，则 $\forall\varepsilon>0,\ \exists\delta>0$，使得当 $0<|x-x_0|<\delta$ 时，有 $|f(x)-A|<\varepsilon$.

令 $\alpha=f(x)-A$，则 α 为当 $x\to x_0$ 时的无穷小，且 $f(x)=A+\alpha$ ．这就证明了 $f(x)$ 等于它的极限 A 与一个无穷小 α 之和．

再证充分性．设 $f(x)=A+\alpha$，其中 A 为常数，α 为当 $x\to x_0$ 时的无穷小．于是

$$|f(x)-A|=|\alpha| .$$

因为 α 为当 $x\to x_0$ 时的无穷小，所以 $\forall\varepsilon>0$，$\exists\delta>0$，使得当 $0<|x-x_0|<\delta$ 时，有 $|\alpha|<\varepsilon$，即

$$\left|f(x)-A\right|<\varepsilon .$$

这就证明了 A 为 $f(x)$ 当 $x\to x_0$ 时的极限.

2.3.2　无穷大

《愚公移山》中有名言："虽我之死，有子存焉；子又生孙，孙又生子；子又有子，子又有孙；子子孙孙无穷匮也，而山不加增，何苦而不平？"古文中描述的和无穷小的变化状态相反，在这个变化过程中，函数的绝对值无限增大，就称它是无穷大量. 一般地，有下述定义.

定义 2.3.2　在自变量的某一变化过程中，如果 $\left|f(x)\right|$ 无限增大，则称函数 $f(x)$ 为该变化过程中的无穷大量，简称**无穷大**，记作

$$\lim f(x)=\infty .$$

例如，$\lim\limits_{x\to 0}\frac{1}{x}=\infty$，所以函数 $\frac{1}{x}$ 为 $x\to 0$ 时的无穷大.

$\lim\limits_{x\to \frac{\pi}{2}}\tan x=\infty$，所以函数 $\tan x$ 为 $x\to\frac{\pi}{2}$ 时的无穷大.

$\lim\limits_{x\to \infty}(2x+1)=\infty$，所以函数 $2x+1$ 为 $x\to\infty$ 时的无穷大.

下面给出当自变量 $x\to x_0$ 时无穷大的精确定义，自变量其他变化过程的无穷大的精确定义请读者自己给出.

定义 2.3.3　设 $f(x)$ 在 x_0 的某去心邻域有定义，如果对任意给定的 $M>0$，总存在 $\delta>0$，使得当 $0<\left|x-x_0\right|<\delta$ 时，不等式

$$\left|f(x)\right|>M$$

成立，则称 $f(x)$ 为当 $x\to x_0$ 时的**无穷大**，记作

$$\lim_{x\to x_0}f(x)=\infty .$$

注意：(1) 尽管用式子 $\lim f(x)=\infty$ 表示 $f(x)$ 是一个无穷大，但事实上变量在此变化过程中是没有极限的.

(2) 无穷大也是相对于自变量的某一变化过程而言的.

(3) 无穷大不是绝对值很大的数.

如果在无穷大定义中，把 $\left|f(x)\right|>M$ 换成 $f(x)>M$（或 $f(x)<-M$），就得到正无穷大（或负无穷大）的定义，记作

$$\lim f(x)=+\infty \text{（或}\lim f(x)=-\infty\text{）}.$$

例如，$\lim\limits_{x\to 1^-}\frac{1}{1-x}=+\infty$，所以函数 $\frac{1}{1-x}$ 为 $x\to 1^-$ 时的正无穷大.

$\lim\limits_{x\to 0^+}\ln x=-\infty$，所以函数$\ln x$为$x\to 0^+$时的负无穷大.

$\lim\limits_{x\to +\infty}\ln x=+\infty$，所以函数$\ln x$为$x\to +\infty$时的正无穷大.

一般地，如果$\lim\limits_{x\to x_0}f(x)=\infty$，则称直线$x=x_0$是曲线$y=f(x)$的**垂直渐近线**.

例 2.3.2 设函数$f(x)=\dfrac{1}{x-1}$，讨论$\lim\limits_{x\to 1}f(x)$是否存在.

解 $f(x)$在$x=1$处无定义，但这与$\lim\limits_{x\to 1}f(x)$是否存在没有关系. 注意到（图 2.9），

$$\lim_{x\to 1^-}f(x)=\lim_{x\to 1^-}\frac{1}{x-1}=-\infty,\quad \lim_{x\to 1^+}f(x)=\lim_{x\to 1^+}\frac{1}{x-1}=+\infty .$$

由于$\lim\limits_{x\to 1^+}f(x)\neq\lim\limits_{x\to 1^-}f(x)$，所以$\lim\limits_{x\to 1}f(x)$不存在. $f(x)$是当$x\to 1$时的无穷大，$x=1$是曲线$f(x)=\dfrac{1}{x-1}$的垂直渐近线.

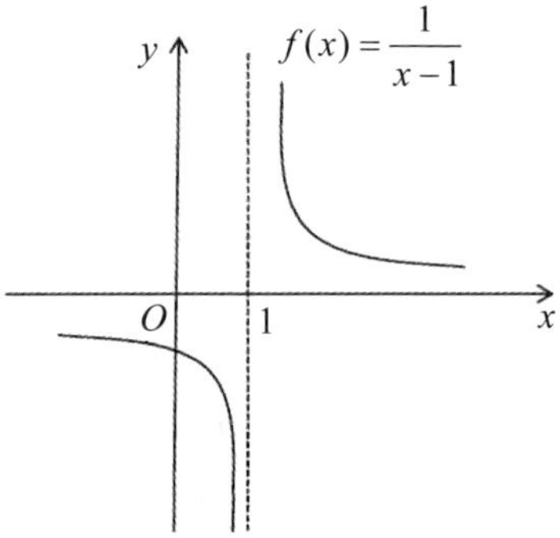

图 2.9

***例 2.3.3** 证明：函数$f(x)=x\cos x$在$(0,+\infty)$内无界，但这个函数不是当$x\to +\infty$时的无穷大.

证明 显然$f(x)=x\cos x$在$(0,+\infty)$内无界（图 2.10）. 而$f(x)=x\cos x$满足当$n\to\infty$时，

$$f(2n\pi)=2n\pi\cos 2n\pi=2n\pi\to\infty ;$$

但是另一方面，

$$f\left(n\pi+\frac{\pi}{2}\right)=\left(n\pi+\frac{\pi}{2}\right)\cos\left(n\pi+\frac{\pi}{2}\right)=0 .$$

所以，$f(x)=x\cos x$不是当$x\to +\infty$时的无穷大.

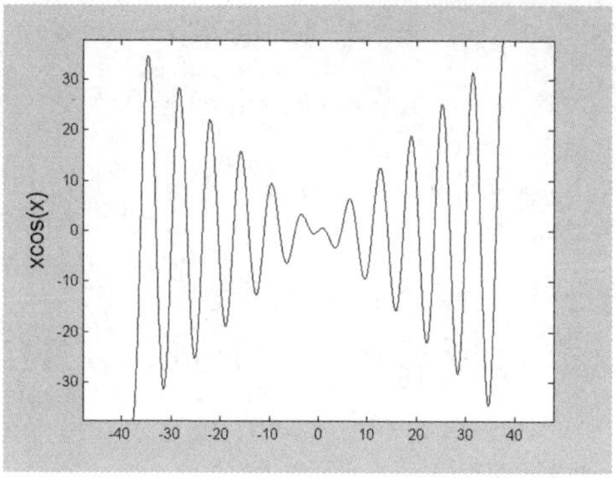

图 2.10

2.3.3 无穷小与无穷大的关系

无穷小与无穷大的关系

无穷小与无穷大之间有一种简单的关系，即如下定理.

定理 2.3.2 在自变量的同一变化过程中，如果 $f(x)$ 为无穷大，则 $\dfrac{1}{f(x)}$ 为无穷小；反之，如果 $f(x)$ 为无穷小，且 $f(x)\neq 0$，则 $\dfrac{1}{f(x)}$ 为无穷大.

证明从略.

上述定理表明，若 $\lim f(x)=\infty$，则 $\lim\dfrac{1}{f(x)}=0$；若 $f(x)\neq 0$ 且 $\lim f(x)=0$，则 $\lim\dfrac{1}{f(x)}=\infty$. 例如：

（1）$2x+1$ 为当 $x\to\infty$ 时的无穷大，所以 $\dfrac{1}{2x+1}$ 为当 $x\to\infty$ 时的无穷小.

（2）x^2 为当 $x\to 0$ 时的无穷小，且在 $x_0=0$ 的任意去心邻域内 $x^2\neq 0$，所以 $\dfrac{1}{x^2}$ 为当 $x\to 0$ 时的无穷大.

2.3.4 无穷小与无穷大的运算法则

无穷小还具有以下几个明显的性质.

性质 2.3.1 有限个无穷小的和仍是无穷小.

但是，无限个无穷小的和不一定是无穷小. 例如 $\lim\limits_{n\to\infty}\dfrac{1}{n}=0$，但是

$$\lim_{n\to\infty}\left(\frac{1}{n}+\frac{1}{n}+\cdots+\frac{1}{n}\right)=\lim_{n\to\infty}n\cdot\frac{1}{n}=1.$$

有限个无穷大的和也不一定是无穷大. 例如 $\lim\limits_{n\to\infty} n=\infty$， $\lim\limits_{n\to\infty}(-n)=\infty$，但是

$$\lim_{n\to\infty}(n-n)=\lim_{n\to\infty}0=0.$$

性质 2.3.2 有限个无穷小的乘积仍是无穷小. 有限个无穷大的乘积仍是无穷大.

性质 2.3.3 无穷小与有界函数的乘积仍是无穷小.

特别地，常量与无穷小的乘积仍是无穷小. 但是，只有非 0 常数与无穷大的乘积仍是无穷大.

例 2.3.4 求极限 $\lim\limits_{x\to 0} x\sin\dfrac{1}{x}$.

解 因为 $\lim\limits_{x\to 0} x=0$，$\left|\sin\dfrac{1}{x}\right|\leqslant 1$（$x\neq 0$），故由性质 2.3.3 知，$\lim\limits_{x\to 0} x\sin\dfrac{1}{x}=0$，且 $x=0$ 为函数 $f(x)=x\sin\dfrac{1}{x}$ 曲线的水平渐近线（图 2.11）.

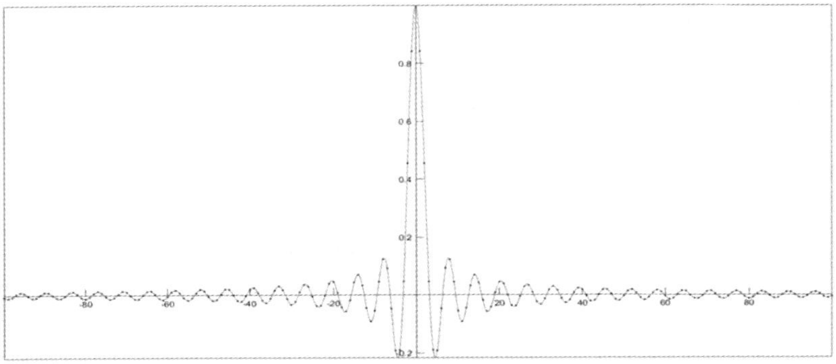

图 2.11

但是，有界函数与无穷大的乘积不一定是无穷大. 例如 $\lim\limits_{n\to\infty} n=\infty$，$\left|\dfrac{1}{n^2}\right|\leqslant 1$ 是有界函数，但是

$$\lim_{n\to\infty}\frac{1}{n^2}\cdot n=\lim_{n\to\infty}\frac{1}{n}=0.$$

2.4 极限的运算法则与两个重要极限

前面讨论了极限的概念和性质、特殊的两种极限形式(无穷小量与无穷大量). 用极限的定义和性质去求函数的极限只适用于一些比较简单函数的极限，对于比较复杂函数的极限，需要讨论其他的求解方法.

本节讨论极限的基本计算方法——四则运算法则和复合函数的极限运算法则，以及极限存在的两个准则，最后利用极限存在准则，研究两个具有代表性的重要极限.

极限的四则运算

2.4.1　极限的四则运算法则

定理 2.4.1　在自变量同一变化过程中，设 $\lim f(x)=A$，$\lim g(x)=B$，那么

（1）$\lim\left[f(x)\pm g(x)\right]=\lim f(x)\pm\lim g(x)=A\pm B$.

（2）$\lim\left[f(x)\cdot g(x)\right]=\lim f(x)\cdot\lim g(x)=A\cdot B$.

（3）若 $B\neq 0$，则 $\lim\dfrac{f(x)}{g(x)}=\dfrac{\lim f(x)}{\lim g(x)}=\dfrac{A}{B}$.

证明　仅给出（2）的证明，另外两种情形的证明与其类似，请读者自行给出.
因为 $\lim f(x)=A$，$\lim g(x)=B$，根据无穷小与函数极限的关系，可知

$$f(x)=A+\alpha,\quad g(x)=B+\beta,$$

其中 α,β 为无穷小. 从而

$$f(x)\cdot g(x)=(A+\alpha)(B+\beta)=AB+(A\beta+B\alpha+\alpha\beta).$$

由无穷小的性质知，$A\beta+B\alpha+\alpha\beta$ 也是无穷小，而 AB 为常量，所以

$$\lim\left[f(x)\cdot g(x)\right]=A\cdot B=\lim f(x)\cdot\lim g(x).$$

定理 2.4.1 中的（1）、（2）可以推广到有限个函数的情形，即若极限 $\lim f_1(x)$，$\lim f_2(x)$，…，$\lim f_n(x)$ 均存在，则有

（1）$\lim\left[f_1(x)\pm f_2(x)\pm\cdots\pm f_n(x)\right]=\lim f_1(x)\pm\lim f_2(x)\pm\cdots\pm\lim f_n(x)$.

（2）$\lim\left[f_1(x)\cdot f_2(x)\cdot\cdots\cdot f_n(x)\right]=\lim f_1(x)\cdot\lim f_2(x)\cdot\cdots\cdot\lim f_n(x)$.

定理 2.4.1 还有如下推论.

推论 2.4.1　如果 $\lim f(x)$ 存在，C 为常数，则 $\lim\left[Cf(x)\right]=C\cdot\lim f(x)$.

推论 2.4.2　如果 $\lim f(x)$ 存在，$n\in\mathrm{N}^+$，则 $\lim\left[f(x)\right]^n=\left[\lim f(x)\right]^n$.

注意：由于数列是特殊的函数，其极限的运算法则同定理 2.4.1，不再赘述.

定理 2.4.2　如果 $\varphi(x)\geqslant\psi(x)$，而 $\lim\varphi(x)=a$，$\lim\psi(x)=b$，则 $a\geqslant b$.

证明　令 $f(x)=\varphi(x)-\psi(x)$，则 $f(x)\geqslant 0$，根据函数极限的性质，$\lim f(x)\geqslant 0$. 由定理 2.4.1，知

$$\lim f(x)=\lim\left[\varphi(x)-\psi(x)\right]=\lim\varphi(x)-\lim\psi(x)=a-b,$$

所以

$$a-b\geqslant 0，即 a\geqslant b.$$

下面通过讨论不同函数的极限说明上述极限运算法则的应用.

例 2.4.1 设多项式 $P_n(x)=a_nx^n+a_{n-1}x^{n-1}+\cdots+a_1x+a_0$，对任意 $x_0\in\mathbf{R}$，求 $\lim\limits_{x\to x_0}P_n(x)$.

解 由 $\lim\limits_{x\to x_0}x=x_0$，由推论 2.4.2 可得 $\lim\limits_{x\to x_0}x^n=x_0^n$；由推论 2.4.1 可得 $\lim\limits_{x\to x_0}a_nx^n=a_nx_0^n$. 因此，根据定理 2.4.1(1)知

$$\begin{aligned}\lim_{x\to x_0}P_n(x)&=\lim_{x\to x_0}\left(a_nx^n+a_{n-1}x^{n-1}+\cdots+a_1x+a_0\right)\\&=a_n\lim_{x\to x_0}x^n+a_{n-1}\lim_{x\to x_0}x^{n-1}+\cdots+a_1\lim_{x\to x_0}x+a_0\\&=a_nx_0{}^n+a_{n-1}x_0{}^{n-1}+\cdots+a_1x_0+a_0=P_n(x_0).\end{aligned}$$

例 2.4.2 求 $\lim\limits_{x\to 0}\dfrac{x^3+7x-9}{x^5-x+3}$.

解 这里分母的极限 $\lim\limits_{x\to 0}\left(x^5-x+3\right)=0^5-0+3=3\neq 0$，所以

$$\lim_{x\to 0}\frac{x^3+7x-9}{x^5-x+3}=\frac{\lim\limits_{x\to 0}\left(x^3+7x-9\right)}{\lim\limits_{x\to 0}\left(x^5-x+3\right)}=\frac{0^3+7\times 0-9}{0^5-0+3}=-3.$$

一般地，设 $F(x)=\dfrac{P_n(x)}{Q_m(x)}=\dfrac{a_nx^n+a_{n-1}x^{n-1}+\cdots+a_0}{b_mx^m+b_{m-1}x^{m-1}+\cdots+b_0}$，在 $Q_m(x_0)\neq 0$ 时，有

$$\lim_{x\to x_0}F(x)=\lim_{x\to x_0}\frac{P_n(x)}{Q_m(x)}=\frac{\lim\limits_{x\to x_0}P_n(x)}{\lim\limits_{x\to x_0}Q_m(x)}=\frac{P_n(x_0)}{Q_m(x_0)}=F(x_0).$$

在定理 2.4.1 的（3）中，要求 $\lim g(x)\neq 0$，如果 $\lim g(x)=0$，则关于商的极限的运算法则不能应用，需做特别处理.

例 2.4.3 求 $\lim\limits_{x\to 3}\dfrac{x-3}{x^2-9}$.

解 当 $x\to 3$ 时，分子与分母的极限均为 0，于是不能直接用商的极限运算法则计算. 注意到分子与分母有公因子 $x-3$，而 $x\to 3$ 时，$x\neq 3$，$x-3\neq 0$，可约去这个不为 0 的公因子，所以

$$\lim_{x\to 3}\frac{x-3}{x^2-9}=\lim_{x\to 3}\frac{1}{x+3}=\frac{1}{6}.$$

例 2.4.4 求 $\lim\limits_{x\to 0}\dfrac{\sqrt{x+4}-2}{x}$.

解 当 $x\to 0$ 时，分子、分母的极限为 0，故不能直接用商的极限运算法则计算. 如果对函数进行分子有理化后，可以将 x 约去，所以

$$\lim_{x\to 0}\frac{\sqrt{x+4}-2}{x}=\lim_{x\to 0}\frac{x}{x\left(\sqrt{x+4}+2\right)}=\lim_{x\to 0}\frac{1}{\sqrt{x+4}+2}=\frac{1}{4}.$$

注意：当函数中出现根号相减时，通常采用此方法将函数进行化简之后，再求极限.

例 2.4.5　求 $\lim\limits_{x\to\infty}\dfrac{3x^3+4x^2+2}{7x^3+5x^2-3}$.

解　当 $x\to\infty$ 时，分子、分母都为无穷大，故也不能直接用商的极限运算法则计算. 因此，让分子及分母同时除以 x^3，使得无穷大的运算转化为无穷小的运算，所以得到

$$\lim_{x\to\infty}\frac{3x^3+4x^2+2}{7x^3+5x^2-3}=\lim_{x\to\infty}\frac{3+\dfrac{4}{x}+\dfrac{2}{x^3}}{7+\dfrac{5}{x}-\dfrac{3}{x^3}}=\frac{3}{7}.$$

例 2.4.6　求 $\lim\limits_{x\to\infty}\dfrac{3x^2-2x-1}{2x^3-x^2+5}$.

解　先让分子及分母同时除以 x^3，然后取极限，得

$$\lim_{x\to\infty}\frac{3x^2-2x-1}{2x^3-x^2+5}=\lim_{x\to\infty}\frac{\dfrac{3}{x}-\dfrac{2}{x^2}-\dfrac{1}{x^3}}{2-\dfrac{1}{x}+\dfrac{5}{x^3}}=\frac{0}{2}=0.$$

例 2.4.7　求 $\lim\limits_{x\to\infty}\dfrac{2x^3-x^2+5}{3x^2-2x-1}$.

解　由上例可知 $\lim\limits_{x\to\infty}\dfrac{3x^2-2x-1}{2x^3-x^2+5}=0$，由无穷大与无穷小关系可得

$$\lim_{x\to\infty}\frac{2x^3-x^2+5}{3x^2-2x-1}=\infty.$$

总结例 2.4.5 至例 2.4.7，可得如下结论.

设 $a_n\neq 0$，$b_m\neq 0$，m，n 为非负整数，则

$$\lim_{x\to\infty}\frac{a_nx^n+a_{n-1}x^{n-1}+\cdots+a_0}{b_mx^m+b_{m-1}x^{m-1}+\cdots+b_0}=\begin{cases}\dfrac{a_n}{b_m}, & n=m,\\ 0, & n<m,\\ \infty, & n>m.\end{cases}$$

注意：上述结论对于数列及无理分式函数的类似类型的极限，也可采用相同的方法处理.

例 2.4.8　求 $\lim\limits_{x\to 1}\left(\dfrac{x}{x-1}-\dfrac{2}{x^2-1}\right)$.

解 由于 $\lim\limits_{x\to1}\dfrac{x}{x-1}=\infty$，$\lim\limits_{x\to1}\dfrac{2}{x^2-1}=\infty$，所以不能用差的极限运算法则计算．为此，先通分化简再求极限，得

$$\lim_{x\to1}\left(\frac{x}{x-1}-\frac{2}{x^2-1}\right)=\lim_{x\to1}\frac{x^2+x-2}{x^2-1}=\lim_{x\to1}\frac{(x-1)(x+2)}{(x-1)(x+1)}=\lim_{x\to1}\frac{x+2}{x+1}=\frac{3}{2}.$$

例 2.4.9 求 $\lim\limits_{n\to\infty}\left(\dfrac{1}{n^2}+\dfrac{2}{n^2}+\cdots+\dfrac{n}{n^2}\right)$.

解 显然 $\lim\limits_{n\to\infty}\dfrac{i}{n^2}=0$，但是本极限为无穷多个无穷小的和，不能直接使用函数极限运算的加法法则，实际上

$$\lim_{n\to\infty}\left(\frac{1}{n^2}+\frac{2}{n^2}+\cdots+\frac{n}{n^2}\right)=\lim_{n\to\infty}\frac{1+2+\cdots+n}{n^2}=\lim_{n\to\infty}\frac{n(n+1)}{2n^2}=\frac{1}{2}.$$

注意：定理 2.4.1（1）适用的是有限个函数的情形，若所求极限为无限个函数的和，不可直接计算，需要根据题目进行化简后再进行讨论.

例 2.4.10 已知生产 Q 对汽车挡泥板的成本为

$$C(Q)=10+\sqrt{1+Q^2}\ \text{（元）},$$

$\bar{C}(Q)$ 为平均成本，求 $\lim\limits_{Q\to+\infty}\bar{C}(Q)$ 及 $\lim\limits_{Q\to+\infty}\left[C(Q+1)-C(Q)\right]$.

解

$$\lim_{Q\to+\infty}\bar{C}(Q)=\lim_{Q\to+\infty}\frac{C(Q)}{Q}=\lim_{Q\to+\infty}\frac{10+\sqrt{1+Q^2}}{Q}$$

$$=\lim_{Q\to+\infty}\left[\frac{10}{Q}+\sqrt{\frac{1}{Q^2}+1}\right]=1.$$

$$\lim_{Q\to+\infty}\left[C(Q+1)-C(Q)\right]=\lim_{Q\to+\infty}\left[\sqrt{1+(Q+1)^2}-\sqrt{1+Q^2}\right]$$

$$=\lim_{Q\to+\infty}\frac{2Q+1}{\sqrt{1+(Q+1)^2}+\sqrt{1+Q^2}}$$

$$=\lim_{Q\to+\infty}\frac{2+\dfrac{1}{Q}}{\sqrt{\dfrac{1}{Q^2}+\dfrac{2}{Q}+1}+\sqrt{1+\dfrac{1}{Q^2}}}=1.$$

另外，在求极限的问题中，还会遇到极限的反问题，即已知函数极限，确定函数中的未知参数.

例 2.4.11 已知 $\lim\limits_{x\to2}\dfrac{x^2-x+a}{x-2}=3$，求 a 的值.

解 由于 $x\to2$ 时，$\lim\limits_{x\to2}(x-2)=0$，$\lim\limits_{x\to2}\left(x^2-x+a\right)=2+a$，因分母极限为 0，

由前面讨论可知，只有在分子与分母同时为0时，极限才有可能为

$$\lim_{x\to 2}\frac{x^2-x+a}{x-2}=3,$$

因此

$$\lim_{x\to 2}\left(x^2-x+a\right)=2+a=0,$$

所以

$$a=-2.$$

前面已经看到，对于有理函数（有理整式函数或有理分式函数）$f(x)$，只要 $f(x)$ 在点 x_0 处有定义，那么当 $x\to x_0$ 时 $f(x)$ 的极限必定存在且等于 $f(x)$ 在点 x_0 处的函数值 $f(x_0)$.

此处不加证明地指出：一切基本初等函数在其定义域的每点处都具有这样的性质．这就是说，若 $f(x)$ 是基本初等函数，设 x_0 为 $f(x)$ 定义域内一点，则必有

$$\lim_{x\to x_0}f(x)=f(x_0).$$

例如，$\lim\limits_{x\to 2}\sqrt{x}=\sqrt{2}$，$\lim\limits_{x\to 0}\cos x=\cos 0=1$，$\lim\limits_{x\to 1}\ln x=\ln 1=0$.

2.4.2　复合函数极限的运算法则

复合函数极限的运算法则

定理 2.4.3　设函数 $y=f[\varphi(x)]$ 是由 $y=f(u)$，$u=\varphi(x)$ 复合而成的，$f[\varphi(x)]$ 在点 x_0 处的某去心邻域内有定义．若 $\lim\limits_{x\to x_0}\varphi(x)=u_0$，$\lim\limits_{u\to u_0}f(u)=A$，且当 $x\in\mathring{U}(x_0)$ 时，$\varphi(x)\neq u_0$，则

$$\lim_{x\to x_0}f[\varphi(x)]=\lim_{u\to u_0}f(u)=A.$$

证明从略.

定理 2.4.3 说明，计算复合函数的极限 $\lim\limits_{x\to x_0}f[\varphi(x)]$ 时，可令 $u=\varphi(x)$，先求中间变量的极限 $\lim\limits_{x\to x_0}\varphi(x)=u_0$，再求 $\lim\limits_{u\to u_0}f(u)$ 即可.

在定理 2.4.3 中，把 $\lim\limits_{x\to x_0}\varphi(x)=u_0$ 换成 $\lim\limits_{x\to x_0}\varphi(x)=\infty$（或 $\lim\limits_{x\to\infty}\varphi(x)=\infty$），而把 $\lim\limits_{u\to u_0}f(u)=A$ 换成 $\lim\limits_{u\to\infty}f(u)=A$，可得类似结论.

例 2.4.12　求 $\lim\limits_{x\to 3}(3x-1)^2$.

解　函数 $y=(3x-1)^2$ 是由 $y=u^2$ 与 $u=3x-1$ 复合而成的．因为

$$\lim_{x\to 3}(3x-1)=8,$$

所以

$$\lim_{x\to 3}(3x-1)^2=\lim_{u\to 8}u^2=8^2=64.$$

例 2.4.13 求 $\lim\limits_{x\to0}\mathrm{e}^{\frac{1}{x}}$.

解 函数 $y=\mathrm{e}^{\frac{1}{x}}$ 是由 $y=\mathrm{e}^{u}$ 与 $u=\dfrac{1}{x}$ 复合而成的．因为

$$\lim_{x\to0^+}\frac{1}{x}=+\infty,\quad \lim_{x\to0^-}\frac{1}{x}=-\infty,$$

所以

$$\lim_{x\to0^+}\mathrm{e}^{\frac{1}{x}}=+\infty,\quad \lim_{x\to0^-}\mathrm{e}^{\frac{1}{x}}=0.$$

由于 $\lim\limits_{x\to0^+}\mathrm{e}^{\frac{1}{x}}\neq\lim\limits_{x\to0^-}\mathrm{e}^{\frac{1}{x}}$，则极限 $\lim\limits_{x\to0}\mathrm{e}^{\frac{1}{x}}$ 不存在.

同理可得，$\lim\limits_{x\to0^+}\arctan\dfrac{1}{x}=\dfrac{\pi}{2}$，$\lim\limits_{x\to0^-}\arctan\dfrac{1}{x}=-\dfrac{\pi}{2}$，故极限 $\lim\limits_{x\to0}\arctan\dfrac{1}{x}$ 不存在.

由此例结论并结合前面极限与左、右极限的关系，可知左、右极限主要用在：当分段函数在分段点的左、右两侧所用的函数解析式不同时，或者所求极限的函数中含有某些初等函数在一些特殊点处（如 $a^{\frac{1}{x}}$，$\arctan\dfrac{1}{x}$ 在 $x=0$ 处）的极限时，一般需要用左、右极限去讨论函数的极限.

2.4.3 夹逼准则

夹逼准则与第一个重要极限

以下准则 I 和准则 I′ 称为极限的**夹逼准则**.

准则 I 如果数列 $\{x_n\},\{y_n\},\{z_n\}$ 满足以下两个条件：

（1）$y_n\leqslant x_n\leqslant z_n$ （$n=1, 2, 3, \cdots$），

（2）$\lim\limits_{n\to\infty}y_n=\lim\limits_{n\to\infty}z_n=a$，

则数列 $\{x_n\}$ 的极限存在，且 $\lim\limits_{n\to\infty}x_n=a$.

证明 因为 $\lim\limits_{n\to\infty}y_n=a$，$\lim\limits_{n\to\infty}z_n=a$，所以根据数列极限的定义，$\forall\varepsilon>0$，$\exists N_1>0$，当 $n>N_1$ 时，有 $|y_n-a|<\varepsilon$；又 $\exists N_2>0$，当 $n>N_2$ 时，有 $|z_n-a|<\varepsilon$．现取 $N=\max\{N_1,N_2\}$，则当 $n>N$ 时，有

$$|y_n-a|<\varepsilon,\quad |z_n-a|<\varepsilon$$

同时成立，即

$$a-\varepsilon<y_n<a+\varepsilon,\quad a-\varepsilon<z_n<a+\varepsilon$$

同时成立．又因 $y_n\leqslant x_n\leqslant z_n$，所以当 $n>N$ 时，有

$$a-\varepsilon<y_n\leqslant x_n\leqslant z_n<a+\varepsilon,$$

即
$$|x_n - a| < \varepsilon$$
成立．这就证明了 $\lim\limits_{n\to\infty} x_n = a$.

例 2.4.14　求 $\lim\limits_{n\to\infty}\left(\dfrac{n}{n^2+1}+\dfrac{n}{n^2+2}+\cdots+\dfrac{n}{n^2+n}\right)$.

解　因为 $\dfrac{n}{n^2+n}\leqslant\dfrac{n}{n^2+i}\leqslant\dfrac{n}{n^2+1}$（$n=1, 2, 3, \cdots$），则对任意的 $n\in\mathrm{N}$ ，恒有
$$\frac{n^2}{n^2+n}\leqslant\frac{n}{n^2+1}+\frac{n}{n^2+2}+\cdots+\frac{n}{n^2+n}\leqslant\frac{n^2}{n^2+1}.$$

又由于
$$\lim_{n\to\infty}\frac{n^2}{n^2+n}=\lim_{n\to\infty}\frac{1}{1+\frac{1}{n}}=1,\quad \lim_{n\to\infty}\frac{n^2}{n^2+1}=\lim_{n\to\infty}\frac{1}{1+\frac{1}{n^2}}=1,$$
则由夹逼准则可得
$$\lim_{n\to\infty}\left(\frac{n}{n^2+1}+\frac{n}{n^2+2}+\cdots+\frac{n}{n^2+n}\right)=1.$$

上述数列极限存在准则可以推广到函数极限的情形.

准则 I′　在自变量的同一变化过程中，设函数 $f(x), g(x), h(x)$ 满足：

（1）$g(x)\leqslant f(x)\leqslant h(x)$， $x\in\mathring{U}(x_0)$（或 $|x|>X$）；

（2）$\lim g(x)=\lim h(x)=A$ ，则 $f(x)$ 的极限存在，且 $\lim f(x)=A$.

作为准则 I′ 的应用，下面证明第一个重要极限
$$\lim_{x\to 0}\frac{\sin x}{x}=1.$$

首先注意到，函数 $\dfrac{\sin x}{x}$ 对于一切 $x\neq 0$ 都有定义．作单位圆，如图 2.12 所示.

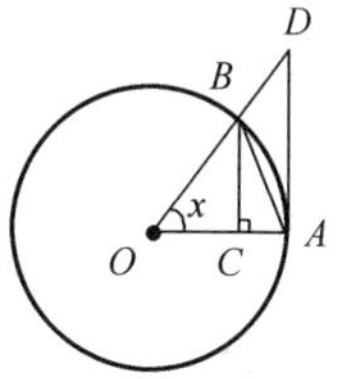

图 2.12

设圆心角 $\angle AOB = x$ ，并设 $0<x<\dfrac{\pi}{2}$，从图中不难发现
$$S_{\triangle AOB} < S_{扇形AOB} < S_{\triangle AOD},$$
所以
$$\frac{1}{2}\sin x<\frac{1}{2}x<\frac{1}{2}\tan x,$$
即
$$\sin x < x < \tan x .$$

因为 $0<x<\dfrac{\pi}{2}$， $0<\sin x<1$ ，则不等式两边同时除以 $\sin x$ ，就有
$$1<\frac{x}{\sin x}<\frac{1}{\cos x},$$

或
$$\cos x<\frac{\sin x}{x}<1.$$

当 x 用 $-x$ 代替时，$\cos x$，$\frac{\sin x}{x}$ 的值均不变，故对满足 $0<|x|<\frac{\pi}{2}$ 的一切 x，都有
$$\cos x<\frac{\sin x}{x}<1.$$

又因为
$$\lim_{x\to 0}\cos x=1,$$
利用夹逼准则，易知
$$\boxed{\lim_{x\to 0}\frac{\sin x}{x}=1}.$$

需要说明的是，在利用第一个重要极限计算时，要注意灵活使用．一般地，根据复合函数的极限运算法则（定理 2.4.3）可得如下一般形式：
$$\lim_{\varphi(x)\to 0}\frac{\sin\varphi(x)}{\varphi(x)}=1.$$

例 2.4.15 求 $\lim_{x\to 0}\frac{\tan x}{x}$．

解 $\lim_{x\to 0}\frac{\tan x}{x}=\lim_{x\to 0}\left(\frac{\sin x}{x}\cdot\frac{1}{\cos x}\right)=\lim_{x\to 0}\frac{\sin x}{x}\cdot\lim_{x\to 0}\frac{1}{\cos x}=1.$

例 2.4.16 求 $\lim_{x\to 0}\frac{1-\cos x}{x^2}$．

解 $\lim_{x\to 0}\frac{1-\cos x}{x^2}=\lim_{x\to 0}\frac{2\sin^2\left(\frac{x}{2}\right)}{x^2}=\frac{1}{2}\cdot\lim_{x\to 0}\left(\frac{\sin\frac{x}{2}}{\frac{x}{2}}\right)^2=\frac{1}{2}.$

例 2.4.17 求 $\lim_{x\to 0}\frac{\arcsin x}{x}$．

解 令 $t=\arcsin x$，则 $x=\sin t$，当 $x\to 0$ 时，有 $t\to 0$，于是
$$\lim_{x\to 0}\frac{\arcsin x}{x}=\lim_{t\to 0}\frac{t}{\sin t}==\lim_{t\to 0}\frac{1}{\frac{\sin t}{t}}=1.$$

例 2.4.18 求 $\lim_{x\to 1}\frac{\sin(x-1)}{x-1}$．

解 令 $t=x-1$，则 $x=t-1$，当 $x\to 1$ 时，有 $t\to 0$，于是
$$\lim_{x\to 1}\frac{\sin(x-1)}{x-1}=\lim_{t\to 0}\frac{\sin t}{t}=1.$$

例 2.4.19　求 $\lim\limits_{x\to\infty} x\sin\dfrac{1}{x}$.

解　令 $t=\dfrac{1}{x}$，则 $x=\dfrac{1}{t}$，当 $x\to\infty$ 时，有 $t\to 0$，于是

$$\lim_{x\to\infty} x\sin\frac{1}{x}=\lim_{t\to 0}\frac{1}{t}\sin t=\lim_{t\to 0}\frac{\sin t}{t}=1 .$$

2.4.4　单调有界收敛准则

单调有界收敛准则与第二个重要极限

以下准则 II 称为极限的**单调有界收敛准则**.

准则 II　单调有界数列必有极限.

通过前面的学习已经知道：收敛数列一定有界，但有界数列却不一定收敛. 现在准则 II 表明，如果数列不仅有界，并且是单调的，则该数列的极限必定存在，即该数列一定收敛.

准则 II 包含了以下两个结论：

（1）若数列 $\{x_n\}$ 单调增加且有上界，则该数列必有极限.

（2）若数列 $\{x_n\}$ 单调减少且有下界，则该数列必有极限.

作为准则 II 的应用，下面讨论第二个重要极限 $\lim\limits_{x\to\infty}\left(1+\dfrac{1}{x}\right)^x$.

首先考虑 x 取正整数 n 且趋向于 $+\infty$ 的情形.

n	1	2	3	4	10	20	100	10000000	100000000	…
x_n	2	2.25	2.37037037	2.44140625	2.59374246	2.65329770	2.70481382	2.71828169	2.71828181	…

将 $x_n=\left(1+\dfrac{1}{n}\right)^n$ 二项式展开，易知 $x_n<x_{n+1}$ 且 $x_n<3$（此处不做详细证明），从而数列 $\{x_n\}$ 单调增加且有上界，根据极限存在准则 II，这个数列 $\{x_n\}$ 极限存在，通常用字母 e 表示它，即

$$\lim_{n\to\infty}\left(1+\frac{1}{n}\right)^n=\mathrm{e} .$$

利用夹逼准则还可以证明(此处证明从略)，当 x 取实数且趋向于 $+\infty$ 或 $-\infty$ 时，函数 $\left(1+\dfrac{1}{x}\right)^x$ 的极限存在，且都等于 e，因此

$$\lim_{x\to\infty}\left(1+\frac{1}{x}\right)^x=\mathrm{e}.$$

这个数 e 是一个无理数，它的值是

$$e=2.718281828459045\cdots.$$

利用复合函数的极限运算法则，可把上述第二个重要极限写成另外一种形式．在 $(1+t)^{\frac{1}{t}}$ 中做代换 $x=\frac{1}{t}$，得 $\left(1+\frac{1}{x}\right)^{x}$．又当 $t\to 0$ 时，$x\to\infty$，因此由复合函数的极限运算法则，得

$$\lim_{t\to 0}(1+t)^{\frac{1}{t}}=\lim_{x\to\infty}\left(1+\frac{1}{x}\right)^{x}=e.$$

例 2.4.20 求 $\lim\limits_{x\to\infty}\left(1-\frac{1}{x}\right)^{x}$．

解 令 $t=-x$，则当 $x\to\infty$ 时，$t\to\infty$．于是

$$\lim_{x\to\infty}\left(1-\frac{1}{x}\right)^{x}=\lim_{t\to\infty}\left(1+\frac{1}{t}\right)^{-t}=\lim_{t\to\infty}\left[\left(1+\frac{1}{t}\right)^{t}\right]^{-1}=\frac{1}{\lim\limits_{t\to\infty}\left(1+\frac{1}{t}\right)^{t}}=\frac{1}{e}.$$

需要说明的是，在利用第二个重要极限计算时，也要注意灵活使用．一般地，可用如下形式：

$$\lim_{\varphi(x)\to\infty}\left[1+\frac{1}{\varphi(x)}\right]^{\varphi(x)}=e \quad 或 \quad \lim_{\varphi(x)\to 0}\left[1+\varphi(x)\right]^{\frac{1}{\varphi(x)}}=e.$$

例 2.4.21 求 $\lim\limits_{x\to\infty}\left(1+\frac{1}{2x}\right)^{x}$．

解 令 $t=2x$，则当 $x\to\infty$ 时，$t\to\infty$．于是

$$\begin{aligned}\lim_{x\to\infty}\left(1+\frac{1}{2x}\right)^{x}&=\lim_{x\to\infty}\left(1+\frac{1}{2x}\right)^{2x\cdot\frac{1}{2}}\\&=\lim_{t\to\infty}\left(1+\frac{1}{t}\right)^{t\cdot\frac{1}{2}}=\lim_{t\to\infty}\left[\left(1+\frac{1}{t}\right)^{t}\right]^{\frac{1}{2}}\\&=e^{\frac{1}{2}}.\end{aligned}$$

例 2.4.22 求 $\lim\limits_{x\to 0}(\cos x)^{\frac{1}{1-\cos x}}$．

解 令 $t=\cos x-1$，则当 $x\to 0$ 时，$t\to 0$．于是

$$\lim_{x\to0}(\cos x)^{\frac{1}{1-\cos x}}=\lim_{x\to0}(1+\cos x-1)^{\frac{1}{1-\cos x}}$$
$$=\lim_{t\to0}(1+t)^{-\frac{1}{t}}=\lim_{t\to0}\left[(1+t)^{\frac{1}{t}}\right]^{-1}$$
$$=e^{-1}.$$

例 2.4.23　求 $\lim_{x\to0}\frac{\ln(1+x)}{x}$.

解　令 $u=\left(1+\frac{1}{x}\right)^x$，则 $\lim_{x\to0}u=\lim_{x\to0}\left(1+\frac{1}{x}\right)^x=e$，由复合函数运算法则可得

$$\lim_{x\to0}\frac{\ln(1+x)}{x}=\lim_{x\to0}\ln(1+x)^{\frac{1}{x}}=\lim_{u\to e}\ln u=\ln e=1.$$

同理可得 $\lim_{x\to0}\frac{\log_a(1+x)}{x}=\log_a e=\frac{1}{\ln a}$.

例 2.4.24　求 $\lim_{x\to0}\frac{e^x-1}{x}$.

解　令 $e^x-1=t$，则 $x=\ln(1+t)$，当 $x\to0$ 时，$t\to0$. 于是

$$\lim_{x\to0}\frac{e^x-1}{x}=\lim_{t\to0}\frac{t}{\ln(1+t)}=\lim_{t\to0}\frac{1}{\frac{\ln(1+t)}{t}}=1.$$

同理可得 $\lim_{x\to0}\frac{a^x-1}{x}\overset{a^x-1=t}{\underset{x=\log_a(t+1)}{=\!=\!=}}\lim_{t\to0}\frac{t}{\log_a(1+t)}=\ln a$.

2.4.5　$\lim_{x\to\infty}\left(1+\frac{1}{x}\right)^x$ 在经济中的应用

下面简单介绍**连续复利**——已知现在值 A_0，计算未来值 A_t.

设初始本金为 A_0，银行年利率为 r，计算复利，一年后本息和为

$$A_1=A_0(1+r).$$

如果一年分两期计息，每期复利率为 $\frac{r}{2}$，一年共计息 2 次，此时一年后本息和为

$$A_1=A_0\left(1+\frac{r}{2}\right)^2.$$

如果一年分 n 期计息，则每期利率为 $\frac{r}{n}$，则一年后的本息和为

$$A_1=A_0\left(1+\frac{r}{n}\right)^n,$$

很容易得出本息和随计息次数的增大而增大．而 k 年后的的本息和为

$$A_k = A_0\left(1+\frac{r}{n}\right)^{nk}.$$

令 $n\to\infty$，表示这笔存款每时每刻都在生息且利息随时计入本金重复计算复利，此种计息方式称为连续复利．这样一年后的本息之和为

$$A_1=\lim_{n\to\infty}A_0\left(1+\frac{r}{n}\right)^{n}=\lim_{n\to\infty}A_0\left[\left(1+\frac{r}{n}\right)^{\frac{n}{r}}\right]^{r}=A_0\mathrm{e}^{r}.$$

k 年后的本息和为

$$A_k=\lim_{n\to\infty}A_0\left(1+\frac{r}{n}\right)^{nk}=\lim_{n\to\infty}A_0\left[\left(1+\frac{r}{n}\right)^{\frac{n}{r}}\right]^{rk}=A_0\mathrm{e}^{kr},$$

其中 A_0 又称为 $A_0\mathrm{e}^{kr}$ 的现值．

例 2.4.25 若孩子出生后，父母拿出 A_0 元作为给孩子的初始投资，希望等到孩子10岁生日时，这笔资金能涨到12000元．如果投资按照9%的年复利率付息，他的父母应该投资多少元？若年复利率不变，但付息方式改为一年付复利4次或者连续复利计算，他的父母又应该投资多少元？

解 一年复利一次，10年后12000元的现值为

$$12000(1+0.09)^{-10}\approx 5068.93\ （元）.$$

一年复利四次，10年后12000元的现值为

$$12000\left(1+\frac{0.09}{4}\right)^{-40}\approx 4927.75\ （元）.$$

若计算连续复利，则10年后12000元的现值为

$$12000\mathrm{e}^{-0.09\times 10}\approx 4878.84\ （元）.$$

即在三种付息方式下，他的父母的投资额分别是5068.93元、4927.75元与4878.84元，比较可得，在连续复利模式下，投资额最低．

连续复利模型也适用于人口增长、林木生长等问题，通常也称这些经济量以增长率 r 呈连续的指数增长．

2.5 无穷小的比较

无穷小的比较

由无穷小的性质可知，两个无穷小的和、差及乘积仍为无穷小，但两个无穷小的商还是无穷小吗？例如，当 $x\to 0$ 时，x，x^2，$2x$ 都是无穷小，而

$$\lim_{x\to 0}\frac{x}{2x}=\frac{1}{2},\quad \lim_{x\to 0}\frac{x^2}{x}=0,\quad \lim_{x\to 0}\frac{x}{x^2}=\infty .$$

两个无穷小之比的极限的各种不同情况，反映了不同的无穷小趋于 0 的“快慢”程度．为了描述两个无穷小趋于 0 的“快慢”，给出如下定义．

定义 2.5.1　设无穷小 α，β 及极限 $\lim\frac{\beta}{\alpha}$ 都是对于同一个自变量的变化过程而言的，且 $\alpha\neq 0$．

（1）如果 $\lim\frac{\beta}{\alpha}=0$，则称 β 是比 α **高阶的无穷小**，记作 $\beta=o(\alpha)$．

（2）如果 $\lim\frac{\beta}{\alpha}=\infty$，则称 β 是比 α **低阶的无穷小**．

（3）如果 $\lim\frac{\beta}{\alpha}=c$（$c\neq 0$），则称 β 与 α 是**同阶无穷小**．

特别地，如果 $\lim\frac{\beta}{\alpha}=1$，则称 β 与 α 是**等价无穷小**，记作 $\alpha\sim\beta$．

（4）如果 $\lim\frac{\beta}{\alpha^k}=c\neq 0$，则称 β 是 α 的 k **阶无穷小**．

下面举一些具体的例子：

（1）因为 $\lim\limits_{x\to 0}\frac{x^2}{x}=0$，所以当 $x\to 0$ 时，x^2 是比 x 高阶的无穷小，即 $x^2=o(x)$（$x\to 0$）．

（2）因为 $\lim\limits_{n\to\infty}\frac{\frac{1}{n}}{\frac{1}{n^2}}=\infty$，所以当 $n\to\infty$ 时，$\frac{1}{n}$ 是比 $\frac{1}{n^2}$ 低阶的无穷小．

（3）因为 $\lim\limits_{x\to 0}\frac{1-\cos x}{x^2}=\frac{1}{2}$，所以当 $x\to 0$ 时，$1-\cos x$ 与 x^2 是同阶无穷小，且 $1-\cos x$ 是 x 的 2 阶无穷小．

（4）因为 $\lim\limits_{x\to 0}\frac{\sin x}{x}=1$，所以当 $x\to 0$ 时，$\sin x$ 与 x 是等价无穷小，即 $\sin x\sim x$（$x\to 0$）．

例 2.5.1　证明：当 $x\to 0$ 时，$\sqrt[n]{1+x}-1\sim\frac{x}{n}$（$n\in\mathrm{N}^+$）．

证明

$$\lim_{x\to 0}\frac{\sqrt[n]{1+x}-1}{\frac{x}{n}}=\lim_{x\to 0}\frac{\left(\sqrt[n]{1+x}\right)^n-1}{\frac{x}{n}\left[\sqrt[n]{(1+x)^{n-1}}+\sqrt[n]{(1+x)^{n-2}}+\cdots+1\right]}$$

$$=\lim_{x\to 0}\frac{n}{\sqrt[n]{(1+x)^{n-1}}+\sqrt[n]{(1+x)^{n-2}}+\cdots+1}=1.$$

所以当 $x\to 0$ 时，

$$\sqrt[n]{1+x}-1\sim\frac{1}{n}x.$$

一般地，当 $x\to 0$ 时，有 $(1+x)^{\alpha}-1\sim\alpha x$（$\alpha$ 为常数）.

由 2.4 节的讨论及本节的定义可得到如下几个常用的等价无穷小. 当 $x\to 0$ 时有：$\sin x\sim x$，$\tan x\sim x$，$\arcsin x\sim x$，$\arctan x\sim x$，$1-\cos x\sim\frac{x^2}{2}$，$(1+x)^{\alpha}-1\sim\alpha x$（$\alpha$ 为常数），$\mathrm{e}^x-1\sim x$，$a^x-1\sim x\ln a$，$\ln(1+x)\sim x$，$\log_a(1+x)\sim\frac{x}{\ln a}$.

关于等价无穷小，有下面两个定理.

定理 2.5.1　α 与 β 是等价无穷小的充要条件为 $\beta=\alpha+o(\alpha)$.

证明从略.

根据定理 2.5.1，当 $x\to 0$ 时，有

$$\sin x=x+o(x),\quad \tan x=x+o(x),\quad \arcsin x=x+o(x),$$

$$1-\cos x=\frac{x^2}{2}+o(x^2),\quad (1+x)^{\alpha}-1=\alpha x+o(x).$$

推论 2.5.1　若 α 是 β 的高阶无穷小，则 $\alpha+\beta\sim\beta$，即 $\beta+\mathrm{o}(\beta)\sim\beta$.

根据推论 2.5.1，当 $x\to 0$ 时，有

$$\sin x+x^2\sim\sin x\sim x,\quad \tan^2 x+x\sim x.$$

定理 2.5.2（等价无穷小替换原理）　设 α，β，α'，β' 均为 x 的同一变化过程中的无穷小，且 $\alpha\sim\alpha'$，$\beta\sim\beta'$，则

$$\lim\frac{\beta}{\alpha}=\lim\frac{\beta'}{\alpha'}.$$

等价无穷小替换原理

证明　$\lim\frac{\beta}{\alpha}=\lim\left(\frac{\beta}{\beta'}\cdot\frac{\beta'}{\alpha'}\cdot\frac{\alpha'}{\alpha}\right)=\lim\frac{\beta}{\beta'}\cdot\lim\frac{\beta'}{\alpha'}\cdot\lim\frac{\alpha'}{\alpha}=\lim\frac{\beta'}{\alpha'}$.

推论 2.5.2　设 α，α' 均为 x 的同一变化过程中的无穷小，且 $\alpha\sim\alpha'$，而 $f(x)$ 为该过程中的一个函数. 若 $\lim[\alpha'\cdot f(x)]$ 存在，则有

$$\lim[\alpha\cdot f(x)]=\lim[\alpha'\cdot f(x)].$$

定理 2.5.2 及其推论表明，在求乘、除运算的极限时，可将分子或分母的某些乘积因子中的无穷小换成与其等价的无穷小，不影响其极限结果. 如果选择适当，可使计算过程简化.

例 2.5.2　求 $\lim\limits_{x\to 0}\dfrac{\tan 2x}{\sin 5x}$.

解　当 $x\to 0$ 时，$\sin 5x\sim 5x$，$\tan 2x\sim 2x$．所以

$$\lim_{x\to 0}\frac{\tan 2x}{\sin 5x}=\lim_{x\to 0}\frac{2x}{5x}=\frac{2}{5}.$$

例 2.5.3　求 $\lim\limits_{x\to 0}\dfrac{1-\cos x}{\arcsin 3x^2}$.

解　当 $x\to 0$ 时，$\arcsin 3x^2\sim 3x^2$, $1-\cos x\sim\dfrac{x^2}{2}$．所以

$$\lim_{x\to 0}\frac{1-\cos x}{\arcsin 3x^2}=\lim_{x\to 0}\frac{\frac{x^2}{2}}{3x^2}=\frac{1}{6}.$$

例 2.5.4　求 $\lim\limits_{x\to 0}\dfrac{\tan x}{x^2+3x}$.

解　当 $x\to 0$ 时，$\tan x\sim x$，$x^2+3x\sim 3x$．所以

$$\lim_{x\to 0}\frac{\tan x}{x^2+3x}=\lim_{x\to 0}\frac{x}{3x}=\frac{1}{3}.$$

在此要强调一点：利用等价无穷小替换求极限，一般是乘积或者做商运算时进行整体替换，而在有和或者差运算时要慎重，如

$$\lim_{x\to 0}\frac{2\sin x-\sin 2x}{x^3}=\lim_{x\to 0}\frac{2x-2x}{x^3}.$$

此计算过程是错误的，应做如下运算：

$$\lim_{x\to 0}\frac{2\sin x-\sin 2x}{x^3}=\lim_{x\to 0}\frac{2\sin x}{x}\cdot\frac{1-\cos x}{x^2}=\lim_{x\to 0}\frac{2x}{x}\cdot\frac{\frac{x^2}{2}}{x^2}=2\cdot\frac{1}{2}=1.$$

例 2.5.5　求 $\lim\limits_{x\to 0}\dfrac{\sqrt{1+x\sin x}-\sqrt{\cos x}}{\ln\sqrt{x^2+1}}$.

解　当 $x\to 0$ 时，$\ln\sqrt{1+x^2}=\dfrac{1}{2}\ln\left(1+x^2\right)\sim\dfrac{1}{2}x^2$．所以

$$\begin{aligned}\lim_{x\to 0}\frac{\sqrt{1+x\sin x}-\sqrt{\cos x}}{\ln\sqrt{x^2+1}}&=\lim_{x\to 0}\frac{\sqrt{1+x\sin x}-\sqrt{\cos x}}{\frac{1}{2}x^2}\\&=\lim_{x\to 0}2\frac{1+x\sin x-\cos x}{x^2\left(\sqrt{1+x\sin x}+\sqrt{\cos x}\right)}\\&=\lim_{x\to 0}\frac{2}{\sqrt{1+x\sin x}+\sqrt{\cos x}}\cdot\lim_{x\to 0}\frac{1+x\sin x-\cos x}{x^2}\end{aligned}$$

$$=\lim_{x\to 0}\frac{1+x\sin x-\cos x}{x^2}=\lim_{x\to 0}\frac{1-\cos x}{x^2}+\lim_{x\to 0}\frac{\sin x}{x}$$

$$=\frac{1}{2}+1=\frac{3}{2}.$$

求极限时若遇到某个因子有极限，且该因子的极限不为 0，则可以把该因子的极限先求出来并提到极限号外面，这样能避繁就简，且不影响整个函数的极限.

2.6 函数的连续性与间断点

自然界中很多现象普遍存在两种变化情况：一种是连续变化的，如植物的生长、生物体的运动速度的变化等都是随时间变化而连续地变化的，这种现象反映在数学上就是函数的连续性；另一种是间断的或是跳跃的，如邮寄信件的邮费随邮件重量的增加而阶梯式地增加，这种现象反映在数学上就是函数的不连续或间断的问题.

2.6.1 函数的连续性

函数连续性与间断点

设函数 $y=f\left(x\right)$，如果自变量 x 从 x_0 变化到 $x_0+\Delta x$，那么 Δx 称为自变量的增量，相应地函数 y 从 $f\left(x_0\right)$ 变化到 $f\left(x_0+\Delta x\right)$，则函数的增量为（图 2.13）

$$\Delta y=f\left(x_0+\Delta x\right)-f\left(x_0\right).$$

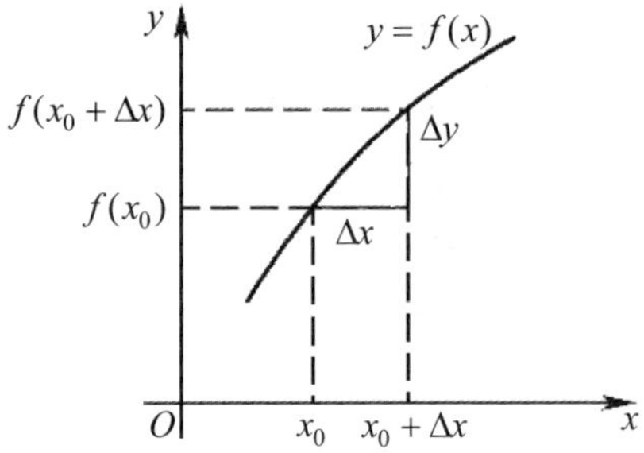

图 2.13

增量 Δx 和 Δy 可以是正的、负的，也可以是 0.

对于函数 $y=f\left(x\right)$ 定义域内的一点，如果自变量 x 在 x_0 处取得微小的改变量 Δx 时，函数 y 相应的改变量 Δy 也非常小，且当 $\Delta x\to 0$ 时，$\Delta y\to 0$，则称 $y=f\left(x\right)$ 在 x_0 处连续，如图 2.14 所示. 而对如图 2.15 所示的函数来说，$y=f\left(x\right)$ 在 x_0 处不连续.

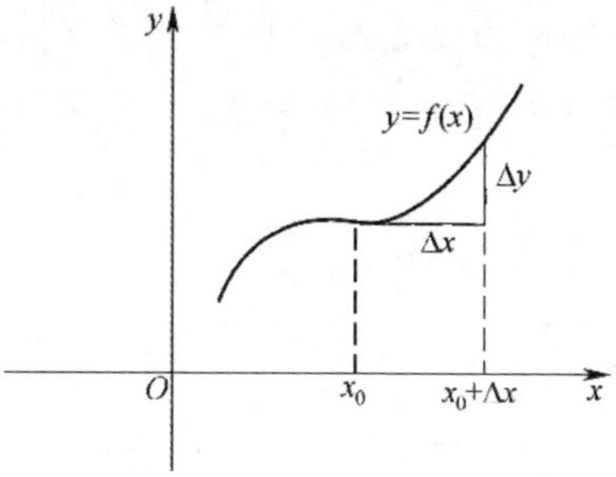

图 2.14

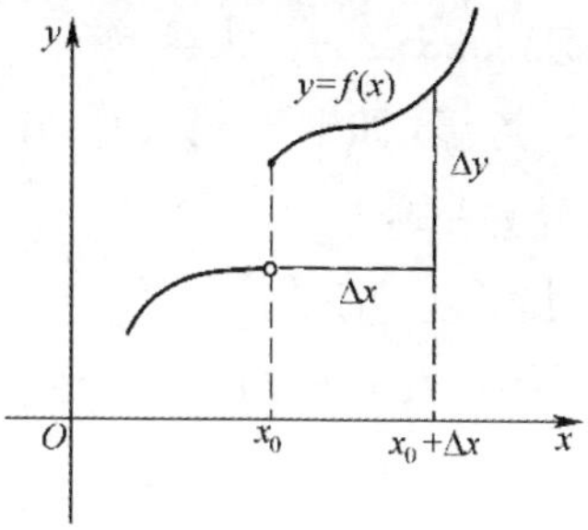

图 2.15

定义 2.6.1 设函数 $y=f(x)$ 在点 x_0 的某邻域内有定义，如果

$$\lim_{\Delta x\to 0}\Delta y=\lim_{\Delta x\to 0}\left[f(x_0+\Delta x)-f(x_0)\right]=0,$$

则称函数 $y=f(x)$ 在点 x_0 **连续**，并称点 x_0 为 $f(x)$ 的**连续点**.

为了应用方便，下面把函数 $y=f(x)$ 在点 x_0 连续的定义用不同的方式来叙述.

设 $x=x_0+\Delta x$，则 $\Delta x\to 0$ 时，$x\to x_0$. 由于

$$\Delta y=f(x_0+\Delta x)-f(x_0)=f(x)-f(x_0),$$

所以

$$\lim_{\Delta x\to 0}\Delta y=\lim_{x\to x_0}\left[f(x)-f(x_0)\right]=\lim_{x\to x_0}f(x)-f(x_0)=0,$$

即

$$\lim_{x\to x_0}f(x)=f(x_0).$$

因此，函数 $y=f(x)$ 在点 x_0 连续的定义可等价叙述如下.

定义 2.6.1′ 设函数 $y=f(x)$ 在点 x_0 的某邻域内有定义，如果

$$\lim_{x\to x_0}f(x)=f(x_0),$$

则称函数 $y=f(x)$ 在点 x_0 **连续**.

如果只考虑单侧极限，则当 $\lim\limits_{x\to x_0^-}f(x)=f(x_0)$ 时，称 $f(x)$ 在点 x_0 **左连续**；当 $\lim\limits_{x\to x_0^+}f(x)=f(x_0)$ 时，称 $f(x)$ 在点 x_0 **右连续**.

显然，函数 $f(x)$ 在点 x_0 连续的充要条件是 $f(x)$ 在点 x_0 既左连续又右连续.

由上面讨论可知，一个函数 $f(x)$ 在点 x_0 连续，必须满足下列三个条件.

（1）$f(x)$ 在点 x_0 有确定的函数值 $f(x_0)$.

（2）极限 $\lim\limits_{x\to x_0}f(x)$ 存在.

（3）$\lim\limits_{x\to x_0}f(x)=f(x_0)$.

定义 2.6.2 如果函数 $y=f(x)$ 在 (a,b) 内每一点都连续，则称函数 $f(x)$ 在 (a,b) 内**连续**；如果 $f(x)$ 在 (a,b) 内连续，且在点 a 右连续，点 b 左连续，则称 $f(x)$ 在 $[a,b]$ 上**连续**.

例 2.6.1 证明：函数 $y=\sin x$ 在区间 $(-\infty,+\infty)$ 内是连续的.

证明 设 x 为区间 $(-\infty,+\infty)$ 内任意一点，则有

$$\Delta y=\sin(x+\Delta x)-\sin x=2\sin\frac{\Delta x}{2}\cos\left(x+\frac{\Delta x}{2}\right).$$

因为当 $\Delta x\to 0$ 时，Δy 是无穷小与有界函数的乘积，所以 $\lim\limits_{\Delta x\to 0}\Delta y=0$. 这就证明了函数 $y=\sin x$ 在区间 $(-\infty,+\infty)$ 内任意一点 x 都是连续的.

类似地可以证明 $y=\cos x$ 在 $(-\infty,+\infty)$ 内连续.

2.6.2 函数的间断点

设函数 $f(x)$ 在点 x_0 的某去心邻域内有定义，如果函数 $f(x)$ 满足下列条件之一：

（1）$f(x)$ 在 $x=x_0$ 无定义；

（2）$f(x)$ 在 $x=x_0$ 有定义，但 $\lim\limits_{x\to x_0}f(x)$ 不存在；

（3）$f(x)$ 在 $x=x_0$ 有定义，且 $\lim\limits_{x\to x_0}f(x)$ 存在，但 $\lim\limits_{x\to x_0}f(x)\neq f(x_0)$，

则称 $f(x)$ 在点 x_0 为**不连续**，点 x_0 称为 $f(x)$ 的**间断点**.

下面举例说明函数间断点的几种常见类型.

1. 可去间断点

一般地，如果点 x_0 是 $f(x)$ 的间断点，而极限 $\lim\limits_{x\to x_0}f(x)$ 存在，则称点 x_0 是函数 $f(x)$ 的**可去间断点**. 只要补充定义 $f(x_0)$ 或者重新定义 $f(x_0)$，令 $f(x_0)=\lim\limits_{x\to x_0}f(x)$，则函数 $f(x)$ 将在点 x_0 连续.

例 2.6.2 函数 $f(x)=\dfrac{x^2-1}{x-1}$ 在 $x=1$ 无定义，点 $x=1$ 为 $f(x)$ 的间断点. 但

$$\lim_{x\to 1}\frac{x^2-1}{x-1}=\lim_{x\to 1}(x+1)=2.$$

如果补充定义 $f(1)=2$，即

$$f(x)=\begin{cases}\dfrac{x^2-1}{x-1}, & x\neq 1,\\ 2, & x=1,\end{cases}$$

则 $f(x)$ 在 $x=1$ 处连续（图 2.16）. 因此，$x=1$ 为函数 $f(x)$ 的可去间断点.

例 2.6.3　设函数 $f(x)=\begin{cases}x, & x\neq 0,\\ 1, & x=0,\end{cases}$ 讨论 $f(x)$ 在 $x=0$ 的连续性.

解　函数 $f(x)$ 在 $x=0$ 有定义 $f(0)=1$，但 $\lim\limits_{x\to 0}f(x)=\lim\limits_{x\to 0}x=0\neq f(0)$．所以 $f(x)$ 在 $x=0$ 不连续，即点 $x=0$ 是 $f(x)$ 的间断点.

如果改变定义 $f(0)=\lim\limits_{x\to 0}f(x)=0$，则 $f(x)$ 在 $x=0$ 连续（图 2.17）. 所以 $x=0$ 为函数 $f(x)$ 的可去间断点.

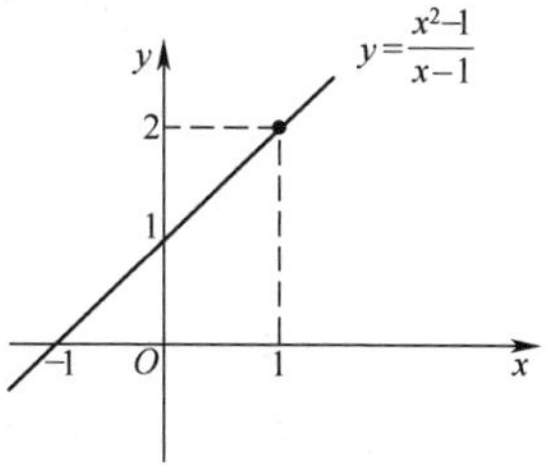

图 2.16

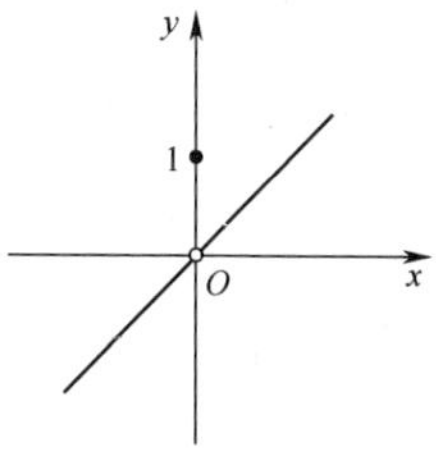

图 2.17

2. 跳跃间断点

如果点 x_0 是 $f(x)$ 的间断点，而函数在 $x=x_0$ 的左极限与右极限都存在但不相等，则称点 x_0 是函数 $f(x)$ 的**跳跃间断点**.

例 2.6.4　设函数 $f(x)=\begin{cases}x+1, & x\geqslant 0,\\ x-1, & x<0,\end{cases}$ 讨论 $f(x)$ 在 $x=0$ 的连续性.

解　函数 $f(x)$ 在 $x=0$ 有定义 $f(0)=1$，但

$$\lim_{x\to 0^-}f(x)=\lim_{x\to 0^-}(x-1)=-1，\quad \lim_{x\to 0^+}f(x)=\lim_{x\to 0^+}(x+1)=1，$$

所以 $\lim\limits_{x\to 0}f(x)$ 不存在，$f(x)$ 在 $x=0$ 不连续，即点 $x=0$ 是 $f(x)$ 的间断点.

此间断点的特征是左、右极限都存在但不相等，从图形来看，在 $x=0$ 产生跳跃现象（图 2.18），所以点 $x=0$ 为函数 $f(x)$ 的跳跃间断点.

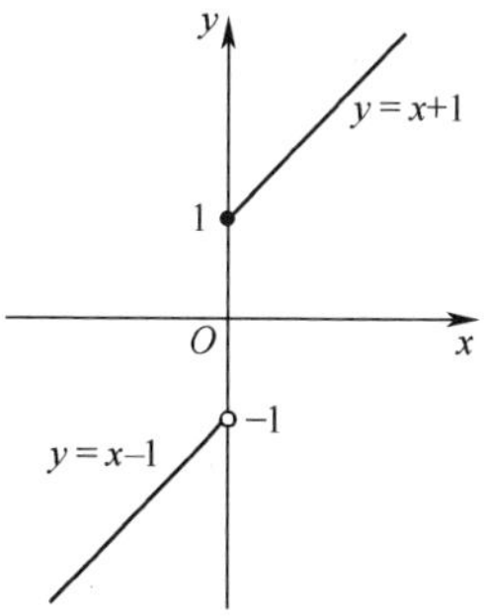

图 2.18

3. 无穷间断点

如果点 x_0 是 $f(x)$ 的间断点，且

$$\lim_{x\to x_0} f(x)=\infty \quad \left(\lim_{x\to x_0^+} f(x)=\infty \text{ 或 } \lim_{x\to x_0^-} f(x)=\infty\right),$$

则称点 x_0 是 $f(x)$ 的**无穷间断点**.

例 2.6.5 函数 $f(x)=\tan x$ 在 $x=\dfrac{\pi}{2}$ 无定义，点 $x=\dfrac{\pi}{2}$ 是其间断点，且因为

$$\lim_{x\to \frac{\pi}{2}^+} \tan x=-\infty,$$

所以点 $x=\dfrac{\pi}{2}$ 为函数的无穷间断点.

4. 振荡间断点

一般来说，在 $x\to x_0$ 的过程中，若函数值 $f(x)$ 无限地在两个数之间变动，则称点 x_0 是 $f(x)$ 的**振荡间断点**.

例 2.6.6 函数 $f(x)=\sin\dfrac{1}{x}$ 在 $x=0$ 无定义，点 $x=0$ 是其间断点，且当 $x\to 0$ 时，$f(x)$ 的函数值在 $(-1,1)$ 内无限次振荡，故 $\lim\limits_{x\to 0} f(x)$ 不存在. 从而点 $x=0$ 为函数的振荡间断点（图 2.19）.

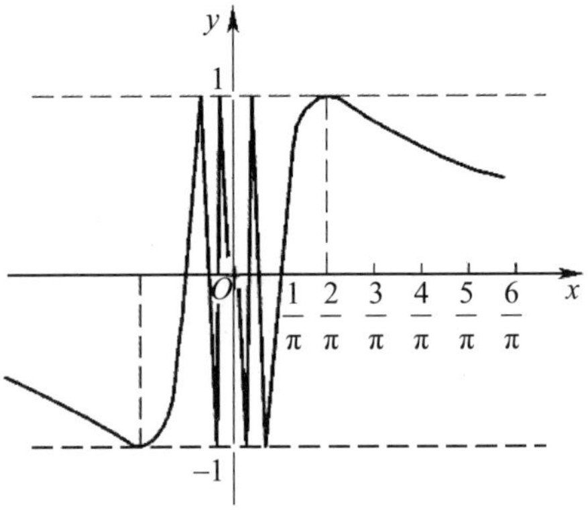

图 2.19

可去间断点或跳跃间断点的主要特征是函数在该点的左极限和右极限都存在，通常把具有这类特征的间断点统称为**第一类间断点**. 除此之外的任何间断点统称为**第二类间断点**，无穷间断点和振荡间断点显然是第二类间断点.

2.6.3　连续函数的运算法则

1. 连续函数的和、差、积、商的连续性

由函数在某点连续的定义和极限的四则运算法则，立即可得出下面的定理.

定理 2.6.1　如果函数 $f(x)$, $g(x)$ 均在点 x_0 连续，则 $f(x)\pm g(x)$，$f(x)\cdot g(x)$，$\dfrac{f(x)}{g(x)}$（$g(x)\neq 0$）在点 x_0 连续.

2. 反函数与复合函数的连续性

定理 2.6.2　如果函数 $y=f(x)$ 在区间 I_x 上单调增加（或减少）且连续，则其反函数 $x=\varphi(y)$ 在相应的区间 $I_y=\{y\,|\,y=f(x),\ x\in I_x\}$ 上也单调增加（或减少）且连续.

定理 2.6.3　设函数 $y=f[\varphi(x)]$ 是由函数 $y=f(u)$ 及 $u=\varphi(x)$ 复合而成的，若 $\lim\limits_{x\to x_0}\varphi(x)=u_0$，而函数 $y=f(u)$ 在 $u=u_0$ 连续，则

$$\lim_{x\to x_0} f[\varphi(x)]=\lim_{u\to u_0} f(u)=f(u_0).$$

由于 $\lim\limits_{x\to x_0}\varphi(x)=u_0$，$y=f(u)$ 在 $u=u_0$ 连续，所以上式可以改写成下面形式：

$$\lim_{x\to x_0} f[\varphi(x)]=f(u_0)=f\left(\lim_{x\to x_0}\varphi(x)\right).$$

这说明在定理 2.6.3 的条件下，求 $y=f[\varphi(x)]$ 的极限时，极限符号和函数符号可以交换计算次序.

若将定理 2.6.3 中的 $x\to x_0$ 改成 $x\to\infty$，可得类似结论.

例 2.6.7　求 $\lim\limits_{x\to 3}\sqrt{\dfrac{x-3}{x^2-9}}$.

解　$y=\sqrt{\dfrac{x-3}{x^2-9}}$ 是由 $y=\sqrt{u}$ 与 $u=\dfrac{x-3}{x^2-9}$ 复合而成的. $\lim\limits_{x\to 3}\dfrac{x-3}{x^2-9}=\dfrac{1}{6}$，函数 $y=\sqrt{u}$ 在点 $u=\dfrac{1}{6}$ 处连续. 所以

$$\lim_{x\to 3}\sqrt{\frac{x-3}{x^2-9}}=\sqrt{\lim_{x\to 3}\frac{x-3}{x^2-9}}=\sqrt{\frac{1}{6}}=\frac{\sqrt{6}}{6}.$$

定理 2.6.4　设函数 $y=f[\varphi(x)]$ 是由函数 $y=f(u)$ 及 $u=\varphi(x)$ 复合而成的，若函数 $u=\varphi(x)$ 在点 x_0 连续，而 $y=f(u)$ 在点 $u_0=\varphi(x_0)$ 也连续，则复合函数 $y=f[\varphi(x)]$ 在点 x_0 连续.

证明 因为$\varphi(x)$在点 x_0 连续，所以 $\lim\limits_{x\to x_0}\varphi(x)=\varphi(x_0)=u_0$. 又$y=f(u)$在点$u=u_0$连续，则 $\lim\limits_{x\to x_0} f[\varphi(x)]=f(u_0)=f[\varphi(x_0)]$. 这就证明了复合函数$f[\varphi(x)]$在点x_0连续.

利用复合函数的连续性法则，对于幂指函数$[f(x)]^{g(x)}$，若$\lim f(x)=A>0$，$\lim g(x)=B$，则可以证明

$$\lim[f(x)]^{g(x)}=\lim \mathrm{e}^{g(x)\ln f(x)}=\mathrm{e}^{\lim g(x)\ln f(x)}=\mathrm{e}^{B\ln A}=A^B .$$

例 2.6.8 求 $\lim\limits_{x\to 0}(1+\sin 3x)^{\frac{1}{x}}$.

解 $\lim\limits_{x\to 0}(1+\sin 3x)^{\frac{1}{x}}=\lim\limits_{x\to 0}\left[(1+\sin 3x)^{\frac{1}{\sin 3x}}\right]^{\frac{\sin 3x}{x}}=\mathrm{e}^3$，其中

$$\lim_{x\to 0}(1+\sin 3x)^{\frac{1}{\sin x}}=\mathrm{e}，\quad \lim_{x\to 0}\frac{\sin 3x}{x}=\lim_{x\to 0}\frac{3x}{x}=3 .$$

例 2.6.9 求 $\lim\limits_{x\to +\infty}\left(1-\dfrac{1}{x}\right)^{\sqrt{x}}$.

解 $\lim\limits_{x\to +\infty}\left(1-\dfrac{1}{x}\right)^{\sqrt{x}}=\lim\limits_{x\to +\infty}\left(1-\dfrac{1}{x}\right)^{-x\cdot\frac{-1}{\sqrt{x}}}=\lim\limits_{x\to +\infty}\left[\left(1-\dfrac{1}{x}\right)^{-x}\right]^{\frac{-1}{\sqrt{x}}}=\mathrm{e}^0=1$，其中

$$\lim_{x\to +\infty}\left(1-\frac{1}{x}\right)^{-x}=\mathrm{e}，\quad \lim_{x\to +\infty}\frac{-1}{\sqrt{x}}=0 .$$

3. *初等函数的连续性*

利用连续的定义可得出如下重要结论：

（1）基本初等函数在其定义域内都是连续的.

（2）初等函数在其定义区间内都是连续的. 所谓**定义区间**是包含在定义域内的区间.

上述有关初等函数连续性的结论，提供了一种求极限的简便方法，即若函数$f(x)$是初等函数，而x_0是$f(x)$定义区间内的点，则

$$\lim_{x\to x_0} f(x)=f(x_0) .$$

例如，点$x_0=\dfrac{\pi}{2}$是初等函数$f(x)=\ln\sin x$的一个定义区间$(0,\pi)$内的点，所以

$$\lim_{x\to\frac{\pi}{2}}\ln\sin x=\ln\sin\frac{\pi}{2}=0 .$$

2.6.4　闭区间上连续函数的性质

前面已经说明了函数在闭区间上连续的概念，而闭区间上的连续函数的许多性质在理论上及应用上很有价值，下面以定理的形式叙述这些性质，并给出几何解释.

闭区间上连续函数的性质

1. 最大值、最小值定理与有界性定理

先介绍最大值和最小值的概念.

定义 2.6.3　设函数 $f(x)$ 在区间 I 上有定义，如果存在 $x_0 \in I$，使得对于任一 $x \in I$，都有

$$f(x) \leqslant f(x_0)\ \left(f(x) \geqslant f(x_0) \right),$$

则称函数 $f(x)$ 在 $x = x_0$ 点处取得**最大值**（**最小值**），$f(x_0)$ 称为函数 $f(x)$ 在区间 I 上的**最大值**（**最小值**），点 x_0 称为函数 $f(x)$ 在区间 I 上的**最大值点**（**最小值点**）.

例如，函数 $f(x) = 1 + \sin x$ 在区间 $[0, 2\pi]$ 上有最大值 2 和最小值 0. 又如，符号函数 $f(x) = \operatorname{sgn} x$ 在区间 $(-\infty, +\infty)$ 上有最大值 1 和最小值 -1，但在区间 $(0, +\infty)$ 上，$\operatorname{sgn} x$ 的最大值和最小值都等于 1.

定理 2.6.5（最大值与最小值定理）　闭区间上的连续函数在该区间上一定能取得最大值和最小值.

定理 2.6.5 表明，如果函数 $f(x)$ 在闭区间 $[a,b]$ 上连续，则至少存在一点 $x_1 \in [a,b]$，使得 $f(x_1)$ 是 $f(x)$ 在 $[a,b]$ 上的最大值；且至少存在一点 $x_2 \in [a,b]$，使得 $f(x_2)$ 是 $f(x)$ 在 $[a,b]$ 上的最小值（图 2.20）.

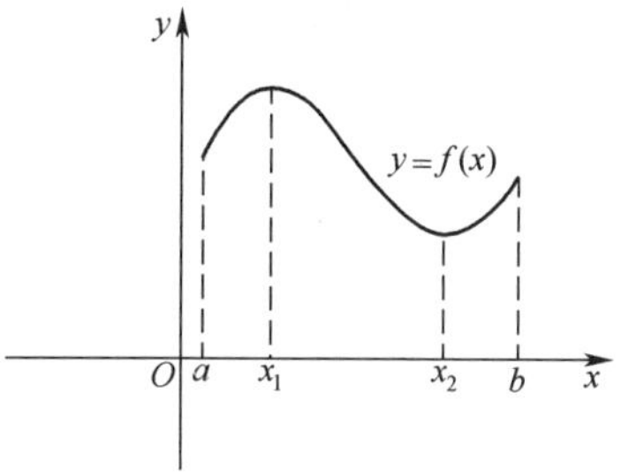

图 2.20

注意：定理 2.6.5 的两个条件分别为闭区间 $[a,b]$ 及 $f(x)$ 在 $[a,b]$ 上连续，缺少一个都可能导致结论不成立. 例如：

（1）函数 $y = x$ 在区间 $(-1,1)$ 内连续，但在 $(-1,1)$ 内既无最大值又无最小值.

（2）函数 $f(x)=\begin{cases}1-x, & 0\leqslant x<1,\\ 1, & x=1,\\ 3-x, & 1<x\leqslant 2\end{cases}$ 在闭区间 $[0,2]$ 上有间断点 $x=1$，该函数在 $[0,2]$ 上同样既无最大值又无最小值（图 2.21）.

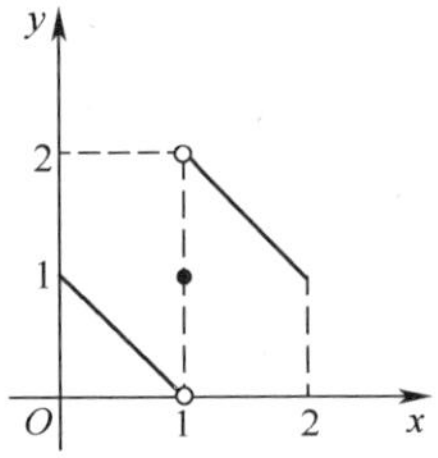

图 2.21

根据最大值最小值定理，很容易得到如下的有界性定理.

推论 2.6.1（有界性定理） 闭区间上的连续函数在该区间上一定有界.

此推论表明，如果函数 $f(x)$ 在闭区间 $[a,b]$ 上连续，那么存在常数 $M>0$，使得对任一 $x\in[a,b]$，都有 $|f(x)|\leqslant M$.

与定理 2.6.5 相似，该推论的两个条件缺一不可.

2. 零点定理与介值定理

如果 x_0 使 $f(x_0)=0$，则称 x_0 为函数 $f(x)$ 的**零点**.

定理 2.6.6（零点定理） 设函数 $f(x)$ 在闭区间 $[a,b]$ 上连续，且 $f(a)$ 与 $f(b)$ 异号（即 $f(a)\cdot f(b)<0$），那么在开区间 (a,b) 内至少存在一点 ξ，使得

$$f(\xi)=0 .$$

从几何直观来看，定理 2.6.6 表示：如果连续曲线弧 $y=f(x)$ 的两个端点位于 x 轴的不同侧，那么该曲线弧与 x 轴至少有一个交点（图 2.22）.

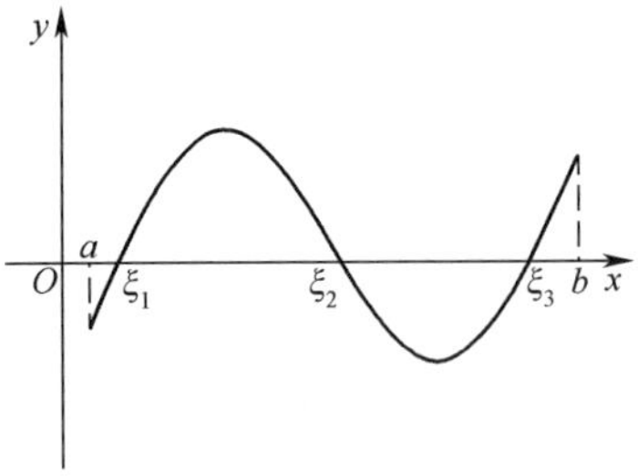

图 2.22

由定理 2.6.6 立即可推得下面更具一般性的定理.

定理 2.6.7（介值定理） 设函数 $f(x)$ 在闭区间 $[a,b]$ 上连续，且 $f(a)\neq f(b)$，则对于 $f(a)$ 与 $f(b)$ 之间的任意一个常数 C，在 (a,b) 内至少存在一点 ξ，使得

$$f(\xi)=C.$$

证明 设 $\varphi(x)=f(x)-C$，则 $\varphi(x)$ 在 $[a,b]$ 上连续，且 $\varphi(a)=f(a)-C$，$\varphi(b)=f(b)-C$．由题意 $f(a)\neq f(b)$ 知，$\varphi(a)$ 与 $\varphi(b)$ 异号．根据零点定理，至少存在一点 $\xi\in(a,b)$，使得 $\varphi(\xi)=0$．又 $\varphi(\xi)=f(\xi)-C$，因此由上式即得 $f(\xi)=C$．

从几何直观来看，定理 2.6.7 表明，若常数 C 介于 $f(a)$ 与 $f(b)$ 之间，则连续曲线弧 $y=f(x)$ 与水平直线 $y=C$ 至少有一个交点（图 2.23）．

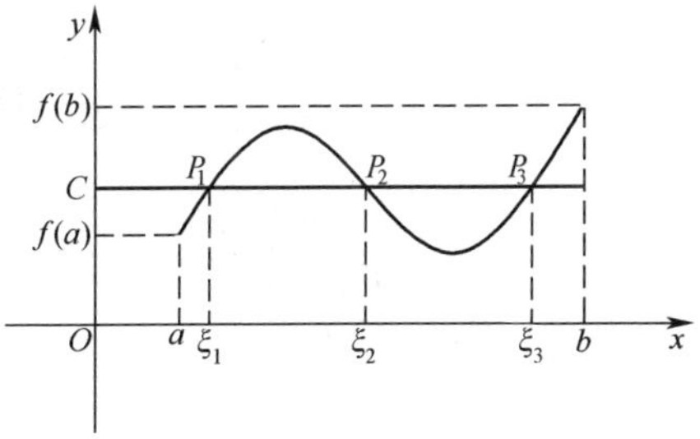

图 2.23

注意： 定理 2.6.7 不一定取得函数 $y=f(x)$ 在区间 $[a,b]$ 上的全部函数值．

结合最值定理，可得如下推论．

推论 2.6.2 闭区间上的连续函数必取得介于最大值与最小值之间的任何值．

例 2.6.10 证明：方程 $x^3-3x=1$ 在 $(1,2)$ 之间至少有一个根．

证明 令 $f(x)=x^3-3x-1$，则 $f(x)$ 在 $[1,2]$ 上连续，且

$$f(1)=-3<0,\ f(2)=1>0.$$

根据零点定理，在 $(1,2)$ 内至少存在一点 ξ，使 $f(\xi)=0$，即

$$\xi^3-3\xi-1=0.$$

这说明方程 $x^3-3x=1$ 在 $(1,2)$ 内至少有一个根 ξ．

2.7 数学拓展

2.7.1 数学建模——贴现问题

已知未来值 P_t，计算现在值 P_0 的问题称为贴现问题，即票据的持有人在票据

到期以前获得资金，从票面金额中扣除未到期期间的利息后，得到的剩余金额的现金称为贴现. 此时利率 r 也称为贴现率.

例如，若银行年利率为 7%，则一年后的 107 元未来值的现在值就是 100 元或贴现金额为 100 元. 贴现与复利正好相反，考虑更一般的问题，已知从现在起算的 t 年后的价值 P_t，求现在的价值 P_0.

由复利公式可推得，若以一年为一期贴现，则贴现公式为

$$P_0 = P_t(1+r)^{-t},$$

即要想使 t 年后的本息和为 P_t，现在应付出 $P_0 = P_t(1+r)^{-t}$ 的现值.

若一年分 n 期贴现，则贴现公式为

$$P_0 = P_t\left(1+\frac{r}{n}\right)^{-nt}.$$

若以连续计息贴现，由连续复利公式 $P_t = P_0\mathrm{e}^{rt}$，则可得连续贴现公式为

$$P_0 = P_t\mathrm{e}^{-rt}.$$

例如，某人手中有两张票据，其中一年后到期的票据金额为 500 万元，两年后到期的是 1000 万元. 已知银行的贴现率为 0.5%，现在将两张票据向银行做一次性转让，银行的贴现金额是多少？

由贴现公式 $P_0 = P_t(1+r)^{-t}$ 可知，银行的贴现金额为

$$P = 500(1+0.005)^{-1} + 1000(1+0.005)^{-2} \approx 1487.59 \text{（万元）}.$$

2.7.2 数学家简介——柯西

人总是要死的，但是，他们的业绩永存. ——柯西

柯西（Cauchy，1789—1857 年），法国数学家. 柯西的父亲是一位精通古典文学的律师，曾任法国参议院秘书长，和拉格朗日、拉普拉斯等交往甚密. 柯西自幼聪敏好学，少年时代的数学才华颇受这两位数学家的赞赏，拉格朗日曾预言他日后必成大器. 1805 年年仅 16 岁的他就以第二名的成绩考入巴黎综合工科学校，1807 年又以第一名的成绩考入桥梁公路学校. 1810 年 3 月柯西完成学业后离开了巴黎. 但后来由于身体欠佳，又颇具数学天赋，便听从拉格朗日与拉普拉斯的劝告转攻数学. 从 1810 年 12 月起，柯西把数学的各个分支从头到尾再温习一遍，从算术开始到天文学为止，把模糊的地方弄清楚，应用他自己的方法去简化证明和发现新定理. 柯西于 1813 年回到巴黎综合工科学校任教，1816 年晋升为该校

教授，之后又担任了巴黎理学院及法兰西学院教授.

柯西创造力惊人，他发表了 789 篇论文，出版专著 7 本，全集共有十四开本 24 卷，在他 23 岁写出第一篇论文到 68 岁逝世的 45 年中，平均每月发表一至两篇论文. 1849 年，仅在法国科学院 8 月－12 月的 9 次会议上，他就提交了 24 篇短文和 15 篇研究报告. 他的文章朴实无华，充满新意. 柯西 27 岁即当选为法国科学院院士，还是英国皇家学会会员和许多国家的科学院院士.

柯西对数学的最大贡献是在微积分中引进了清晰和严格的表述与证明方法. 正如著名数学家冯•诺伊曼所说："严密性的统治地位基本上是由柯西重新建立起来的." 在这方面他写下了三部专著：《分析教程》（1821 年）、《无穷小计算教程》（1823 年）、《微分计算教程》（1826－1828 年）. 他的这些著作，摆脱了微积分单纯的对几何、运动的直观理解和物理解释，引入了严格的分析上的叙述和论证，从而形成了微积分的现代体系. 在数学分析中，可以说柯西比任何人的贡献都大，微积分的现代概念就是柯西建立起来的. 有鉴于此，人们通常将柯西看作近代微积分学的奠基者. 柯西将微积分严格化的方法虽然也利用无穷小的概念，但他改变了以前数学家所说的无穷小是固定数，而把无穷小或无穷小量简单地定义为一个以 0 为极限的变量. 他定义了上下极限，最早证明了 $\lim\limits_{n\to\infty}\left(1+\dfrac{1}{n}\right)^n$ 的收敛，并在这里第一次使用了极限符号. 他指出了对一切函数都任意地使用那些只有代数函数才有的性质和无条件地使用级数，都是不合法的. 判定敛散性是必要的，并且给出了检验敛散性的重要判据——柯西准则，这个判据至今仍在使用. 他还清楚地论述了半收敛级数的意义和用途. 他定义了二重级数的敛散性，对幂级数的收敛半径有清晰的估计. 柯西清楚地知道无穷级数是表达函数的一种有效方法，并是最早对泰勒定理给出完善证明和确定其余项形式的数学家. 他以正确的方法建立了极限和连续性的理论，重新给出函数的积分是和式的极限，还定义了广义积分. 他抛弃了欧拉坚持的函数的显示式表示以及拉格朗日的形式幂级数，而引进了不一定具有解析表达式的函数新概念，并且以精确的极限概念定义了函数的连续性、无穷级数的敛散性、函数的导数、微分和积分以及相关理论. 柯西对微积分的论述，使数学界大为震惊. 例如，在一次科学会议上，柯西提出了级数敛散性的理论. 著名数学家拉普拉斯听过后非常紧张，便急忙赶回家，闭门不出，直到对他的《天体力学》中所用到的每一级数都核实过是收敛的以后，才松了口气. 柯西上述三部专著的广泛流传和他一系列的学术演讲，使得其对微积分的见解被普遍接受，一直沿用至今.

柯西的另一个重要贡献是发展了复变函数的理论，取得了一系列重大成果. 特别是他在 1814 年关于复数极限的定积分的论文，开始了他作为单复变函数理论的创立者和发展者的伟大业绩．他给出了复变函数的几何概念，证明了在复数范围内幂级数具有收敛圆，还给出了含有复积分限的积分概念以及残数理论等．

柯西还是探讨微分方程解的存在性问题的第一个数学家，他证明了微分方程在不包含奇点的区域内存在着满足给定条件的解，从而使微分方程的理论深化了．在研究微分方程的解法时，他成功地提出了特征根方法并发展了强级数方法．

柯西在代数学、几何学、数论等各个数学领域也都有建树．例如，他是置换群理论的一位杰出先驱者，他对置换理论做了系统的研究，并由此产生了有限群的表示理论．他还深入研究了行列式的理论，并得到了有名的宾内特–柯西公式．他总结了多面体的理论，证明了费马关于多角数的定理等．

柯西对物理学、力学和天文学都做过深入的研究，特别在固体力学方面，奠定了弹性理论的基础．在这门学科中以他的姓氏命名的定理和定律就有 16 个之多，仅凭这项成就，就足以使他跻身于杰出的科学家之列．

作为一位学者，柯西的思维敏捷，功绩卓著．由柯西卷帙浩大的论著和成果，人们不难想象他一生是怎样孜孜不倦地勤奋工作．但柯西却是个具有复杂性格的人．他是忠诚的保王党人，热心的天主教徒，落落寡合的学者．尤其作为久负盛名的科学泰斗，他常常忽视青年学者的创造．例如，由于柯西“失落”了才华出众的年轻数学家阿贝尔与伽罗华的开创性的论文手稿，导致群论晚问世半个世纪．

1857 年 5 月 23 日，柯西在巴黎病逝．他临终的一句名言“人总是要死的，但是，他们的业绩永存”长久地叩击着一代又一代学子的心扉．

第3章　导数与微分

微积分学包含微分学与积分学两个主要部分．导数与微分是微分学中两个重要的基本概念．在经济、管理及其他科学研究与实际生活中，除了要了解变量之间的函数关系外，还需讨论因变量随自变量变化的变化率问题，以及因变量相对于自变量的变化率问题，这些问题归结到数学上，即为微分与导数的相关内容．本章以极限概念为基础，介绍导数概念、求导法则、基本求导公式及它们的计算方法，同时还讨论了微分的概念与计算方法等．

【学习目标】

- 理解导数与微分的概念和意义，掌握导数和微分的基本公式、四则运算法则和复合函数的求导法则、隐函数求导法则．
- 了解高阶导数的概念和计算方法．
- 了解边际和弹性的概念及计算方法．

3.1　导数的概念

导数的概念

在一些实际工作中，既要了解变量之间的函数关系，还要讨论变量之间的相对变化的快慢程度，例如求城市人口增长速度、劳动生产率、国民经济发展的速度、病毒传播的速度等．这些问题归结到数学上就是研究函数的变化率，即导数．

3.1.1　引例

例 3.1.1　求产品总成本的变化率．

设某产品的成本 C 是产量 Q 的函数，即 $C=C(Q)$（$Q>0$），如果产量由 Q_0 变化到 $Q_0+\Delta Q$，总成本取得相应的改变量记为 ΔC，则

$$\frac{\Delta C}{\Delta Q}=\frac{C(Q_0+\Delta Q)-C(Q_0)}{\Delta Q}$$

表示该产品产量由 Q_0 变到 $Q_0+\Delta Q$ 时，总成本的平均变化率．显然，ΔQ 越小，总成本的平均变化率就越接近于总成本在产量为 Q_0 时的变化率．当 $\Delta Q\to 0$ 时，如

果极限

$$\lim_{\Delta Q\to 0}\frac{\Delta C}{\Delta Q}=\lim_{\Delta Q\to 0}\frac{C(Q_0+\Delta Q)-C(Q_0)}{\Delta Q}$$

存在，则这个极限值就表示产量为Q_0时总成本的变化率，经济学中称之为**边际成本**.

例 3.1.2 求平面曲线的切线斜率.

设一曲线方程为$y=f(x)$，求曲线上任一点处的切线斜率.

在曲线$y=f(x)$上任取两点M和N，作割线MN. 若让点N沿着曲线趋向点M，则割线MN的极限位置MT就称为曲线$y=f(x)$在点M处的**切线**，如图 3.1 所示. 下面求曲线$y=f(x)$在点M处的切线的斜率.

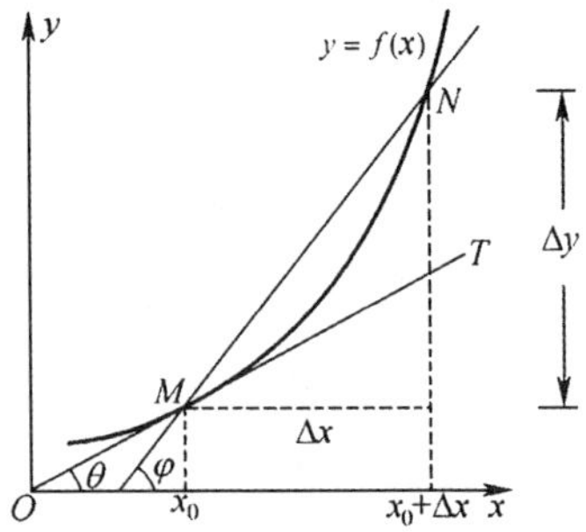

图 3.1

记曲线$y=f(x)$上的点M,N的坐标分别为

$$(x_0,y_0)，\ (x_0+\Delta x,y_0+\Delta y)，$$

则割线MN的斜率表示为

$$k_{MN}=\tan\varphi=\frac{\Delta y}{\Delta x}，$$

让点N沿曲线趋向于点M，即$\Delta x\to 0$时，若上式的极限存在，记为k，则

$$\tan\theta=k=\lim_{\Delta x\to 0}\frac{\Delta y}{\Delta x}$$

存在. 其中，φ为割线MN的倾角，θ是切线MT的倾角. 此极限值k就是所求的切线的斜率，即

$$k=\lim_{\Delta x\to 0}\frac{\Delta y}{\Delta x}=\lim_{\Delta x\to 0}\frac{f(x_0+\Delta x)-f(x_0)}{\Delta x}.$$

上面两个实际问题虽然具体含义不同，但从抽象的数量关系来看，它们的实质是一样的，都归结为求函数改变量与自变量改变量比值的极限问题. 这个极限

称为函数在这一点的导数.

3.1.2 导数

1. 导数的定义

定义 3.1.1 设函数 $y=f(x)$ 在点 x_0 的某个邻域内有定义，当自变量 x 在点 x_0 处取得增量 Δx（点 $x_0+\Delta x$ 仍在该邻域内）时，相应的因变量 y 取得增量 $\Delta y=f(x_0+\Delta x)-f(x_0)$，若极限

$$\lim_{\Delta x\to 0}\frac{\Delta y}{\Delta x}=\lim_{\Delta x\to 0}\frac{f(x_0+\Delta x)-f(x_0)}{\Delta x} \tag{3.1.1}$$

存在，则称函数 $y=f(x)$ 在点 x_0 处**可导**，并称此极限值为函数 $y=f(x)$ 在点 x_0 处的**导数**，记作

$$f'(x_0),\quad y'\big|_{x=x_0},\quad \left.\frac{\mathrm{d}y}{\mathrm{d}x}\right|_{x=x_0} \text{或} \left.\frac{\mathrm{d}f(x)}{\mathrm{d}x}\right|_{x=x_0},$$

即

$$f'(x_0)=\lim_{\Delta x\to 0}\frac{f(x_0+\Delta x)-f(x_0)}{\Delta x}.$$

如果极限（3.1.1）不存在，则称函数 $y=f(x)$ 在点 x_0 处**不可导**.

若设 $x=x_0+\Delta x$，则当 $\Delta x\to 0$ 时，有 $x\to x_0$，所以导数 $f'(x_0)$ 的定义也可表示为

$$f'(x_0)=\lim_{x\to x_0}\frac{f(x)-f(x_0)}{x-x_0}. \tag{3.1.2}$$

引入了导数的概念，前面讨论的两个实际问题就可简述如下.

（1）产品在产量为 Q_0 时总成本的变化率（边际成本）就是成本函数 $C(Q)$ 在点 Q_0 处的导数.

（2）曲线 $y=f(x)$ 在点 $(x_0, f(x_0))$ 处的切线斜率就是函数 $y=f(x)$ 在点 x_0 处的导数，即

$$k=\tan\theta=f'(x_0).$$

2. 左、右导数

在导数 $f'(x_0)$ 的定义中，导数

$$f'(x_0)=\lim_{\Delta x\to 0}\frac{f(x_0+\Delta x)-f(x_0)}{\Delta x}$$

是一个极限，在第 2 章中讨论过极限在点 $x=x_0$ 处存在的充要条件是左、右极限都存在且相等，因此导数 $f'(x_0)$ 存在的充要条件是

左极限

$$\lim_{\Delta x\to 0^-}\frac{\Delta y}{\Delta x}=\lim_{\Delta x\to 0^-}\frac{f(x_0+\Delta x)-f(x_0)}{\Delta x}=\lim_{x\to x_0^-}\frac{f(x)-f(x_0)}{x-x_0}$$

和右极限

$$\lim_{\Delta x\to 0^+}\frac{\Delta y}{\Delta x}=\lim_{\Delta x\to 0^+}\frac{f(x_0+\Delta x)-f(x_0)}{\Delta x}=\lim_{x\to x_0^+}\frac{f(x)-f(x_0)}{x-x_0}$$

都存在且相等，这两个极限分别称为函数 $y=f(x)$ 在点 x_0 处的**左导数**和**右导数**，分别记作 $f'_-(x_0)$ 和 $f'_+(x_0)$，即

$$f'_-(x_0)=\lim_{\Delta x\to 0^-}\frac{f(x_0+\Delta x)-f(x_0)}{\Delta x}=\lim_{x\to x_0^-}\frac{f(x)-f(x_0)}{x-x_0},$$

$$f'_+(x_0)=\lim_{\Delta x\to 0^+}\frac{f(x_0+\Delta x)-f(x_0)}{\Delta x}=\lim_{x\to x_0^+}\frac{f(x)-f(x_0)}{x-x_0}.$$

因此得到下面的定理.

定理 3.1.1 函数 $y=f(x)$ 在点 x_0 处可导的充分必要条件是 $f(x)$ 在点 x_0 处的左、右导数都存在且相等.

例 3.1.3 证明：函数 $y=|x|$ 在 $x=0$ 处不可导（图 3.2）.

证明 因为

$$\lim_{\Delta x\to 0}\frac{\Delta y}{\Delta x}=\lim_{\Delta x\to 0}\frac{|\Delta x|}{\Delta x}.$$

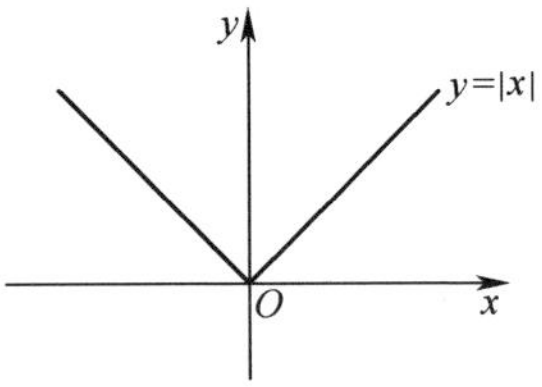

图 3.2

所以，当 $\Delta x>0$ 时，函数在 $x=0$ 处的右导数为

$$f'_+(0)=\lim_{\Delta x\to 0^+}\frac{\Delta y}{\Delta x}=\lim_{\Delta x\to 0^+}\frac{\Delta x}{\Delta x}=1;$$

当 $\Delta x<0$ 时，函数在 $x=0$ 处的左导数为

$$f'_-(0)=\lim_{\Delta x\to 0^-}\frac{\Delta y}{\Delta x}=\lim_{\Delta x\to 0^-}\frac{-\Delta x}{\Delta x}=-1.$$

函数 $y=|x|$ 在 $x=0$ 处的左、右导数不相等，从而在 $x=0$ 点处不可导.

若函数 $y=f(x)$ 在开区间 (a,b) 内每一点都可导，则称 $f(x)$ 在区间 (a,b) 内**可**

导．任给 $x \in (a,b)$，都对应着 $f(x)$ 的一个确定的导数值 $f'(x)$，从而构成了一个新的函数，称此函数为原来函数 $f(x)$ 的**导函数**，记作 y'，$f'(x)$，$\frac{\mathrm{d}y}{\mathrm{d}x}$ 或 $\frac{\mathrm{d}f(x)}{\mathrm{d}x}$，即

$$f'(x) = \lim_{\Delta x \to 0} \frac{f(x+\Delta x) - f(x)}{\Delta x}.$$

函数 $y = f(x)$ 在点 x_0 处的导数 $f'(x_0)$ 就是导函数 $f'(x)$ 在点 $x = x_0$ 处的函数值，即

$$f'(x_0) = f'(x)\Big|_{x=x_0}.$$

导函数简称为**导数**.

例 3.1.4　求函数 $y = x^2$ 的导数.

解　由于 $\Delta y = (x+\Delta x)^2 - x^2 = 2x\Delta x + (\Delta x)^2$，因此

$$\lim_{\Delta x \to 0} \frac{\Delta y}{\Delta x} = \lim_{\Delta x \to 0} (2x + \Delta x) = 2x,$$

即

$$\left(x^2\right)' = 2x.$$

同理　$$\left(x^n\right)' = nx^{n-1}\ （n\ 为正整数）.$$

一般地，当指数为任意实数 μ 时，可以证明

$$\left(x^\mu\right)' = \mu x^{\mu-1}.$$

例如，函数 $y = \sqrt{x}$ 的导数为

$$y' = \left(\sqrt{x}\right)' = \frac{1}{2}x^{\frac{1}{2}-1} = \frac{1}{2\sqrt{x}}.$$

同理，函数 $y = \frac{1}{x}$ 的导数为

$$y' = \left(\frac{1}{x}\right)' = \left(x^{-1}\right)' = (-1)x^{-1-1} = -\frac{1}{x^2}.$$

例 3.1.5　求指数函数 $y = a^x$（$a > 0$，$a \neq 1$）的导数.

解　由于 $\Delta y = a^{x+\Delta x} - a^x$，因此

$$\lim_{\Delta x \to 0} \frac{\Delta y}{\Delta x} = \lim_{\Delta x \to 0} \frac{a^{x+\Delta x} - a^x}{\Delta x} = a^x \lim_{\Delta x \to 0} \frac{a^{\Delta x} - 1}{\Delta x} = a^x \lim_{\Delta x \to 0} \frac{\Delta x \ln a}{\Delta x} = a^x \ln a,$$

即

$$\left(a^x\right)' = a^x \ln a.$$

特别地，在上式中令 $a = \mathrm{e}$，可得指数函数 $y = \mathrm{e}^x$ 的导数为

$$\left(e^x\right)'=e^x .$$

例 3.1.6 求对数函数 $y=\log_a x$（$a>0, a\neq 1, x>0$）的导数.

解 当 $\Delta x>0$ 时，由于

$$\Delta y=\log_a\left(x+\Delta x\right)-\log_a x=\log_a\frac{x+\Delta x}{x}=\log_a\left(1+\frac{\Delta x}{x}\right),$$

因此

$$\lim_{\Delta x\to 0}\frac{\Delta y}{\Delta x}=\frac{1}{x}\lim_{\Delta x\to 0}\log_a\left(1+\frac{\Delta x}{x}\right)^{\frac{x}{\Delta x}}=\frac{1}{x}\log_a e=\frac{1}{x\ln a},$$

即

$$\left(\log_a x\right)'=\frac{1}{x\ln a}.$$

特别地，在上式中令 $a=e$，可得自然对数函数 $y=\ln x$ 的导数为

$$\left(\ln x\right)'=\frac{1}{x}.$$

例 3.1.7 求函数 $y=\sin x$ 的导数.

解 由于 $\Delta y=\sin\left(x+\Delta x\right)-\sin x=2\cos\left(x+\frac{\Delta x}{2}\right)\sin\frac{\Delta x}{2}$，因此

$$\lim_{\Delta x\to 0}\frac{\Delta y}{\Delta x}=\lim_{\Delta x\to 0}\frac{2\cos\left(x+\frac{\Delta x}{2}\right)\sin\frac{\Delta x}{2}}{\Delta x}=\lim_{\Delta x\to 0}\frac{2\cos\left(x+\frac{\Delta x}{2}\right)\frac{\Delta x}{2}}{\Delta x}=\cos x,$$

即

$$\left(\sin x\right)'=\cos x .$$

同理可得

$$\left(\cos x\right)'=-\sin x .$$

3.1.3 导数的几何意义

函数 $f(x)$ 在点 x_0 处的导数 $f'(x_0)$ 在几何上表示曲线 $y=f(x)$ 在点 $\left(x_0, f\left(x_0\right)\right)$ 处的切线斜率（图 3.1），即

$$f'\left(x_0\right)=\lim_{\Delta x\to 0}\frac{\Delta y}{\Delta x}=\lim_{\varphi\to\theta}\tan\varphi=\tan\theta=k .$$

过曲线上一点且垂直于该点处切线的直线，称为曲线在该点处的**法线**.

根据导数的几何意义，如果函数 $y=f(x)$ 在点 x_0 处可导，则曲线 $y=f(x)$ 在点 $\left(x_0, f\left(x_0\right)\right)$ 处的切线方程为

$$y-f(x_0)=f'(x_0)(x-x_0),$$

法线方程为

$$y-f(x_0)=-\frac{1}{f'(x_0)}(x-x_0)\quad (f'(x_0)\neq 0).$$

注意： 若 $f'(x_0)=\infty$，则切线垂直于 x 轴，切线的方程就是 x 轴的垂线 $x=x_0$.

例 3.1.8　求曲线 $y=x^2$ 在点 $(1,1)$ 处的切线方程和法线方程.

解　因为 $y'=2x$，由导数的几何意义可知，曲线 $y=x^2$ 在点 $(1,1)$ 的切线与法线的斜率分别为

$$k_1=y'\big|_{x=1}=2,$$

$$k_2=-\frac{1}{k_1}=-\frac{1}{2}.$$

于是所求的切线方程为

$$y-1=2(x-1),$$

即

$$2x-y-1=0.$$

法线方程为

$$y-1=-\frac{1}{2}(x-1),$$

即

$$x+2y-3=0.$$

3.1.4　可导与连续的关系

定理 3.1.2　如果函数 $y=f(x)$ 在点 x_0 处可导，则 $f(x)$ 在点 x_0 处一定连续.

证明　因为 $f(x)$ 在点 x_0 处可导，则

$$f'(x_0)=\lim_{\Delta x\to 0}\frac{\Delta y}{\Delta x}.$$

根据函数极限与无穷小之间的关系可知

$$\frac{\Delta y}{\Delta x}=f'(x_0)+\alpha,$$

其中 α 是当 $\Delta x\to 0$ 时的无穷小. 两端同时乘以 Δx，可得

$$\Delta y=f'(x_0)\Delta x+\alpha\cdot\Delta x.$$

由此可知

$$\lim_{\Delta x\to 0}\Delta y=\lim_{\Delta x\to 0}\left[f'(x_0)\Delta x+\alpha\Delta x\right]=0.$$

所以，函数 $y=f(x)$ 在点 x_0 处连续.

上述定理的逆命题不一定成立，即在某点连续的函数，在该点处未必可导. 例 3.1.3 中，函数 $y=|x|$ 在点 $x=0$ 处是连续的，但是在点 $x=0$ 处不可导.

注意：（1）如果 $f(x)$ 在点 x_0 处不连续，则 $f(x)$ 在点 x_0 处一定不可导.

（2）如果 $f(x)$ 在点 x_0 处不可导，则 $f(x)$ 在点 x_0 处有可能连续. 例如函数 $y=|x|$ 在 $x=0$ 处不可导，但是函数 $y=|x|$ 在 $x=0$ 处连续.

3.2 函数的微分

函数的微分

在实际问题中，经常遇到这样一类问题：当自变量有一个微小的改变量 Δx 时，要计算相应的函数值的改变量 Δy . 对于比较复杂的函数，计算其改变量 Δy 往往是比较困难的，因此有必要讨论计算函数改变量的近似公式.

3.2.1 微分的概念

先考虑一个具体问题.

例 3.2.1 设有一个边长为 x_0 的正方形金属片，均匀受热后它的边长伸长了 Δx，则其面积增加了多少？

解 正方形金属片的面积 A 与其边长 x 的函数关系为 $A=x^2$. 由图 3.3 可以看出，受热后，当边长由 x_0 伸长到 $x_0+\Delta x$ 时，面积 A 相应的增量为

$$\Delta A=\left(x_0+\Delta x\right)^2-x_0^2=2x_0\Delta x+\left(\Delta x\right)^2 .$$

从上式可以看出，ΔA 可分成两部分：第一部分是 Δx 的线性函数 $2x_0\Delta x$，当 $\Delta x\to 0$ 时，与 Δx 为同阶无穷小；而第二部分是 $\left(\Delta x\right)^2$，当 $\Delta x\to 0$ 时，是 Δx 的高阶无穷小. 这表明，当 $|\Delta x|$ 很小时，第二部分的绝对值要比第一部分的绝对值小得多，

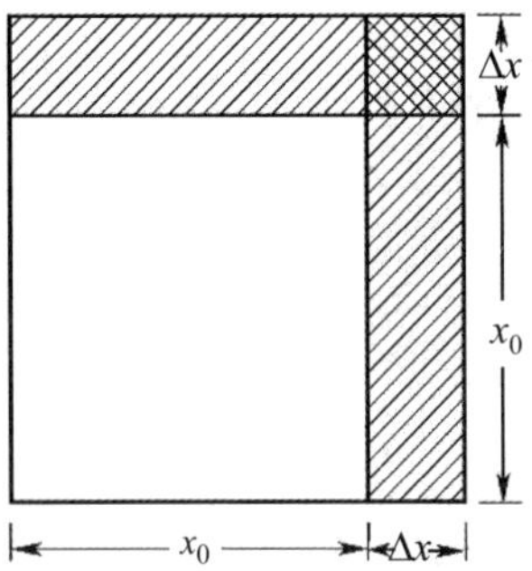

图 3.3

可以忽略不计，而只用一个简单的函数，即 Δx 的线性函数作为 ΔA 的近似值，可表示为

$$\Delta A \approx 2x_0\Delta x . \tag{3.2.1}$$

显然，$2x_0\Delta x$ 是容易计算的，它是边长 x_0 有增量 Δx 时，面积 ΔA 的增量的主要部分（亦称**线性主部**），是 Δx 的线性函数.

考虑到 $2x_0 = A'\big|_{x=x_0} = A'(x_0)$，式（3.2.1）可写成

$$\Delta A \approx A'(x_0)\Delta x .$$

由此引入函数微分的概念.

定义 3.2.1　设函数 $y=f(x)$ 在点 x_0 的某邻域内有定义，如果函数 $f(x)$ 在点 x_0 处的增量 $\Delta y = f(x_0+\Delta x)-f(x_0)$ 可以表示为

$$\Delta y = A\Delta x + o(\Delta x),$$

其中 A 是与 Δx 无关的常数，$o(\Delta x)$ 是当 $\Delta x \to 0$ 时比 Δx 高阶的无穷小，则称函数 $y=f(x)$ 在点 x_0 处**可微**，$A\Delta x$ 称为 $f(x)$ 在点 x_0 处的**微分**，记作

$$\mathrm{d}y\big|_{x=x_0}，即 \mathrm{d}y\big|_{x=x_0} = A\Delta x . \tag{3.2.2}$$

于是，式（3.2.1）可写成

$$\Delta A \approx \mathrm{d}A\big|_{x=x_0} .$$

可以证明：函数 $f(x)$ 在点 x_0 处**可微与可导是等价的**，且 $A=f'(x_0)$.

因而 $f(x)$ 在点 x_0 处的微分可写成

$$\mathrm{d}y\big|_{x=x_0} = f'(x_0)\Delta x .$$

例 3.2.2　求当 $x=1$，$\Delta x = 0.01$ 时函数 $y=x^2+1$ 的微分.

解　函数的微分

$$\mathrm{d}y = (x^2+1)'\Delta x = 2x\Delta x .$$

于是

$$\mathrm{d}y\Big|_{\substack{x=1\\ \Delta x=0.01}} = 2x\Delta x\Big|_{\substack{x=1\\ \Delta x=0.01}} = 0.02 .$$

例 3.2.3　半径为 r 的圆形工件的面积为 $S=\pi r^2$，当其受热时，半径增大 Δr，求该圆形工件面积的增量与微分.

解　面积的增量为

$$\Delta S = \pi(r+\Delta r)^2 - \pi r^2 = 2\pi r\Delta r + \pi(\Delta r)^2 ;$$

面积的微分为

$$\mathrm{d}S = (\pi r^2)' \cdot \Delta r = 2\pi r\Delta r.$$

对于一次函数 $y=x$，

$$\mathrm{d}y = \mathrm{d}x = x'\Delta x = \Delta x .$$

从而，通常把自变量的增量 Δx 记作 $\mathrm{d}x$，称为**自变量的微分**，于是函数 $f(x)$ 在点 x_0 处的微分又可写成

$$\mathrm{d}y\big|_{x=x_0} = f'(x_0)\mathrm{d}x . \tag{3.2.3}$$

如果函数 $f(x)$ 在区间 (a,b) 内每一点都可微，则称该函数在 (a,b) 内**可微**，或称函数 $f(x)$ 是在 (a,b) 内的**可微函数**．此时，函数 $f(x)$ 在 (a,b) 内任意一点 x 处的微分，称为**函数的微分**，记作 $\mathrm{d}y$，即

$$\mathrm{d}y = f'(x)\mathrm{d}x , \tag{3.2.4}$$

上式两端同时除以自变量的微分 $\mathrm{d}x$，得 $\dfrac{\mathrm{d}y}{\mathrm{d}x} = f'(x)$．

这就是说，函数 $f(x)$ 的导数也等于函数的微分 $\mathrm{d}y$ 与自变量的微分 $\mathrm{d}x$ 的商，因此导数也称为**微商**．在此之前，必须把 $\dfrac{\mathrm{d}y}{\mathrm{d}x}$ 看作一个整体记号，引入微分后，可以看作两个变量微分的分式，这将给运算带来便利．

由以上讨论可以看出，微分与导数虽是两个不同的概念，但又紧密相关．事实上，求出了导数便可立即得到微分，求出了微分亦可得到导数，即

$$f'(x) = \frac{\mathrm{d}y}{\mathrm{d}x}, \quad \mathrm{d}y = f'(x)\mathrm{d}x .$$

通常把函数的导数与微分的运算统称为**微分运算**．在微积分学中，把研究导数和微分的有关内容称为**微分学**．

例 3.2.4 设 $y = \sin x$，求 $\dfrac{\mathrm{d}y}{\mathrm{d}x}$ 与 $\mathrm{d}y$．

解 $\dfrac{\mathrm{d}y}{\mathrm{d}x} = (\sin x)' = \cos x$，故 $\mathrm{d}y = \cos x\mathrm{d}x$．

3.2.2 微分的几何意义

设函数 $y = f(x)$ 的图形如图 3.4 所示．过曲线 $y = f(x)$ 上一点 $M(x,y)$ 作切线 MT，设切线 MT 的倾角为 α，则

$$\tan\alpha = f'(x).$$

当自变量 x 有增量 Δx 时，切线 MT 的纵坐标相应地有增量

$$QP = \tan\alpha \cdot \Delta x = f'(x)\Delta x = \mathrm{d}y .$$

因此，微分 $\mathrm{d}y = f'(x)\Delta x$ 在几何上表示当 x 有增量 Δx 时，曲线 $y = f(x)$ 在对应点 $M(x,y)$ 处切线的纵坐标的增量．

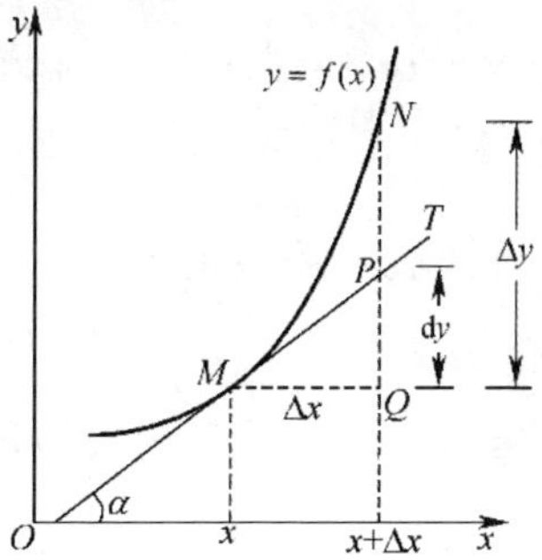

图 3.4

*3.2.3　微分在近似计算中的应用

在实际问题中，经常利用微分做近似计算.

由微分的定义可知，当$|\Delta x|$很小时，

$$\Delta y = f(x_0+\Delta x)-f(x_0)\approx \mathrm{d}y = f'(x_0)\Delta x,$$

或写为

$$f(x_0+\Delta x)\approx f(x_0)+f'(x_0)\Delta x. \quad (3.2.5)$$

记$x_0+\Delta x = x$，则上式又可写为

$$f(x)\approx f(x_0)+f'(x_0)(x-x_0). \quad (3.2.6)$$

特别地，当$x_0=0$时，有

$$f(x)\approx f(0)+f'(0)\cdot x. \quad (3.2.7)$$

公式(3.2.5)、(3.2.6)、(3.2.7)都可用来求函数$f(x)$的近似值. 应用式(3.2.7)可以推得一些常用的近似公式：当$|x|$很小时，有

（1） $\sin x\approx x$ （x用弧度作单位来表示）；

（2） $\tan x\approx x$ （x用弧度作单位来表示）；

（3） $\mathrm{e}^x\approx 1+x$；

（4） $\ln(1+x)\approx x$；

（5） $\sqrt[n]{1+x}\approx 1+\frac{1}{n}x$.

例 3.2.5　有一批半径为 1cm 的球，为了提高球面的光洁度，要镀上一层铜，厚度定为 0.01cm，估计一下，每只球需用铜多少克（铜的密度为$8.9\mathrm{g/cm^3}$）.

解　设球体的半径为R，则球体的体积为$V=\frac{4}{3}\pi R^3$. 镀铜体积为球体的体积V在$R=1\mathrm{cm}$，$\Delta R=0.01\mathrm{cm}$时体积的增量ΔV，

$$\Delta V \approx dV\Big|_{\substack{R=1\\ \Delta R=0.01}} = 4\pi R^2 \Delta R\Big|_{\substack{R=1\\ \Delta R=0.01}} \approx 0.13 \ (\text{cm}^3),$$

因此每只球需用铜约为

$$8.9\times 0.13 \approx 1.16 \ (\text{g}).$$

例 3.2.6 计算 $\sin 46°$ 的近似值.

解 设 $f(x)=\sin x$，取 $x=46°$，$x_0=45°=\dfrac{\pi}{4}$，则 $x-x_0=1°=\dfrac{\pi}{180}$，于是由式（3.2.6）得

$$\sin x \approx \sin x_0 + \cos x_0 \cdot (x-x_0),$$

所以

$$\sin 46° \approx \sin\frac{\pi}{4}+\cos\frac{\pi}{4}\cdot\frac{\pi}{180}=\frac{\sqrt{2}}{2}+\frac{\sqrt{2}}{2}\cdot\frac{\pi}{180}\approx 0.719.$$

例 3.2.7 计算 $\sqrt{1.05}$ 的近似值.

解 设 $f(x)=\sqrt{x}$，取 $x_0=1$，$\Delta x=0.05$，于是由式（3.2.6）得

$$\sqrt{1.05}\approx\sqrt{1}+\frac{1}{2\sqrt{1}}0.05=1+\frac{1}{2}\times 0.05=1.025.$$

如果直接开方，可得 $\sqrt{1.05}\approx 1.02470$.

将两个结果比较，可以看出用1.025作为 $\sqrt{1.05}$ 的近似值，其误差不超过0.001，这样的近似值在一般应用上已经够精确了. 如果开方次数较高，就更能体现出用微分进行近似计算的优越性.

导数与微分的运算

3.3 导数与微分的运算

在 3.1 节我们介绍了导数的定义，并以此求出了一些简单函数的导数，但只用导数的定义求导往往非常烦琐，有时甚至是不可行的. 能否找到求导的一般法则或常用的求导公式，使得求导更简单易行呢？本节将介绍这些求导法则和求导公式，并利用导数和微分的关系，给出微分的求解法则和公式.

3.3.1 函数的和、差、积、商的求导法则与微分法则

定理 3.3.1 若函数 $u=u(x)$ 与 $v=v(x)$ 在点 x 处均可导，那么它们的和、差、积、商（当分母不为 0）在点 x 处也可导，且有以下法则：

（1）$(u\pm v)'=u'\pm v'$；

（2）$(uv)'=u'v+uv'$ ［若 $v=C$（C 为常数），则 $(Cu)'=Cu'$］；

（3）$\left(\frac{u}{v}\right)' = \frac{u'v - uv'}{v^2}$（$v \neq 0$）.

下面我们给出法则（3）的证明，其余的留给读者自行证明.

证明　令 $y = \frac{u(x)}{v(x)}$，给自变量 x 一个增量 Δx，则有

$$\Delta y = \frac{u(x+\Delta x)}{v(x+\Delta x)} - \frac{u(x)}{v(x)} = \frac{u(x)+\Delta u}{v(x)+\Delta v} - \frac{u(x)}{v(x)}$$
$$= \frac{v(x)\Delta u - u(x)\Delta v}{\left[v(x)+\Delta v\right]v(x)},$$
$$\frac{\Delta y}{\Delta x} = \frac{1}{\left[v(x)+\Delta v\right]v(x)}\left[\frac{\Delta u}{\Delta x}v(x) - \frac{\Delta v}{\Delta x}u(x)\right].$$

因为 $u(x), v(x)$ 在点 x 处可导，则在该点处必连续，所以当 $\Delta x \to 0$ 时，$\Delta u \to 0$，$\Delta v \to 0$；又当 $\Delta x \to 0$ 时，$\frac{\Delta u}{\Delta x} \to u'(x)$，$\frac{\Delta v}{\Delta x} \to v'(x)$，所以

$$\lim_{\Delta x \to 0}\frac{\Delta y}{\Delta x} = \left(\frac{u}{v}\right)' = \frac{u'v - uv'}{v^2}.$$

特别地，若 $u(x) = 1$，则可得

$$\left(\frac{1}{v}\right)' = \frac{-v'}{v^2} \quad (v \neq 0).$$

利用 $\mathrm{d}y = f'(x)\mathrm{d}x$ 可得到微分的基本公式和运算法则.

定理 3.3.2　设函数 $u = u(x)$，$v = v(x)$ 均可微，则它们的和、差、积、商（当分母不为 0）在点 x 处也可微，且有以下法则：

（1）$\mathrm{d}(u \pm v) = \mathrm{d}u \pm \mathrm{d}v$；

（2）$\mathrm{d}(uv) = v\,\mathrm{d}u + u\,\mathrm{d}v$ ［若 $v = C$（C 为常数），则 $\mathrm{d}(Cu) = C\,\mathrm{d}u$］；

（3）$\mathrm{d}\left(\frac{u}{v}\right) = \frac{v\mathrm{d}u - u\mathrm{d}v}{v^2}$（$v \neq 0$）.

法则（1）、（2）均可推广到有限个可导函数的情形.

设 $u = u(x)$，$v = v(x)$，$w = w(x)$ 在点 x 处均可导，则

$$(u \pm v \pm w)' = u' \pm v' \pm w',\ \mathrm{d}(u \pm v \pm w) = \mathrm{d}u \pm \mathrm{d}v \pm \mathrm{d}w,$$
$$(uvw)' = \left[(uv)w\right]' = (uv)'w + (uv)w' = u'vw + uv'w + uvw',$$
$$\mathrm{d}(uvw) = \mathrm{d}\left[(uv)w\right] = w\mathrm{d}(uv) + (uv)\mathrm{d}w = vw\mathrm{d}u + uw\mathrm{d}v + uv\mathrm{d}w.$$

例 3.3.1 设 $y=\sqrt{x}+\cos x+\ln x+\sin 5$，求 y'，dy .

解 $y'=\left(\sqrt{x}+\cos x+\ln x+\sin 5\right)'=\left(\sqrt{x}\right)'+\left(\cos x\right)'+\left(\ln x\right)'+\left(\sin 5\right)'$

$$=\frac{1}{2\sqrt{x}}-\sin x+\frac{1}{x}.$$

$$dy=d\sqrt{x}+d\cos x+d\ln x+d\sin 5=\left(\frac{1}{2\sqrt{x}}-\sin x+\frac{1}{x}\right)dx=y'dx.$$

例 3.3.2 设 $y=3x^2 2^x$，求 y'，dy .

解 $y'=\left(3x^2 2^x\right)'=3\left(x^2\right)'2^x+3x^2\left(2^x\right)'$

$$=6x2^x+3x^2 2^x\ln 2=\left(6x+3x^2\ln 2\right)2^x.$$

$$dy=2^x d3x^2+3x^2 d2^x=6x2^x dx+3x^2 2^x\ln 2dx$$

$$=\left(6x+3x^2\ln 2\right)2^x dx=y'dx.$$

例 3.3.3 设 $y=e^x\cos x$，求 y'，dy .

解 $y'=\left(e^x\cos x\right)'=\left(e^x\right)'\cdot\cos x+e^x\left(\cos x\right)'$

$$=e^x\cos x-e^x\sin x=e^x\left(\cos x-\sin x\right).$$

$$dy=d\left(e^x\cos x\right)=\cos x d\left(e^x\right)+e^x d\left(\cos x\right)$$

$$=\cos x e^x dx+e^x\left(-\sin x dx\right)=e^x\left(\cos x-\sin x\right)dx=y'dx.$$

例 3.3.4 求 $y=\tan x$ 的导数与微分.

解 $y'=\left(\tan x\right)'=\left(\dfrac{\sin x}{\cos x}\right)'=\dfrac{\left(\sin x\right)'\cos x-\sin x\left(\cos x\right)'}{\cos^2 x}$

$$=\frac{\cos^2 x+\sin^2 x}{\cos^2 x}=\frac{1}{\cos^2 x}=\sec^2 x,$$

即

$$\left(\tan x\right)'=\sec^2 x,\qquad d\tan x=\sec^2 x dx.$$

同理可得

$$\left(\cot x\right)'=-\csc^2 x,\qquad d\cot x=-\csc^2 x dx.$$

例 3.3.5 求 $y=\sec x$ 的导数与微分.

解 $y'=\left(\sec x\right)'=\left(\dfrac{1}{\cos x}\right)'=\dfrac{\sin x}{\cos^2 x}=\dfrac{1}{\cos x}\cdot\tan x=\sec x\cdot\tan x$，

即

$$\left(\sec x\right)'=\sec x\cdot\tan x,\qquad d\sec x=\sec x\cdot\tan x dx.$$

同理可得

$$(\csc x)' = -\csc x \cdot \cot x, \qquad \mathrm{d}\csc x = -\csc x \cdot \cot x\mathrm{d}x .$$

3.3.2　反函数的求导法则

定理 3.3.3　若单调连续函数 $x=\varphi(y)$ 在区间 I_y 内可导，且 $\varphi'(y)\neq 0$，则其反函数 $y=f(x)$ 在对应的区间 $I_x=\{x \mid x=\varphi(y),\ y\in I_y\}$ 内也可导，且

$$f'(x)=\frac{1}{\varphi'(y)} \text{ 或 } \frac{\mathrm{d}y}{\mathrm{d}x}=\frac{1}{\frac{\mathrm{d}x}{\mathrm{d}y}} .$$

证明　因为 $x=\varphi(y)$ 在区间 I_y 内单调、可导（从而连续），由第 1 章结论知，$x=\varphi(y)$ 的反函数 $y=f(x)$ 存在，且在区间 I_x 内单调、连续．任取 $x\in I_x$，给 x 以增量 Δx（$\Delta x\neq 0,\ x+\Delta x\in I_x$），由 $y=f(x)$ 的单调性可知

$$\Delta y = f(x+\Delta x)-f(x)\neq 0,$$

于是有

$$\frac{\Delta y}{\Delta x}=\frac{f(x+\Delta x)-f(x)}{\Delta x}=\frac{1}{\frac{\Delta x}{\Delta y}} .$$

因为 $y=f(x)$ 连续，故

$$\lim_{\Delta x\to 0}\Delta y = 0,$$

因此可得

$$f'(x)=\lim_{\Delta x\to 0}\frac{1}{\frac{\Delta x}{\Delta y}}=\frac{1}{\varphi'(y)}\left(\frac{\mathrm{d}x}{\mathrm{d}y}=\varphi'(y)\neq 0\right).$$

上述结论可简单说成：反函数的导数等于直接函数导数的倒数，即 $\frac{\mathrm{d}y}{\mathrm{d}x}=\frac{1}{\frac{\mathrm{d}x}{\mathrm{d}y}}$．

例 3.3.6　求函数 $y=\arcsin x$ 的导数与微分．

解　因为 $y=\arcsin x$ 是 $x=\sin y$ 的反函数，而 $x=\sin y$ 在区间 $\left(-\frac{\pi}{2},\frac{\pi}{2}\right)$ 内单调且可导，又 $\frac{\mathrm{d}\sin y}{\mathrm{d}y}=\cos y\neq 0$，因此在对应的区间 $(-1,1)$ 内，有

$$\frac{\mathrm{d}\arcsin x}{\mathrm{d}x}=\frac{1}{\frac{\mathrm{d}\sin y}{\mathrm{d}y}}=\frac{1}{\cos y}=\frac{1}{\sqrt{1-\sin^2 y}}=\frac{1}{\sqrt{1-x^2}},$$

即 $$(\arcsin x)' = \frac{1}{\sqrt{1-x^2}}, \qquad \mathrm{d}\arcsin x = \frac{1}{\sqrt{1-x^2}}\mathrm{d}x .$$

同理可得 $$(\arccos x)' = -\frac{1}{\sqrt{1-x^2}}, \qquad \mathrm{d}\arccos x = -\frac{1}{\sqrt{1-x^2}}\mathrm{d}x .$$

例 3.3.7 求函数 $y=\arctan x$ 的导数与微分.

解 因为 $y=\arctan x$ 是 $x=\tan y$ 的反函数，而 $x=\tan y$ 在区间 $\left(-\frac{\pi}{2},\frac{\pi}{2}\right)$ 内单调且可导，又 $\frac{\mathrm{d}\tan y}{\mathrm{d}y}=\sec^2 y \neq 0$，因此在对应的区间 $(-\infty,+\infty)$ 上，有

$$\frac{\mathrm{d}\arctan x}{\mathrm{d}x} = \frac{1}{\frac{\mathrm{d}\tan y}{\mathrm{d}y}} = \frac{1}{\sec^2 y} = \frac{1}{1+\tan^2 y} = \frac{1}{1+x^2},$$

即 $$(\arctan x)' = \frac{1}{1+x^2}, \qquad \mathrm{d}\arctan x = \frac{1}{1+x^2}\mathrm{d}x .$$

同理可得 $$(\operatorname{arccot} x)' = -\frac{1}{1+x^2}, \qquad \mathrm{d}\operatorname{arccot} x = -\frac{1}{1+x^2}\mathrm{d}x .$$

3.3.3 复合函数的导数与微分

定理 3.3.4 如果函数 $u=\varphi(x)$ 在点 x 处可导，同时函数 $y=f(u)$ 在对应的点 u 处可导，则由这两个函数构成的复合函数 $y=f[\varphi(x)]$ 在点 x 处一定可导，且有

$$\frac{\mathrm{d}y}{\mathrm{d}x} = \frac{\mathrm{d}y}{\mathrm{d}u}\cdot\frac{\mathrm{d}u}{\mathrm{d}x}.$$

证明 给 x 一个增量 Δx（$\Delta x \neq 0$），相应地函数 $u=\varphi(x)$ 与 $y=f(u)$ 的改变量分别为 Δu 和 Δy．根据函数的极限与无穷小量之间的关系定理，由 $y=f(u)$ 可导，可得 $\frac{\Delta y}{\Delta u}=\frac{\mathrm{d}y}{\mathrm{d}u}+\alpha$，其中 α 是当 $\Delta u \to 0$ 时的无穷小．令上式两边同乘 Δu 得

$$\Delta y = \frac{\mathrm{d}y}{\mathrm{d}u}\cdot\Delta u + \alpha\cdot\Delta u,$$

于是

$$\frac{\Delta y}{\Delta x} = \frac{\mathrm{d}y}{\mathrm{d}u}\cdot\frac{\Delta u}{\Delta x} + \alpha\cdot\frac{\Delta u}{\Delta x}.$$

因为函数 $u=\varphi(x)$ 在点 x 处可导，所以有 $u=\varphi(x)$ 在点 x 处连续，则当 $\Delta x \to 0$ 时，$\Delta u \to 0$，因此 $\lim\limits_{\Delta x\to 0}\alpha = \lim\limits_{\Delta u\to 0}\alpha = 0$，从而有

$$\frac{\mathrm{d}y}{\mathrm{d}x} = \lim_{\Delta x\to 0}\frac{\Delta y}{\Delta x} = \lim_{\Delta x\to 0}\left[\frac{\mathrm{d}y}{\mathrm{d}u}\cdot\frac{\Delta u}{\Delta x} + \alpha\cdot\frac{\Delta u}{\Delta x}\right] = \frac{\mathrm{d}y}{\mathrm{d}u}\cdot\frac{\mathrm{d}u}{\mathrm{d}x}.$$

上式表明，求复合函数 $y=f[\varphi(x)]$ 对 x 的导数时，可分别求出 $y=f(u)$ 对 u

的导数和 $u=\varphi(x)$ 对 x 的导数，然后相乘即可.

上述法则也可记为
$$\{f[\varphi(x)]\}'=f'(u)\cdot\varphi'(x).$$

对于多次复合的函数，其求导公式类似，这种复合函数的求导法则也称为**链式法则**.

复合函数的微分在形式上和导数有所不同. 我们知道，若函数 $y=f(u)$ 对 u 是可导函数，当 u 是自变量和 u 是中间变量时，导数的形式是不一样的，而对于微分却有形式不变性.

（1）当 u 是自变量时，函数的微分为 $\mathrm{d}y=f'(u)\mathrm{d}u$.

（2）当 u 是中间变量，且 $u=\varphi(x)$ 是 x 的可导函数时，复合函数 $y=f[\varphi(x)]$ 的微分为
$$\mathrm{d}y=\{f[\varphi(x)]\}'\mathrm{d}x=f'(u)\varphi'(x)\mathrm{d}x,$$
而 $\mathrm{d}u=\varphi'(x)\mathrm{d}x$，于是
$$\mathrm{d}y=f'(u)\mathrm{d}u.$$

由此可见，不论 u 是自变量还是中间变量，函数 $y=f(u)$ 的微分总保持同一形式，这个性质称为**一阶微分形式不变性**. 利用这个性质，可以比较方便地求出复合函数的微分以及它们的导数.

例 3.3.8　设 $y=\ln(1+x^3)$，求 y'，$\mathrm{d}y$.

解　令 $y=\ln u$，$u=1+x^3$，因此
$$\mathrm{d}y=\mathrm{d}\ln u=\frac{1}{u}\mathrm{d}u=\frac{1}{1+x^3}\mathrm{d}(1+x^3)=\frac{3x^2}{1+x^3}\mathrm{d}x;$$
$$y'=\frac{\mathrm{d}\ln u}{\mathrm{d}u}\cdot\frac{\mathrm{d}(1+x^3)}{\mathrm{d}x}=\frac{1}{u}\cdot 3x^2=\frac{3x^2}{1+x^3}=\frac{\mathrm{d}y}{\mathrm{d}x}.$$

例 3.3.9　设 $y=\sin 2x$，求 y'，$\mathrm{d}y$.

解　令 $y=\sin u$，$u=2x$，因此
$$\mathrm{d}y=\mathrm{d}\sin u=\cos u\mathrm{d}u=\cos 2x\mathrm{d}(2x)=2\cos 2x\mathrm{d}x;$$
$$y'=\frac{\mathrm{d}\sin u}{\mathrm{d}u}\cdot\frac{\mathrm{d}(2x)}{\mathrm{d}x}=\cos u\cdot 2=2\cos 2x=\frac{\mathrm{d}y}{\mathrm{d}x}.$$

在计算过程中，也可不加中间变量，直接求复合函数的导数和微分.

例 3.3.10　设 $y=\sin\sqrt{x^5+4}$，求 y'，$\mathrm{d}y$.

解　$\mathrm{d}y=\mathrm{d}\sin\sqrt{x^5+4}=\cos\sqrt{x^5+4}\mathrm{d}\sqrt{x^5+4}$
$$=\cos\sqrt{x^5+4}\cdot\frac{1}{2\sqrt{x^5+4}}\mathrm{d}(x^5+4)=\frac{5x^4\cos\sqrt{x^5+4}}{2\sqrt{x^5+4}}\mathrm{d}x;$$

$$y' = \cos\sqrt{x^5+4} \cdot \frac{1}{2\sqrt{x^5+4}} \cdot 5x^4 = \frac{5x^4\cos\sqrt{x^5+4}}{2\sqrt{x^5+4}} = \frac{dy}{dx}.$$

例 3.3.11 设 $y=\ln\left(1+e^{x^2}\right)$，求 y'，dy．

解
$$dy = d\left(\ln\left(1+e^{x^2}\right)\right) = \frac{1}{1+e^{x^2}} d\left(1+e^{x^2}\right)$$

$$= \frac{1}{1+e^{x^2}} \cdot e^{x^2} d\left(x^2\right) = \frac{e^{x^2}}{1+e^{x^2}} 2x dx = \frac{2xe^{x^2}}{1+e^{x^2}} dx;$$

$$y' = \left[\ln\left(1+e^{x^2}\right)\right]' = \frac{1}{1+e^{x^2}}\left(1+e^{x^2}\right)'$$

$$= \frac{1}{1+e^{x^2}} \cdot e^{x^2} \cdot \left(x^2\right)' = \frac{2xe^{x^2}}{1+e^{x^2}} = \frac{dy}{dx}.$$

例 3.3.12 设 $y=\ln f(x)$，求 y'，dy．

解
$$dy = d\ln f(x) = \frac{1}{f(x)} df(x) = \frac{f'(x)}{f(x)} dx;$$

$$y' = \frac{1}{f(x)} \cdot \frac{df(x)}{dx} = \frac{f'(x)}{f(x)} = \frac{dy}{dx}.$$

3.3.4 初等函数的导数与微分

前面已经给出了几个基本初等函数的导数，而且建立了函数四则运算的求导法则、反函数的求导法则和复合函数的求导法则，这就解决了初等函数的求导问题．由基本初导函数的导数公式，可以直接写出基本初导函数的微分公式．现将基本导数、微分公式汇成表 3-1．

表 3-1

序号	导数公式	微分公式
1	$(C)'=0$（C 为常数）	$d(C)=0$（C 为常数）
2	$\left(x^\mu\right)'=\mu x^{\mu-1}$（$\mu$ 为常数）	$d\left(x^\mu\right)=\mu x^{\mu-1}dx$
3	$(\log_a x)'=\frac{1}{x\ln a}$	$d(\log_a x)=\frac{1}{x\ln a}dx$
4	$(\ln x)'=\frac{1}{x}$	$d\ln x=\frac{1}{x}dx$
5	$\left(a^x\right)'=a^x\ln a$	$d\left(a^x\right)=a^x\ln a dx$
6	$\left(e^x\right)'=e^x$	$d\left(e^x\right)=e^x dx$

续表

序号	导数公式	微分公式
7	$(\sin x)'=\cos x$	$\mathrm{d}(\sin x)=\cos x\mathrm{d}x$
8	$(\cos x)'=-\sin x$	$\mathrm{d}(\cos x)=-\sin x\mathrm{d}x$
9	$(\tan x)'=\sec^2 x=\dfrac{1}{\cos^2 x}$	$\mathrm{d}(\tan x)=\sec^2 x\mathrm{d}x=\dfrac{1}{\cos^2 x}\mathrm{d}x$
10	$(\cot x)'=-\csc^2 x=-\dfrac{1}{\sin^2 x}$	$\mathrm{d}(\cot x)=-\csc^2 x\mathrm{d}x=-\dfrac{1}{\sin^2 x}\mathrm{d}x$
11	$(\sec x)'=\sec x\tan x$	$\mathrm{d}(\sec x)=\sec x\tan x\mathrm{d}x$
12	$(\csc x)'=-\csc x\cot x$	$\mathrm{d}(\csc x)=-\csc x\cot x\mathrm{d}x$
13	$(\arcsin x)'=\dfrac{1}{\sqrt{1-x^2}}$	$\mathrm{d}(\arcsin x)=\dfrac{1}{\sqrt{1-x^2}}\mathrm{d}x$
14	$(\arccos x)'=-\dfrac{1}{\sqrt{1-x^2}}$	$\mathrm{d}(\arccos x)=-\dfrac{1}{\sqrt{1-x^2}}\mathrm{d}x$
15	$(\arctan x)'=\dfrac{1}{1+x^2}$	$\mathrm{d}(\arctan x)=\dfrac{1}{1+x^2}\mathrm{d}x$
16	$(\mathrm{arccot}\, x)'=-\dfrac{1}{1+x^2}$	$\mathrm{d}(\mathrm{arccot}\, x)=-\dfrac{1}{1+x^2}\mathrm{d}x$

以上基本导数、微分公式十分重要，初等函数的求导与微分主要利用上述表格中的常用公式来运算.

例 3.3.13　设 $y=(x^3+\sin x)^5$，求 y'，$\mathrm{d}y$.

解
$$y'=\left[(x^3+\sin x)^5\right]'=5(x^3+\sin x)^4(x^3+\sin x)'$$
$$=5(x^3+\sin x)^4(3x^2+\cos x);$$
$$\mathrm{d}y=\mathrm{d}(x^3+\sin x)^5=5(x^3+\sin x)^4\mathrm{d}(x^3+\sin x)$$
$$=5(x^3+\sin x)^4(3x^2+\cos x)\mathrm{d}x=y'\mathrm{d}x.$$

例 3.3.14　设 $y=\ln\left(x+\sqrt{x^2+a^2}\right)$，求 y'，$\mathrm{d}y$.

解
$$y'=\frac{1}{x+\sqrt{x^2+a^2}}\cdot\left(x+\sqrt{x^2+a^2}\right)'$$
$$=\frac{1}{x+\sqrt{x^2+a^2}}\cdot\left(1+\frac{2x}{2\sqrt{x^2+a^2}}\right)$$
$$=\frac{1}{x+\sqrt{x^2+a^2}}\cdot\frac{x+\sqrt{x^2+a^2}}{\sqrt{x^2+a^2}}=\frac{1}{\sqrt{x^2+a^2}};$$

$$\begin{aligned}
dy &= d\ln\left(x+\sqrt{x^2+a^2}\right)=\frac{1}{x+\sqrt{x^2+a^2}}d\left(x+\sqrt{x^2+a^2}\right)\\
&=\frac{1}{x+\sqrt{x^2+a^2}}\cdot\left(dx+d\sqrt{x^2+a^2}\right)\\
&=\frac{1}{x+\sqrt{x^2+a^2}}\cdot\left(dx+\frac{1}{2\sqrt{x^2+a^2}}d\left(x^2+a^2\right)\right)\\
&=\frac{1}{x+\sqrt{x^2+a^2}}\cdot\frac{x+\sqrt{x^2+a^2}}{\sqrt{x^2+a^2}}dx\\
&=\frac{1}{\sqrt{x^2+a^2}}dx=y'dx .
\end{aligned}$$

隐函数求导

3.3.5 隐函数的导数

前面遇到的函数，例如 $y=\cot x$，$y=\ln 3x+\sqrt{3-x^2}$ 等，这种函数表达方式的特点是：等号左端是因变量的符号 y，而右端是含有自变量 x 的某个式子，当自变量取定义域内任一值时，由这个式子能确定对应的函数值. 用这种方式表达的函数称为**显函数**. 有些函数的表达方式却不是这样，例如，方程 $x+y^3-1=0$ 表示一个函数，因为当变量 x 在 $(-\infty,+\infty)$ 内取值时，变量 y 有确定的值与之对应. 例如，当 $x=0$ 时，$y=1$；当 $x=-1$ 时，$y=\sqrt[3]{2}$ 等. 以这种形式表示的函数称为**隐函数**.

一般地，如果变量 x 和 y 满足一个方程 $F(x,y)=0$，在一定条件下，当 x 取某区间内的任一值时，相应地总有满足这方程的唯一的 y 值存在，那么就说方程 $F(x,y)=0$ 在该区间内唯一确定了一个隐函数.

把一个隐函数化成显函数，称为**隐函数的显化**. 例如从方程 $x+y^3-1=0$ 解出 $y=\sqrt[3]{1-x}$，就把隐函数化成了显函数. 隐函数的显化有时是有困难的，甚至是不可能的. 但在实际问题中，有时需要计算隐函数的导数，因此，我们希望找到一种方法，不管隐函数能否显化，都能直接由方程解出它所确定的隐函数的导数. 下面通过具体例子来说明这种方法.

例 3.3.15 求由方程 $e^y+xy+2e=0$ 所确定的隐函数 $y=y(x)$ 的导数 $\frac{dy}{dx}$ 与微分 dy .

解 方程两边分别对 x 求导数，注意 y 是 x 的函数. 方程左边对 x 求导得

$$\frac{d\left(e^y+xy+2e\right)}{dx}=e^y\frac{dy}{dx}+y+x\frac{dy}{dx},$$

方程右边对 x 求导得

$$(0)' = 0 .$$

由于等式两边对 x 的导数相等，所以

$$e^y \frac{dy}{dx} + y + x\frac{dy}{dx} = 0 ,$$

从而

$$\frac{dy}{dx} = -\frac{y}{x+e^y} \quad (x+e^y \neq 0), \quad dy = -\frac{y}{x+e^y}dx .$$

在这个结果中，分式中的 $y = y(x)$ 是由方程 $e^y + xy + 2e = 0$ 所确定的隐函数.

例 3.3.16　求由方程 $x^3 + 2xy - y^3 = 1$ 所确定的隐函数 $y = f(x)$ 在 $x = 0$ 处的导数 $\left.\frac{dy}{dx}\right|_{x=0}$ 与微分 $dy|_{x=0}$.

解　$y = f(x)$ 为方程 $x^3 + 2xy - y^3 = 1$ 所确定的隐函数，则当 $x = 0$ 时，$y = -1$.

对方程两边同时对 x 求导数，得

$$3x^2 + 2y + 2xy' - 3y^2y' = 0 ,$$

导数为

$$y' = \frac{3x^2 + 2y}{3y^2 - 2x} ,$$

微分为

$$dy = \frac{3x^2 + 2y}{3y^2 - 2x}dx .$$

从而，$\left.\frac{dy}{dx}\right|_{x=0} = -\frac{2}{3}$，$dy|_{x=0} = -\frac{2}{3}dx$.

对数求导法

3.3.6　对数求导法

在计算幂指函数的导数以及某些乘幂、连乘积、带根号函数的导数时，可以采用先取对数再求导的方法，简称**对数求导法**. 它的运算过程如下：

在 $y = f(x)$ $(f(x) > 0)$ 的两边取对数，得

$$\ln y = \ln f(x) ,$$

上式两边同时对 x 求导，注意到 y 是 x 的函数，得

$$\frac{y'}{y} = [\ln f(x)]' .$$

注意： $y = \ln|x|$ 在 $x > 0$ 时，$y' = (\ln x)' = \frac{1}{x}$；在 $x < 0$ 时，$y' = [\ln(-x)]' = \frac{1}{x}$. 因

此，可记 $\left(\ln|x|\right)' = \dfrac{1}{x}$（$x \neq 0$）.

例 3.3.17 设 $y = \sqrt{\dfrac{(x^2+1)(3x-4)}{(x+2)(x^2+3)}}$，求 y'.

解 在等式两边同时取对数，得

$$\ln y = \frac{1}{2}\left[\ln(x^2+1) + \ln|3x-4| - \ln|x+2| - \ln(x^2+3)\right].$$

两边同时对 x 求导，得

$$\frac{1}{y}y' = \frac{1}{2}\left(\frac{2x}{x^2+1} + \frac{3}{3x-4} - \frac{1}{x+2} - \frac{2x}{x^2+3}\right),$$

所以

$$y' = \frac{1}{2}\sqrt{\frac{(x^2+1)(3x-4)}{(x+2)(x^2+3)}} \cdot \left(\frac{2x}{x^2+1} + \frac{3}{3x-4} - \frac{1}{x+2} - \frac{2x}{x^2+3}\right).$$

设幂指函数 $y = u(x)^{v(x)}$，$u(x) > 0$，其中 $u(x)$，$v(x)$ 均可导，求 y'.

法一：可利用恒等变换 $y = u(x)^{v(x)} = \mathrm{e}^{v(x)\ln u(x)}$ 将幂指函数转化为指数函数，然后利用复合函数求导法则求解.

法二：在方程两边同时取对数得 $\ln y = v(x)\ln u(x)$，两边同时对 x 求导，得

$$\frac{y'}{y} = v'(x)\ln u(x) + \frac{v(x)u'(x)}{u(x)},$$

于是

$$y' = u(x)^{v(x)}\left[v'(x)\ln u(x) + \frac{v(x)u'(x)}{u(x)}\right].$$

特别地，当 $u(x) = v(x) = x$ 时，$\left(x^x\right)' = x^x(1 + \ln x)$.

例 3.3.18 设 $y = x^{\sin x}$（$x > 0$），求 y'.

解 法一：请读者自行求解.

法二：在等式两边同时取对数，得

$$\ln y = \sin x \ln x,$$

两边同时对 x 求导，得

$$\frac{y'}{y} = \cos x \ln x + \sin x \cdot \frac{1}{x},$$

即

$$y' = y\left(\cos x \ln x + \sin x \cdot \frac{1}{x}\right) = x^{\sin x}\left(\cos x \ln x + \sin x \cdot \frac{1}{x}\right).$$

*3.3.7　由参数方程所确定的函数的导数

若方程 $x=\varphi(t)$ 和 $y=\psi(t)$ 确定了 y 与 x 间的函数关系，则称此函数关系所表达的函数为由参数方程

$$\begin{cases} x=\varphi(t), \\ y=\psi(t), \end{cases} t\in(\alpha,\beta)$$

所确定的函数 $y=y(x)$．下面来讨论由参数方程所确定的函数的导数．

在 $t\in(\alpha,\beta)$ 中，函数 $x=\varphi(t), y=\psi(t)$ 均可导，根据微分与导数的关系，可得

$$\frac{\mathrm{d}y}{\mathrm{d}x}=\frac{y'(t)\mathrm{d}t}{x'(t)\mathrm{d}t}=\frac{\psi'(t)}{\varphi'(t)}\ (\varphi'(t)\neq 0).$$

于是由参数方程所确定的函数 $y=y(x)$ 的导数为

$$\frac{\mathrm{d}y}{\mathrm{d}x}=\frac{\frac{\mathrm{d}y}{\mathrm{d}t}}{\frac{\mathrm{d}x}{\mathrm{d}t}}=\frac{\psi'(t)}{\varphi'(t)}.$$

例 3.3.19　设 $\begin{cases} x=a\cos^3 t, \\ y=a\sin^3 t, \end{cases}$ 求 $\frac{\mathrm{d}y}{\mathrm{d}x}$．

解　$$\frac{\mathrm{d}y}{\mathrm{d}x}=\frac{\frac{\mathrm{d}y}{\mathrm{d}t}}{\frac{\mathrm{d}x}{\mathrm{d}t}}=\frac{3a\sin^2 t\cos t}{3a\cos^2 t(-\sin t)}=-\tan t\quad \left(t\neq\frac{n\pi}{2}，n \text{ 为整数}\right).$$

高阶导数

3.4　高阶导数

有关变化率的问题，在经济上是常用的．例如，在通货膨胀时期，可以看到经济部门的报告指出“尽管通货膨胀率在增长，但其增长速度在减缓”，就是指物价在上涨，但已经不如以前增长得那样快了．这实际上就是对导数再求导数的问题．

在实际生活中，如果做变速直线运动物体的运动方程为 $s=s(t)$，则物体在时刻 t 的速度为 $v(t)=s'(t)$．而加速度 $a(t)$ 又是速度对时间 t 的变化率，也就是说，加速度 $a(t)$ 是速度 $v(t)$ 对时间 t 的导数，即

$$a(t)=v'(t)=[s'(t)]'.$$

这种导数的导数 $[s'(t)]'$ 称为函数 $s=s(t)$ 对 t 的二阶导数，记作

$$a(t)=s''(t).$$

一般地，设函数 $y'=f'(x)$ 在点 x 的某个邻域内有定义，若极限

$$\lim_{\Delta x\to 0}\frac{f'(x+\Delta x)-f'(x)}{\Delta x}$$

存在，则称此极限值为函数 $y=f(x)$ 在点 x 的**二阶导数**，记作 y''，$f''(x)$，$\frac{\mathrm{d}^2y}{\mathrm{d}x^2}$ 或 $\frac{\mathrm{d}^2f(x)}{\mathrm{d}x^2}$，即

$$y''=(y')'，f''(x)=[f'(x)]'，\frac{\mathrm{d}^2y}{\mathrm{d}x^2}=\frac{\mathrm{d}y'}{\mathrm{d}x}=\frac{\mathrm{d}}{\mathrm{d}x}\left(\frac{\mathrm{d}y}{\mathrm{d}x}\right) 或 \frac{\mathrm{d}^2f(x)}{\mathrm{d}x^2}=\frac{\mathrm{d}f'(x)}{\mathrm{d}x}.$$

类似地，二阶导数的导数，称为**三阶导数**，三阶导数的导数称为**四阶导数**，…，一般地，$(n-1)$ 阶导数的导数称为 n **阶导数**，分别记作

$$y'''，y^{(4)}，\cdots，y^{(n)} 或 \frac{\mathrm{d}^3y}{\mathrm{d}x^3}，\frac{\mathrm{d}^4y}{\mathrm{d}x^4}，\cdots，\frac{\mathrm{d}^ny}{\mathrm{d}x^n}.$$

函数 $f(x)$ 具有 n 阶导数，也就是说函数 $f(x)$ 为 n 阶可导．如果函数 $f(x)$ 在点 x 处具有 n 阶导数，那么 $f(x)$ 在点 x 的某一邻域内一定也具有一切低于 n 阶的导数．二阶及二阶以上的导数统称为**高阶导数**．相对于高阶导数而言，称 $f'(x)$ 为函数 $f(x)$ 的**一阶导数**．为叙述方便起见，把 $f(x)$ 自身称为 $f(x)$ 的**零阶导数**，记作 $f^{(0)}(x)$，即 $f^{(0)}(x)=f(x)$．

根据高阶导数的定义，求函数的高阶导数就是将函数逐次求导，因此，前面介绍的导数运算法则和导数基本公式仍然适用于高阶导数的计算．

例 3.4.1 设 $y=\mathrm{e}^{-x}\cos x$，求 y''．

解 $y'=-\mathrm{e}^{-x}\cos x+\mathrm{e}^{-x}(-\sin x)=-\mathrm{e}^{-x}(\cos x+\sin x)$，

$y''=\mathrm{e}^{-x}(\cos x+\sin x)-\mathrm{e}^{-x}(-\sin x+\cos x)=2\mathrm{e}^{-x}\sin x$．

例 3.4.2 已知函数 $y=\sqrt{2x-x^2}$，证明 $y^3y''+1=0$．

证明 将 $y=\sqrt{2x-x^2}$ 求导，得

$$y'=\frac{2-2x}{2\sqrt{2x-x^2}}=\frac{1-x}{\sqrt{2x-x^2}},$$

$$y''=\frac{-\sqrt{2x-x^2}-(1-x)\dfrac{2-2x}{2\sqrt{2x-x^2}}}{2x-x^2}=\frac{-2x+x^2-(1-x)^2}{(2x-x^2)\sqrt{2x-x^2}}$$

$$=-\frac{1}{(2x-x^2)^{\frac{3}{2}}}=-\frac{1}{y^3},$$

即
$$y^3y''+1=0.$$

例 3.4.3　设 $y=f\left(x^2\right)$，求 y''.

解　$y'=f'\left(x^2\right)\cdot 2x$，

$$y''=\left[f'\left(x^2\right)\cdot 2x\right]'=f''\left(x^2\right)\cdot 2x\cdot 2x+f'\left(x^2\right)\cdot 2=4x^2f''\left(x^2\right)+2f'\left(x^2\right).$$

下面介绍几个常用的初等函数的 n 阶导数.

例 3.4.4　求指数函数 $y=\mathrm{e}^{ax}$ 的 n 阶导数 $y^{(n)}$.

解　$y'=a\mathrm{e}^{ax}$，$y''=a^2\mathrm{e}^{ax}$，$y'''=a^3\mathrm{e}^{ax}$，$y^{(4)}=a^4\mathrm{e}^{ax}$.

一般地，$y^{(n)}=a^n\mathrm{e}^{ax}$，可得

$$\left(\mathrm{e}^{ax+b}\right)^{(n)}=a^n\mathrm{e}^{ax+b}.$$

例 3.4.5　求 $y=\sin ax$ 与 $y=\cos ax$ 的 n 阶导数 $y^{(n)}$.

解　对 $y=\sin x$ 求导得

$$y'=(\sin ax)'=a\cos ax=a\sin\left(ax+\frac{\pi}{2}\right),$$

$$y''=\left[a\sin\left(ax+\frac{\pi}{2}\right)\right]'=a^2\cos\left(ax+\frac{\pi}{2}\right)=a^2\sin\left(ax+2\cdot\frac{\pi}{2}\right),$$

$$y'''=\left[a^2\sin\left(ax+2\cdot\frac{\pi}{2}\right)\right]'=a^3\sin\left(ax+3\cdot\frac{\pi}{2}\right),$$

$$y^{(n)}=a^n\sin\left(ax+n\cdot\frac{\pi}{2}\right),$$

即

$$(\sin ax)^{(n)}=a^n\sin\left(ax+n\cdot\frac{\pi}{2}\right).$$

同理可得

$$(\cos ax)^{(n)}=a^n\cos\left(ax+n\cdot\frac{\pi}{2}\right).$$

例 3.4.6　求对数函数 $y=\ln(1+x)$ 的 n 阶导数 $y^{(n)}$.

解　$y=\ln(1+x)$，$y'=\dfrac{1}{1+x}$，$y''=-\dfrac{1}{(1+x)^2}$，$y'''=\dfrac{1\times 2}{(1+x)^3}$，

$$y^{(4)}=-\frac{1\times 2\times 3}{(1+x)^4},\ \cdots,\ y^{(n)}=(-1)^{n-1}\frac{(n-1)!}{(1+x)^n},$$

即

$$\left[\ln(1+x)\right]^{(n)}=(-1)^{n-1}\frac{(n-1)!}{(1+x)^n}.$$

通常规定 $0!=1$，所以这个公式当 $n=1$ 时也成立.

注意：函数 $y=\dfrac{1}{1+x}$ 的 n 阶导数可根据上例得出：$y^{(n)}=(-1)^n\dfrac{n!}{(1+x)^{n+1}}$.

例 3.4.7 求幂函数 $y=x^\mu$ 的 n 阶导数 $y^{(n)}$（n 是正整数）.

解 $y'=\mu x^{\mu-1}$，$y''=\mu(\mu-1)x^{\mu-2}$，$\cdots$，

$y^{(n)}=\mu(\mu-1)(\mu-2)\cdots(\mu-n+1)x^{\mu-n}$，

即

$$\left(x^\mu\right)^{(n)}=\mu(\mu-1)(\mu-2)\cdots(\mu-n+1)x^{\mu-n}.$$

特别地，当 $\mu=n$ 时，可得到

$$\left(x^n\right)^{(n)}=n(n-1)(n-2)\cdots3\cdot2\cdot1=n!,\quad\left(x^n\right)^{(n+1)}=0.$$

如果函数 $u=u(x)$ 及 $v=v(x)$ 都在点 x 处具有 n 阶导数，那么显然 $u(x)+v(x)$ 及 $u(x)-v(x)$ 也在点 x 处具有 n 阶导数，且

$$(u\pm v)^{(n)}=u^{(n)}\pm v^{(n)}.$$

如果考虑两个函数 $u=u(x)$ 和 $v=v(x)$ 的乘积 $u(x)v(x)$ 的 n 阶导数，计算将会变得复杂．观察

$$(uv)'=u'v+uv',$$

可以得出

$$(uv)''=u''v+2u'v'+uv'',$$

$$(uv)'''=u'''v+3u''v'+3u'v''+uv'''.$$

通过数学归纳法可以证明

$$(uv)^{(n)}=u^{(n)}v+nu^{(n-1)}v'+\frac{n(n-1)}{2!}u^{(n-2)}v''+\cdots+\frac{n(n-1)\cdots(n-k+1)}{k!}u^{(n-k)}v^{(k)}+\cdots+uv^{(n)}.$$

上式称为**莱布尼茨**（Leibniz）**公式**．这个公式可以这样记忆：把 $(u+v)^n$ 按二项式定理展开写成

$$(u+v)^n=u^nv^0+nu^{n-1}v+\frac{n(n-1)}{2!}u^{n-2}v^2+\cdots+u^0v^n,$$

即
$$(u+v)^n=\sum_{k=0}^{n}C_n^ku^{n-k}v^k,$$

然后把 k 次幂换成 k 阶导数，再把左端的 $u+v$ 换成 uv，这样就得到莱布尼茨公式

$$(uv)^{(n)}=\sum_{k=0}^{n}C_n^k u^{(n-k)}v^{(k)}.$$

例 3.4.8　设 $y=x^2e^{2x}$，求 $y^{(20)}$.

解　设 $u=e^{2x}$，$v=x^2$，则

$$u^{(k)}=2^k e^{2x}\ (k=1,\ 2,\ \cdots,\ 20),$$

$$v'=2x,\ v''=2,\ v^{(k)}=0\ (k=3,\ 4,\ \cdots,\ 20),$$

代入莱布尼茨公式，得

$$\begin{aligned}y^{(20)}&=\left(x^2e^{2x}\right)^{(20)}=2^{20}e^{2x}\cdot x^2+20\cdot 2^{19}e^{2x}\cdot 2x+\frac{20\cdot 19}{2!}2^{18}e^{2x}\cdot 2\\&=2^{20}e^{2x}\left(x^2+20x+95\right).\end{aligned}$$

求函数的 n 阶导数时，比较常用的方法就是对所给函数先做适当的变形，使其变成适合应用上述初等函数的代数和或者乘积的函数，再利用高阶导数的运算法则求出所给函数的 n 阶导数表达式，这种方法称为**间接法**.

例 3.4.9　设 $y=\dfrac{1}{x^2-2x-8}$，求 $y^{(n)}$.

解　因为 $y=\dfrac{1}{6}\left(\dfrac{1}{x-4}-\dfrac{1}{x+2}\right)$，则由高阶导数的加法法则可得

$$\begin{aligned}y^{(n)}&=\frac{1}{6}\left(\frac{1}{x-4}-\frac{1}{x+2}\right)^{(n)}=\frac{1}{6}\left[\left(\frac{1}{x-4}\right)^{(n)}-\left(\frac{1}{x+2}\right)^{(n)}\right]\\&=\frac{1}{6}\left[\frac{(-1)^n n!}{(x-4)^{n+1}}-\frac{(-1)^n n!}{(x+2)^{n+1}}\right].\end{aligned}$$

3.5　边际与弹性

在经济学中，经常会见到“边际”“弹性”等经济学概念.“边际”是对经济现象进行“增量”分析的一个专门术语，它用来表示“增加的”或者“新增加的”的意思.比如，多生产一个单位产品所增加的成本，称为边际成本；增加一个单位时间所增加的产量，称为边际产量.因为新增加的数量对于原来的总数量来说总是一个边缘上的增加量.“弹性”由阿尔弗雷德·马歇尔提出，是指一个变量相对于另一个变量发生的一定比例的改变的属性.弹性的概念可以应用在所有具有因果关系的变量之间.

边际分析与弹性分析是分析和研究微观经济学、管理经济学等经济学的基本方法，也是现代企业进行经营决策的基本方法.本节介绍这两个分析方法的基本

知识和简单应用.

3.5.1 边际分析

在经济学中，习惯上用平均和边际这两个概念来描述一个经济变量 y 对另一个变量 x 的变化. 平均概念表示 x 在某一范围内对 y 取值的变化. "边际"概念从数学方面看，可看作当自变量有一个单位的增量时，函数相应的增量.

对于在 x_0 可导的经济函数 $y=f(x)$，当自变量 x 的改变量 $\Delta x=1$ 时，由于经济学中，产品的数量 x_0 一般都很大，$\Delta x=1$ 相对于 x_0 是很小的，由微分近似计算，函数相应的增量可近似表示为

$$\Delta y\bigg|_{\substack{x=x_0\\ \Delta x=1}} \approx \mathrm{d}y=f'(x)\Delta x\bigg|_{\substack{x=x_0\\ \Delta x=1}}=f'(x_0).$$

这说明 $f(x)$ 点 $x=x_0$ 处，当 x 产生一个单位的改变时，y 近似改变 $f'(x_0)$ 个单位. 在应用问题中解释边际函数值的具体意义时略去"近似"二字，有如下定义.

定义 3.5.1 设函数 $y=f(x)$ 在 x 处可导，则称导数 $f'(x)$ 为 $f(x)$ 的**边际函数**. $f'(x)$ 在 x_0 处的值 $f'(x_0)$ 称为**边际函数值**. 其含义是：当 $x=x_0$ 时，x 改变一个单位，y 相应改变了 $f'(x_0)$ 个单位.

例 3.5.1 设函数 $y=2x^2$，试求 y 在 $x=5$ 时的边际函数值.

解 因为 $y'=4x$，所以 $y'\big|_{x=5}=20$. 该值表明：当 $x=5$ 时，x 改变一个单位（增加或减少一个单位），y 相应改变 20 个单位（增加或减少 20 个单位）.

1. 边际需求

若 $Q=f(P)$ 是需求函数，则需求量 Q 对价格 P 的导数

$$\frac{\mathrm{d}Q}{\mathrm{d}P}=f'(P)=\lim_{\Delta Q\to 0}\frac{\Delta Q}{\Delta P}=\lim_{\Delta Q\to 0}\frac{Q(P+\Delta P)-Q(P)}{\Delta P}$$

称为**边际需求**.

经济意义：当产品价格为 P 时，价格上涨一个单位产品所减少的需求量.

$Q=f(P)$ 的反函数 $P=f^{-1}(Q)$ 是价格函数，价格对需求的导数 $\dfrac{\mathrm{d}P}{\mathrm{d}Q}=\left[f^{-1}(Q)\right]'$ 称为**边际价格**. 由反函数求导法则可知，边际需求函数与边际价格函数互为倒数，即

$$f'(P)=\frac{1}{\left[f^{-1}(Q)\right]'}.$$

例 3.5.2　某商品的需求函数为$Q=Q(P)=75-P^2$，求$P=4$时的边际需求，并说明其经济意义.

解　$Q'(P)=\frac{\mathrm{d}Q}{\mathrm{d}P}=-2P$，当$P=4$时的边际需求为$Q'(P)\big|_{P=4}=-8$. 它的经济意义是价格为4时，价格上涨（或下降）1个单位，需求量将减少（或增加）8个单位.

2. 边际成本

总成本函数$C(Q)$的导数

$$C'(Q)=\lim_{\Delta Q\to 0}\frac{\Delta C}{\Delta Q}=\lim_{\Delta Q\to 0}\frac{C(Q+\Delta Q)-C(Q)}{\Delta Q}$$

称为**边际成本**.

经济意义：假定已经生产了Q单位产品，再增产（或减产）一个单位，需增加（或减少）的成本.

一般来说，总成本函数$C(Q)$等于固定成本C_0与可变成本$C_1(Q)$之和，即$C(Q)=C_0+C_1(Q)$，则边际成本为$C'(Q)=\left[C_0+C_1(Q)\right]'=C_1'(Q)$，显然边际成本与固定成本无关.

例 3.5.3　设某产品生产Q单位的总成本为$C(Q)=1100+\frac{Q^2}{1200}$，求：

（1）生产900个单位时的总成本和平均成本；

（2）生产960个单位到1200个单位时的总成本的平均变化率；

（3）生产900个单位时的边际成本，并解释其经济意义.

解　（1）生产900个单位时的总成本为$C(Q)\big|_{Q=900}=1100+\frac{900^2}{1200}=1775$.

平均成本为$\bar{C}(Q)\big|_{Q=900}=\frac{1775}{900}\approx 1.97$.

（2）生产960个单位到1200个单位时的总成本的平均变化率为

$$\frac{\Delta C(Q)}{\Delta Q}=\frac{C(1200)-C(960)}{240}=\frac{2300-1868}{240}=1.8.$$

（3）边际成本函数$C_1'(Q)=\frac{2Q}{1200}=\frac{Q}{600}$，当$Q=900$时的边际成本为

$$C'(Q)\big|_{Q=900}=1.5.$$

它表示当产量为900个单位时，再增产（或减产）一个单位，需增加（或减少）成本1.5个单位.

3. 边际收益

总收益函数 $R(Q)$ 的导数

$$R'(Q)=\lim_{\Delta Q\to 0}\frac{\Delta R}{\Delta Q}=\lim_{\Delta Q\to 0}\frac{R(Q+\Delta Q)-R(Q)}{\Delta Q}$$

称为**边际收益**.

经济意义：假定已经销售了 Q 单位产品，再销售一个单位产品所增加的收益.

设 P 为价格，且 P 也是销售量 Q 的函数，即 $P=P(Q)$，因此 $R(Q)=Q\cdot P(Q)$，则边际收益为 $R'(Q)=P(Q)+QP'(Q)$.

例 3.5.4 设某产品的需求函数为 $P=20-\frac{Q}{5}$，其中 P 为价格，Q 为销售量，求销售量为 15 个单位时的总收益与边际收益，并求销售量从 15 个单位增加到 20 个单位时收益的平均变化率.

解 总收益函数 $R(Q)=Q\cdot P(Q)=20Q-\frac{Q^2}{5}$.

销售 15 个单位时，总收益

$$R\Big|_{Q=15}=\left(20Q-\frac{Q^2}{5}\right)\Bigg|_{Q=15}=255.$$

边际收益

$$R'(Q)\Big|_{Q=15}=\left(20-\frac{2Q}{5}\right)\Bigg|_{Q=15}=14.$$

当销售量从 15 个单位增加到 20 个单位时的平均变化率为

$$\frac{\Delta R}{\Delta Q}=\frac{R(20)-R(15)}{20-15}=\frac{320-255}{5}=13.$$

4. 边际利润

总利润函数 $L(Q)$ 的导数

$$L'(Q)=\lim_{\Delta Q\to 0}\frac{\Delta L}{\Delta Q}=\lim_{\Delta Q\to 0}\frac{L(Q+\Delta Q)-L(Q)}{\Delta Q}$$

称为**边际利润**.

经济意义：若已经生产了 Q 单位产品，再生产一个单位产品所改变的总利润.

总利润函数 $L(Q)=R(Q)-C(Q)$，则边际利润为 $L'(Q)=R'(Q)-C'(Q)$，且当

$$R'(Q)\begin{cases}>C'(Q)\\=C'(Q)\\<C'(Q)\end{cases}\text{时，}\quad L'(Q)\begin{cases}>0\\=0\\<0\end{cases}.$$

当 $R'(Q)>C'(Q)$ 时，$L'(Q)>0$，即产量已达到 Q，再多生产一个单位产品，所增加的收益大于所增加的成本，因而总利润有所增加；而当 $R'(Q)<C'(Q)$，$L'(Q)<0$，即再增加产量时，所增加的收益要小于所增加的成本，从而总利润将减少.

例 3.5.5 某工厂对其产品的情况经过了大量统计分析后，得出总利润 $L(Q)$（元）与每月产量 Q（吨）的关系为 $L=L(Q)=250Q-5Q^2$，试确定每月生产 20 吨、25 吨、35 吨的边际利润，并做出经济解释.

解 边际利润函数为 $L'(Q)=250-10Q$，则

$$L'(Q)\big|_{Q=20}=L'(20)=50\ ;$$

$$L'(Q)\big|_{Q=25}=L'(25)=0\ ;$$

$$L'(Q)\big|_{Q=35}=L'(35)=-100\ .$$

上述结果表明当产量为每月 20 吨时，再增加一吨，利润将增加 50 元；当产量为每月 25 吨时，再增加一吨，利润不变；当产量为每月 35 吨时，再增加一吨，利润将减少 100 元. 这也说明，对厂家来说，并非生产的产量越多，利润越高.

3.5.2 弹性分析

在边际分析中研究的是函数的绝对改变量与绝对变化率，经济学中常需要研究一个变量对另一个变量的相对变化的情况.

例如，某品牌汽车价格 p 为 10 万元/辆时，市场需求量 Q 为 5 万辆；价格降为 9 万元/辆时，市场需求量为 6 万辆，试分析该种汽车在 9~10 万元价位时，若降价 1%，则需求量增加百分之几？

考虑该品牌汽车价格由 10 万降到 9 万元相对改变量为

$$\frac{\Delta p}{p}=\frac{9-10}{10}=-10\%\ ,$$

需求量由 5 万辆增加到 6 万辆时，相对改变量为

$$\frac{\Delta Q}{Q}=\frac{6-5}{5}=20\%\ ,$$

从而，相对改变量为

$$\frac{\dfrac{\Delta Q}{Q}}{\dfrac{\Delta p}{p}}=\frac{20\%}{-10\%}=-2\ .$$

计算结果表明，若降价 1%，则需求量会增加 2%（负号表示价格与需求量变

动方向相反）．这说明，汽车的小幅度降价可得到需求量的大幅度提高，在经济学上称该产品需求对价格有较高弹性．

为此引入下面的定义．

定义 3.5.2 设函数 $y=f(x)$ 可导，函数的相对变化量

$$\frac{\Delta y}{y}=\frac{f(x+\Delta x)-f(x)}{f(x)}$$

与自变量的相对变化量 $\frac{\Delta x}{x}$ 之比 $\frac{\Delta y/y}{\Delta x/x}$，称为函数 $f(x)$ 在 x 与 $x+\Delta x$ 两点之间的**弹性**（或**相对变化率**）．而极限 $\lim\limits_{\Delta x\to 0}\frac{\Delta y/y}{\Delta x/x}$ 称为函数 $f(x)$ 在 x 处的**弹性**（或**相对变化率**），记为 $\frac{E}{Ex}f(x)=\frac{Ey}{Ex}=\lim\limits_{\Delta x\to 0}\frac{\Delta y/y}{\Delta x/x}=\lim\limits_{\Delta x\to 0}\frac{\Delta y}{\Delta x}\cdot\frac{x}{y}=y'\cdot\frac{x}{y}$．

注意： 函数 $f(x)$ 在 x 处的弹性 $\frac{E}{Ex}f(x)$ 反映了随着 x 的变化 $f(x)$ 变化幅度的大小，即 $f(x)$ 对 x 变化反应的灵敏度．数值上，$\frac{E}{Ex}f(x)$ 表示 $f(x)$ 在 x 处，当 x 产生 1% 的改变时，$f(x)$ 近似地改变 $\frac{E}{Ex}f(x)\%$．在应用问题中解释弹性的具体意义时，通常略去“近似”二字．

例 3.5.6 求函数 $y=2x+3$ 在 $x=3$ 处的弹性．

解 $\frac{Ey}{Ex}=y'\cdot\frac{x}{y}=\frac{2x}{3+2x}$，$\left.\frac{Ey}{Ex}\right|_{x=3}=\frac{2\times 3}{3+2\times 3}=\frac{6}{9}\approx 0.67$．

1．需求的价格弹性

所谓**需求的价格弹性**是指当价格变化一定的百分比以后引起的需求量反应的强烈程度（灵敏度），用公式表示即为

$$E_d=\frac{P}{Q}\cdot\frac{\mathrm{d}Q}{\mathrm{d}P}.$$

经济意义：当价格为 P 时，价格每上涨 1%，需求量就会下降 $E_d\%$．

例 3.5.7 某需求函数为 $Q=-100P+3000$，求当 $P=20$ 时的弹性．

解 $E_d=\frac{P}{Q}\cdot\frac{\mathrm{d}Q}{\mathrm{d}P}=-100\times\frac{20}{1000}=-2$，即当价格为 20 时，价格每上涨 1%，需求量就会下降 2%．

注意： 由于需求的价格弹性计算出来的结果总是负值，所以为了讨论方便，也可以记 $\eta=-\frac{P}{Q}\cdot\frac{\mathrm{d}Q}{\mathrm{d}P}$ 为需求的价格弹性．

2．供给弹性

供给弹性通常指的是供给的价格弹性．设供给函数为$Q=f(P)$，则**供给弹性**为

$$E_P=\frac{P}{Q}\cdot\frac{\mathrm{d}Q}{\mathrm{d}P}.$$

经济意义：当价格为P时，价格每上涨1%，供给量就会上升$E_P\%$．

例 3.5.8　设某产品的供给函数为$Q=2+3P$，求供给弹性函数及当$P=4$时的供给弹性．

解　$E_P=\frac{P}{Q}\cdot\frac{\mathrm{d}Q}{\mathrm{d}P}=\frac{3P}{2+3P}$．当$P=4$时，$E_P=\frac{3\times4}{2+3\times4}=\frac{12}{14}\approx0.86$，即当价格$P=3$时，价格每上涨1%，供给量就会上升0.86%．

3．收益弹性

收益的价格弹性：$\frac{ER}{EP}=\frac{P}{R}\cdot\frac{\mathrm{d}R}{\mathrm{d}P}$；**收益的销售弹性：**$\frac{ER}{EQ}=\frac{Q}{R}\cdot\frac{\mathrm{d}R}{\mathrm{d}Q}$．

例 3.5.9　设R，P，Q分别为销售总收益、商品价格、销售量，试分别求出收益的价格弹性$\frac{ER}{EP}$、收益的销售弹性$\frac{ER}{EQ}$与需求的价格弹性η之间的关系．

解　设$Q=f(P)$，$R=PQ$，故

$$\begin{aligned}\frac{ER}{EP}&=\frac{E(PQ)}{EP}=\frac{P}{PQ}\cdot\frac{\mathrm{d}(PQ)}{\mathrm{d}P}=\frac{1}{Q}\left(Q+P\frac{\mathrm{d}Q}{\mathrm{d}P}\right)\\&=1+\frac{Q}{P}\cdot\frac{\mathrm{d}Q}{\mathrm{d}P}=1-\left(-\frac{Q}{P}\cdot\frac{\mathrm{d}Q}{\mathrm{d}P}\right)=1-\eta,\end{aligned}$$

$$\begin{aligned}\frac{ER}{EQ}&=\frac{E(PQ)}{EQ}=\frac{Q}{PQ}\cdot\frac{\mathrm{d}(PQ)}{\mathrm{d}Q}=\frac{1}{P}\frac{\mathrm{d}(PQ)}{\mathrm{d}Q}\\&=\frac{1}{P}\left(P+Q\frac{\mathrm{d}P}{\mathrm{d}Q}\right)=1-\left(\frac{1}{-\frac{P}{Q}\frac{\mathrm{d}P}{\mathrm{d}Q}}\right)=1-\frac{1}{\eta}.\end{aligned}$$

例 3.5.10　某商品的需求量Q关于价格P的函数为$Q=75-P^2$．

（1）求$P=4$时需求的价格弹性，并说明其经济意义；

（2）当$P=4$时，若价格提高1%，总收益是增加还是减少，变化百分之几？

解　（1）$\eta=-\frac{P}{Q}\cdot\frac{\mathrm{d}Q}{\mathrm{d}P}=-\frac{P}{75-P^2}\cdot(-2P)=\frac{2P^2}{75-P^2}$．当$P=4$时，$\eta\approx0.54$．

其经济意义是：当$P=4$时，价格上涨（下降）1%，需求量就会减少（增加）0.54%．

（2）由例 3.5.9 可知 $\frac{ER}{EP}=\frac{P}{R}\cdot\frac{\mathrm{d}R}{\mathrm{d}P}=1-\eta$，故 $\frac{ER}{EP}=1-\eta(4)=0.46$.

其经济意义是：当价格上涨1%时，总收益增加0.46%.

3.6 数学拓展

3.6.1 数学建模——边际收益递减规律

某地区近年来一直风调雨顺，其他农业投入和技术条件不变，其平均每亩地施化肥量与平均亩产量折线图如图 3.5 所示，从图上可以看出，当每亩施肥量达到 10kg 时再增加施肥量，农作物产量增产幅度会越来越小. 如果将资料进一步加工整理，给出一条光滑曲线（图 3.6），就得到了施肥量的收益曲线图 $y=f(x)$，其中 x 为平均施肥量，y 为平均亩产量.

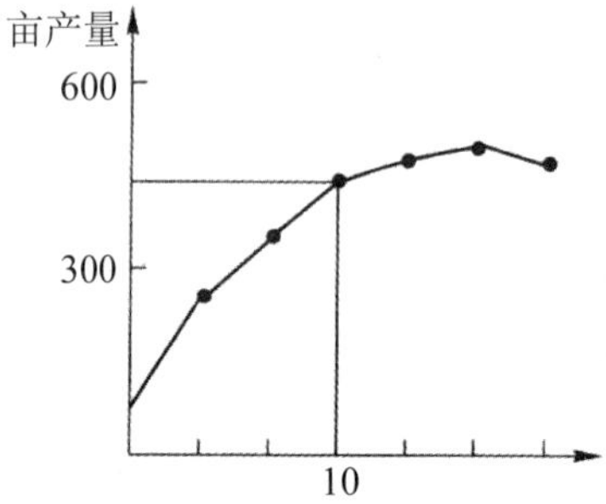

图 3.5

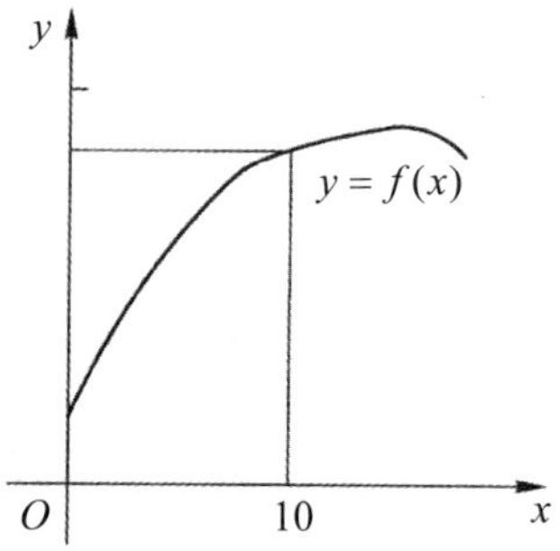

图 3.6

当施肥量为 x 时，再增加一个单位的施肥量，亩产量的改变量即为边际收益 $f'(x)$，由于收益曲线是一条凸曲线，可观察其上的切线斜率是单调递减的，从而对应边际收益是单调递减的. 所以，在其他投入不变时，随着施肥量的增加，新增加的产量越来越少.

换言之，在其他投入不变时，随着某一投入量的增加，其每单位投入的边际产量会下降，这个规律就是经济学上的一条重要规律，称为**边际收益递减规律**.

例 3.6.1 某农场为了确定某种农作物的最佳施肥量，在试验田中每亩从 10kg 起逐渐增加施肥量，测得其平均亩产 y kg 与施肥量 x kg 的关系为

$$y=275+30x-x^2,$$

试求亩产量对施肥量的边际收益，并说明其经济意义.

解　亩产量对施肥量的边际收益为 $y' = 30 - 2x$， $x \in [10, +\infty)$.

因为 $y'' = -2 < 0$，所以 y' 是单调递减函数，即每增加一个单位施肥量，产量的增加量逐渐减少，呈现出边际收益递减规律.

进一步还可以得到：

当 $x \in [10, 15]$ 时， $y' > 0$，即增加施肥量会增加亩产量；

当 $x \in [15, +\infty)$ 时， $y' < 0$，即增加施肥量会造成减产.

因此，最佳施肥量为每亩 15kg.

边际收益递减规律也可以用于分析其他经济现象，如农业劳动力投入的增加对农业产出的影响.

3.6.2　数学家简介——牛顿

“如果我之所见比笛卡尔等要远一点，那只是因为我站在巨人肩上.”

—— 牛顿

牛顿（Newton，1643－1727 年）是英国数学家、物理学家、天文学家. 牛顿出身于农民家庭，幼年颇为不幸. 他是一个遗腹子，又是早产儿，3 岁时母亲改嫁，把他留给了外祖父母，从小过着贫困孤苦的生活. 牛顿在条件较差的地方学校接受了初等教育. 1661 年牛顿考入剑桥大学三一学院，由于家庭经济困难，学习期间还要勤工俭学以减免学费. 牛顿学习勤奋，并有幸得到著名数学家巴罗教授的指导，认真钻研了伽利略、开普勒、沃利斯、笛卡尔、巴罗等的著作，还做了不少实验，打下了坚实的基础，1665 年牛顿获学士学位. 1665 年，伦敦地区流行鼠疫，剑桥大学暂时关闭. 在此后两年中，牛顿终日思考各种问题，探索大自然的奥秘. 他平生三大发明——微积分、万有引力定律、光谱分析都萌生于此，这时他年仅 23 岁. 后来牛顿在追忆这段峥嵘的青春岁月时，深有感触地说：“当年我正值发明创造能力最强的年华，比以后任何时期都更专心致志于数学和科学.”“我的成功当归功于精微的思索，”他说，“没有大胆的猜想就没有伟大的发现.”

1667 年，他回到剑桥攻读硕士学位，在获得学位后，成为三一学院的教师，并协助巴罗编写讲义，撰写微积分和光学论文. 他的学术成就得到了巴罗的高度评价. 例如，巴罗在 1669 年 7 月向皇家学会数学顾问柯林斯推荐牛顿的《运用无穷多项方程的分析学》时，称牛顿为“卓越天才”. 巴罗还坦然宣称牛顿的学识已经超过自己，并在 1669 年 10 月把“卢卡斯教授”的职位让给了牛顿，牛顿当时年仅 26 岁.

牛顿发现微积分，首先得助于他的老师巴罗，巴罗关于“微分三角形”的深刻思想，给了他极大影响；另外费马作切线的方法和沃利斯的《无穷算术》也给了他很大启发. 牛顿的微积分思想（流数术）最早出现在他 1665 年 5 月 21 日写的一页文件中. 他的微积分理论主要体现在《运用无穷多项方程的分析学》《流数术和无穷级数》《求曲边形的面积》三部论著里.

牛顿上述三部论著是微积分发展史上的重要里程碑，也为近代数学甚至近代科学的产生与发展开辟了新纪元. 正如恩格斯在《自然辩证法》中所说：“一切理论成就中未必再有像 17 世纪后半期微积分的发明那样被看作人类精神的最高胜利了.”

由于牛顿对科学做出了巨大贡献，因而受到了人们的尊敬：1688 年当选为国会议员，1689 年当选为法国科学院院士，1703 年当选为英国皇家学会会长，1705 年被英国女王封为爵士. 牛顿的研究工作为近代自然科学奠定四个重要基础：他创建的微积分，为近代数学奠定了基础；他的光谱分析，为近代光学奠定了基础；他发现的力学三大定律，为经典力学奠定了基础；他发现的万有引力定律，为近代天文学奠定了基础. 1701 年莱布尼茨说：“纵观有史以来的全部数学，牛顿做了一半多的工作.”而牛顿本人非常谦虚并在临终前说：“我不知道世人对我有怎样的看法，但是在我看来，我只不过像一个在海滨玩耍的孩子，偶尔很高兴地拾到几颗光滑美丽的石子或贝壳，但那浩瀚无涯的真理的大海，却还在我的前面未曾被我发现.”

牛顿终生未娶. 他死后安葬在威斯敏斯特大教堂内，与英国的英雄们安葬在一起. 当时法国大文豪伏尔泰正在英国访问，他看到英国的大人物们都争抬牛顿的灵柩时感叹地评论说：“英国人悼念牛顿就像悼念一位造福于民的国王.”牛顿是对人类科学做出卓越贡献的巨擘，得到了世人的尊敬和仰慕. 牛顿墓碑上拉丁语墓志铭的最后一句是：“他是人类真正的骄傲，让我们为之欢呼吧！”

第4章　一元函数微分的应用

函数的导数是17世纪为了解决当时的一些科学问题而产生的一个重要概念，这些问题除了上一章提到的经济学中的边际问题、弹性问题和曲线的切线之外，还有一类就是求函数的极值和最值，即最优化问题. 19世纪中叶，经济学家提出“边际效用”理论，而导数概念又为其提供了精确的表达方式，极值理论又为经济量化分析、经济最优化分析提供了很好的数学模型.

本章以微分中值定理为理论依据，利用导数求不定式的极限，研究函数的单调性与极值、曲线的凹凸性与拐点，解决函数作图和最值的求解问题，并探讨最值问题在经济中的应用.

【学习目标】

- 了解微分中值定理及其简单应用.
- 掌握洛必达法则求未定式极限，理解函数单调性、极值、最值，以及曲线凹凸性判定、拐点的求法.
- 掌握几何与经济方面的最大值与最小值问题的解法.

4.1　微分中值定理

我们首先介绍罗尔中值定理，然后以它为基础推出拉格朗日中值定理与柯西中值定理.

4.1.1　罗尔（Rolle）中值定理

首先考虑一个几何问题，如图 4.1 所示，闭区间$[a,b]$上的一条连续曲线$y=f(x)$，除端点A，B外，曲线上处处具有不垂直于x轴的切线，且两端点的纵坐标相等，则这样的曲线上至少有一点处的切线是水平的，即平行于弦AB. 把这个简单的几何事实抽象出来，就是下面要给出的罗尔中值定理.

定理 4.1.1　罗尔（Rolle）中值定理　若函数$f(x)$满足

（1）在闭区间$[a,b]$上连续；

（2）在开区间(a,b)内可导；

（3） $f(a)=f(b)$，
则在开区间 (a,b) 内至少存在一点 ξ，使得 $f'(\xi)=0$．

证明从略．

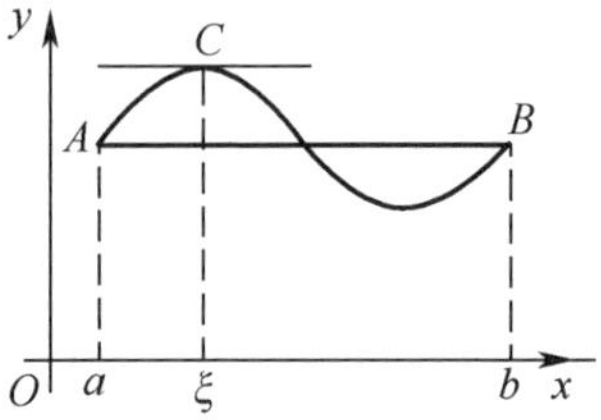

图 4.1

注意：罗尔中值定理的条件是充分而非必要的，即当定理中的三个条件至少一个不满足时，定理的结论就可能不成立．

例 4.1.1 验证罗尔中值定理对函数 $f(x)=x^2-2x-3$ 在区间 $[-1,3]$ 上的正确性．

解 函数 $f(x)=x^2-2x-3$ 在闭区间 $[-1,3]$ 上连续，$f'(x)=2x-2=2(x-1)$ 在 $(-1,3)$ 上存在，且 $f(-1)=f(3)=0$．所以 $f(x)$ 在 $[-1,3]$ 满足罗尔中值定理的三个条件，则存在一点 $\xi=1\in(-1,3)$，使 $f'(\xi)=0$ 成立．

例 4.1.2 已知函数 $f(x)$ 在闭区间 $[0,1]$ 上连续，在开区间 $(0,1)$ 内可导，且 $f(0)=1$，$f(1)=0$．求证：在 $(0,1)$ 内至少存在一点 ξ，使得 $f'(\xi)=-\dfrac{f(\xi)}{\xi}$．

证明 作辅助函数 $F(x)=xf(x)$，则 $F(x)$ 在 $[0,1]$ 上连续，在 $(0,1)$ 内可导．又 $F(0)=F(1)=0$，由罗尔中值定理可知，在 $(0,1)$ 内至少存在一点 ξ，使得 $F'(\xi)=0$，即

$$f(\xi)+\xi f'(\xi)=0,\ f'(\xi)=-\frac{f(\xi)}{\xi}.$$

导数为 0 的点称为函数的**驻点**（或**稳定点**、**临界点**）．

由于 $f'(\xi)=0$，即 $f'(x)\big|_{x=\xi}=0$，也就是导数方程 $f'(x)=0$ 有根 $\xi\in(a,b)$（或导函数 $f'(x)$ 有零点）．因此，也称罗尔中值定理为导数方程 $f'(x)=0$ 根（或导函数 $f'(x)$ 零点）的存在定理，所以利用罗尔中值定理可以证明某些方程根的存在性．

例 4.1.3 证明方程 $x^5+x-1=0$ 有且只有一个小于 1 的正实根．

证明 先证存在性．令 $f(x)=x^5+x-1$，则 $f(x)$ 在 $[0,1]$ 上连续，且

$$f(0)=-1<0,\ f(1)=1>0.$$

由零点定理可知，在$(0,1)$内至少存在一点x_0，使得$f(x_0)=0$，即方程$x^5-x+1=0$至少有一个小于 1 的正实根.

再证唯一性. 假设方程$x^5+x-1=0$有两个小于 1 的正实根，即在$(0,1)$内有不同于x_0的点x_1，使得$f(x_1)=0$. 显然，$f(x)=x^5+x-1$在以x_0和x_1为端点的区间上满足罗尔中值定理的条件，故在x_0和x_1之间存在一点ξ，使得$f'(\xi)=0$.

实际上，在$(0,1)$内$f'(x)=5x^4+1$恒大于 0，矛盾.

因此可得，方程$x^5+x-1=0$有且只有一个小于 1 的正实根.

4.1.2　拉格朗日（Lagrange）中值定理

罗尔中值定理中$f(a)=f(b)$是比较特殊严格的条件，使得罗尔中值定理的应用受到了限制，如果把这个条件取消，保留其余两个条件，则曲线$y=f(x)$上就可能找不到一点处的切线平行于x轴，那么会出现什么情况呢？观察图 4.2，不难发现，曲线上至少有一点处的切线平行于该曲线两端点所连接的弦AB，

$$f'(\xi)=\frac{f(b)-f(a)}{b-a},\quad \xi\in(a,b).$$

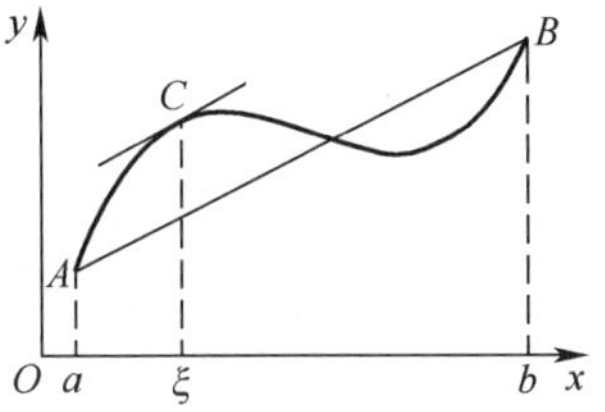

图 4.2

于是得到应用更为广泛的拉格朗日中值定理.

定理 4.1.2　拉格朗日（Lagrange）中值定理　若函数$f(x)$满足

（1）在闭区间$[a,b]$上连续；

（2）在开区间(a,b)内可导，

则在开区间(a,b)内至少存在一点ξ，使得

$$f(b)-f(a)=f'(\xi)(b-a). \tag{4.1.1}$$

证明　令$F(x)=f(x)-\dfrac{f(b)-f(a)}{b-a}x$，则$F(x)$在$[a,b]$上连续，在$(a,b)$内可导，容易验证$F(a)=F(b)$. 由罗尔中值定理可知，在$(a,b)$内至少存在一点$\xi$，使

得 $F'(\xi)=0$，即 $f'(\xi)-\dfrac{f(b)-f(a)}{b-a}=0$，可得

$$f(b)-f(a)=f'(\xi)(b-a),$$

称公式（4.1.1）为**拉格朗日中值公式**.

鉴于该定理在微分学中十分重要，下面做几点说明：

（1）当 $f(a)=f(b)$ 时，拉格朗日中值定理即为罗尔中值定理.

（2）公式（4.1.1）两边同时乘以 -1，有

$$f(a)-f(b)=f'(\xi)(a-b)\ （\xi \text{ 介于 } a,b \text{ 之间}）.$$

这说明，不论 $a<b$ 还是 $a>b$，拉格朗日中值公式均成立.

（3）设 x，$x+\Delta x\in[a,b]$，不妨设 $\Delta x>0$，在闭区间 $[x,x+\Delta x]$ 上应用拉格朗日中值公式得

$$f(x+\Delta x)-f(x)=f'(x+\theta\Delta x)\Delta x\ (0<\theta<1). \tag{4.1.2}$$

若记 $y=f(x)$，则有 $\Delta y=f'(x+\theta\Delta x)\Delta x$，称公式（4.1.2）为**有限增量公式**，拉格朗日中值定理也叫**有限增量定理**.

例 4.1.4 求函数 $y=\ln(x+1)$ 在区间 $[0,1]$ 上满足拉格朗日中值定理的 ξ 的值.

解 函数 $y=\ln(x+1)$ 在区间 $[0,1]$ 上连续，在 $(0,1)$ 内可导，由拉格朗日中值定理知，在开区间 $(0,1)$ 内至少存在一点 ξ，使得

$$f(1)-f(0)=f'(\xi)(1-0),$$

即 $\dfrac{1}{\xi+1}=\ln 2$，得 $\xi=\dfrac{1-\ln 2}{\ln 2}$.

推论 4.1.1 如果在区间 I 上，函数 $f(x)$ 在区间 I 上的导数 $f'(x)\equiv 0$，那么 $f(x)$ 在区间 I 上是一个常函数.

证明 设 x_1，x_2 $(x_1<x_2)$ 是区间 I 上的任意两点，显然 $f(x)$ 在区间 $[x_1,x_2]$ 上满足拉格朗日中值定理条件，应用式（4.1.1）得

$$f(x_2)-f(x_1)=f'(\xi)(x_2-x_1)\ (x_1<\xi<x_2).$$

由条件知 $f'(\xi)=0$，所以 $f(x_2)-f(x_1)=0$，即 $f(x_2)=f(x_1)$. 根据 x_1，x_2 的任意性，可知 $f(x)$ 在区间 I 上是一个常函数.

由推论 4.4.1 显然可以得到如下推论：

推论 4.1.2 如果在区间 I 上，函数 $f(x)$，$g(x)$ 的导数 $f'(x)\equiv g'(x)$，那么 $f(x)$，$g(x)$ 在区间 I 上的取值至多相差一个常数，即

$$f(x)=g(x)+C\ （C \text{ 为常数}）.$$

例 4.1.5 证明恒等式 $\arcsin x+\arccos x\equiv\dfrac{\pi}{2}$ $(-1\leqslant x\leqslant 1)$.

证明　令 $f(x)=\arcsin x+\arccos x$，则 $-1<x<1$ 时，有

$$f'(x)=\frac{1}{\sqrt{1-x^2}}-\frac{1}{\sqrt{1-x^2}}\equiv 0.$$

由推论 4.1.1 知，$f(x)$ 在 $-1<x<1$ 时是常数，即

$$f(x)=\arcsin x+\arccos x\equiv C.$$

又 $f(0)=\frac{\pi}{2}$，$f(-1)=f(1)=\frac{\pi}{2}$，所以 $\arcsin x+\arccos x\equiv\frac{\pi}{2}$（$-1\leqslant x\leqslant 1$）.

拉格朗日中值定理不仅肯定了 ξ 的存在性，同时也给出了 ξ 的取值范围，这就为利用拉格朗日中值定理证明不等式提供了一个途径.

例 4.1.6　证明当 $x>0$ 时，$\frac{x}{1+x}<\ln(1+x)<x$.

证明　令 $f(t)=\ln(1+t)$，显然 $f(t)$ 在区间 $[0,x]$ 上满足拉格朗日中值定理条件，于是有

$$f(x)-f(0)=f'(\xi)(x-0)\ (0<\xi<x),$$

即

$$\ln(1+x)=\frac{x}{1+\xi}.$$

又 $0<\xi<x$，所以

$$\frac{x}{1+x}<\frac{x}{1+\xi}<x,$$

故当 $x>0$ 时，$\frac{x}{1+x}<\ln(1+x)<x$.

*4.1.3　柯西（Cauchy）中值定理

在拉格朗日中值定理中，若 $f(a)=f(b)$，则变成罗尔中值定理的结论，那么能否将拉格朗日中值定理推广到两个函数上去呢？下面的定理回答了这个问题.

定理 4.1.3　柯西（Cauchy）中值定理　若函数 $f(x)$，$g(x)$ 满足

（1）在闭区间 $[a,b]$ 上连续；

（2）在开区间 (a,b) 内可导，且对任意的 $x\in(a,b)$，$g'(x)\neq 0$，则在开区间 (a,b) 内至少存在一点 ξ，使得

$$\frac{f(b)-f(a)}{g(b)-g(a)}=\frac{f'(\xi)}{g'(\xi)}. \qquad (4.1.3)$$

公式（4.1.3）通常称为**柯西中值公式**.

证明从略.

在柯西中值定理中，若取 $g(x)=x$，则其结论就变成拉格朗日中值定理的结

论，因此，拉格朗日中值定理是柯西中值定理的特殊情形.

本节中的三个定理都是因为结论与区间(a,b)内的一个中间值点ξ的导数有关，因此把这三个定理统称为**微分中值定理**.

4.2 洛必达法则

我们已经知道，在自变量x的同一变化过程中，若函数$f(x)$，$g(x)$都趋近于0或者∞，则商的极限$\lim\limits_{x\to a}\dfrac{f(x)}{g(x)}$可能存在，也可能不存在．在存在的情况下，其极限值也是不尽相同．我们通常把这类极限分别称为$\dfrac{0}{0}$型或$\dfrac{\infty}{\infty}$型**未定式**.

在第2章中，我们曾计算过这类未定式的极限，可利用极限运算法则、两个重要极限、等价无穷小替换等方法进行计算．但是，有些未定式的极限还是难以解决，例如$\lim\limits_{x\to 0}\dfrac{\mathrm{e}^x-\mathrm{e}^{-x}}{x^2}$，$\lim\limits_{x\to+\infty}\dfrac{\ln x}{x}$，$\lim\limits_{x\to 0^+}x^x$等.

本节我们利用柯西中值定理推导出求这类极限的另外一种简单又有效的一般方法——**洛必达（L'Hospital）法则**.

4.2.1 $\dfrac{0}{0}$型和$\dfrac{\infty}{\infty}$未定式

洛必达法则（0/0 型）

对于$\dfrac{0}{0}$型和$\dfrac{\infty}{\infty}$型未定式的极限，法国数学家洛必达（L'Hospital）给出了下面一个简单且有效的计算法则.

定理 4.2.1 设函数$f(x)$与$g(x)$满足条件：

（1）当$x\to x_0$时，$\lim\limits_{x\to x_0}f(x)=\lim\limits_{x\to x_0}g(x)=0$（或$\lim\limits_{x\to x_0}f(x)=\lim\limits_{x\to x_0}g(x)=\infty$）；

（2）在$\overset{o}{U}(x_0)$内，$f'(x)$与$g'(x)$都存在且$g'(x)\neq 0$；

（3）$\lim\limits_{x\to x_0}\dfrac{f'(x)}{g'(x)}$存在（或为无穷大），

那么
$$\lim_{x\to x_0}\frac{f(x)}{g(x)}=\lim_{x\to x_0}\frac{f'(x)}{g'(x)}.$$

证明从略.

注意：（1）将定理 4.2.1 中极限过程$x\to x_0$改为$x\to x_0^-$，$x\to x_0^+$，$x\to\infty$，$x\to-\infty$，$x\to+\infty$时，只需将定理 4.2.1 中条件（2）做适当修改，结论仍然成立，读者可自行给出.

（2）如果 $\lim\limits_{x\to a}\dfrac{f'(x)}{g'(x)}$ 仍是未定式，而 $f'(x)$ 与 $g'(x)$ 能够满足定理 4.2.1 中所需要的条件，则可继续使用洛必达法则，即

$$\lim_{x\to a}\frac{f(x)}{g(x)}=\lim_{x\to a}\frac{f'(x)}{g'(x)}=\lim_{x\to a}\frac{f''(x)}{g''(x)}=\cdots$$

以此类推.

例 4.2.1　求极限 $\lim\limits_{x\to 0}\dfrac{e^x-e^{-x}}{x^2}$.

解　所求极限为 $\dfrac{0}{0}$ 型未定式，直接使用洛必达法则有

$$\lim_{x\to 0}\frac{e^x-e^{-x}}{x^2}=\lim_{x\to 0}\frac{\left(e^x-e^{-x}\right)'}{\left(x^2\right)'}=\lim_{x\to 0}\frac{e^x+e^{-x}}{2x}=\infty .$$

例 4.2.2　求极限 $\lim\limits_{x\to+\infty}\dfrac{\dfrac{\pi}{2}-\arctan x}{\dfrac{1}{x}}$.

解　所求极限为 $\dfrac{0}{0}$ 型未定式，直接使用洛必达法则有

$$\lim_{x\to+\infty}\frac{\dfrac{\pi}{2}-\arctan x}{\dfrac{1}{x}}=\lim_{x\to+\infty}\frac{\left(\dfrac{\pi}{2}-\arctan x\right)'}{\left(\dfrac{1}{x}\right)'}=\lim_{x\to+\infty}\frac{-\dfrac{1}{1+x^2}}{-\dfrac{1}{x^2}}=\lim_{x\to+\infty}\frac{x^2}{1+x^2}=1 .$$

例 4.2.3　求极限 $\lim\limits_{x\to 1}\dfrac{x^3-3x+2}{x^3-x^2-x+1}$.

解　所求极限为 $\dfrac{0}{0}$ 型未定式，直接使用洛必达法则有

$$\lim_{x\to 1}\frac{x^3-3x+2}{x^3-x^2-x+1}=\lim_{x\to 1}\frac{\left(x^3-3x+2\right)'}{\left(x^3-x^2-x+1\right)'}=\lim_{x\to 1}\frac{3x^2-3}{3x^2-2x-1}=\lim_{x\to 1}\frac{6x}{6x-2}=\frac{3}{2} .$$

上式中的 $\lim\limits_{x\to 1}\dfrac{6x}{6x-2}$ 已不再是 $\dfrac{0}{0}$ 型未定式，不能继续应用洛必达法则，否则会导致错误结果．所以在每次应用洛必达法则时，必须验证所求函数是否为未定式.

例 4.2.4 求极限 $\lim\limits_{x\to 0}\dfrac{x-\sin x}{\tan x^3}$.

解 所求极限为 $\dfrac{0}{0}$ 型未定式，直接使用洛必达法则，分母求导较为烦琐，这就需要在使用洛必达法则之前，注意与其他求极限的方法配合使用，特别是结合等价无穷小的替换，先将原式整理化简，会使运算更加简捷.

由于 $x\to 0$ 时，$\tan x^3 \sim x^3$，于是

$$\lim_{x\to 0}\frac{x-\sin x}{\tan x^3}=\lim_{x\to 0}\frac{x-\sin x}{x^3}=\lim_{x\to 0}\frac{(x-\sin x)'}{(x^3)'}=\lim_{x\to 0}\frac{1-\cos x}{3x^2}=\lim_{x\to 0}\frac{\sin x}{6x}=\frac{1}{6}.$$

例 4.2.5 求极限 $\lim\limits_{x\to 0}\dfrac{\mathrm{e}^x-\sin x-1}{\mathrm{e}^x(1+\cos x)\sin x^2}$.

解 所求极限为 $\dfrac{0}{0}$ 型未定式，直接使用洛必达法则运算量较大，在求极限前或者求极限过程中，若注意把乘积因子中极限存在且极限不等于 0 的部分及时分离，并求出极限，再将它提到极限号外面，这样就能避繁就简，会使余下的未定式用洛必达法则求极限比较简便.

$$\begin{aligned}\lim_{x\to 0}\frac{\mathrm{e}^x-\sin x-1}{\mathrm{e}^x(1+\cos x)\sin x^2}&=\lim_{x\to 0}\frac{1}{\mathrm{e}^x(1+\cos x)}\cdot\frac{\mathrm{e}^x-\sin x-1}{\sin x^2}\\&=\lim_{x\to 0}\frac{1}{\mathrm{e}^x(1+\cos x)}\cdot\lim_{x\to 0}\frac{\mathrm{e}^x-\sin x-1}{\sin x^2}\\&=\frac{1}{2}\lim_{x\to 0}\frac{\mathrm{e}^x-\sin x-1}{x^2}=\frac{1}{2}\lim_{x\to 0}\frac{(\mathrm{e}^x-\sin x-1)'}{(x^2)'}\\&=\frac{1}{2}\lim_{x\to 0}\frac{\mathrm{e}^x-\cos x}{2x}=\frac{1}{2}\lim_{x\to 0}\frac{\mathrm{e}^x+\sin x}{2}=\frac{1}{4}.\end{aligned}$$

例 4.2.6 求极限 $\lim\limits_{x\to +\infty}\dfrac{\ln x}{x^n}$.

解 所求极限为 $\dfrac{\infty}{\infty}$ 型未定式，可直接使用洛必达法则有

$$\lim_{x\to +\infty}\frac{\ln x}{x^n}=\lim_{x\to +\infty}\frac{(\ln x)'}{(x^n)'}=\lim_{x\to +\infty}\frac{\frac{1}{x}}{nx^{n-1}}=\lim_{x\to +\infty}\frac{1}{nx^n}=0.$$

洛必达法则（无穷/无穷型）

例 4.2.7 求极限 $\lim\limits_{x\to +\infty}\dfrac{x^n}{\mathrm{e}^x}$（$n$ 为正整数）.

解　所求极限为$\dfrac{\infty}{\infty}$型未定式，多次使用洛必达法则有

$$\lim_{x\to+\infty}\frac{x^n}{e^x}=\lim_{x\to+\infty}\frac{(x^n)'}{(e^x)'}=\lim_{x\to+\infty}\frac{nx^{n-1}}{e^x}=\lim_{x\to+\infty}\frac{n(n-1)x^{n-2}}{e^x}=\cdots=\lim_{x\to+\infty}\frac{n!}{e^x}=0.$$

注意：若例 4.2.6，4.2.7 中 n 不是正整数而是任意正数，那么极限仍为 0.

以上两例表明，$x\to+\infty$ 时，对数函数 $\ln x$、幂函数 x^{μ}（$\mu>0$）、指数函数 e^x 虽然都趋于无穷大，但增大的“速度”是不一样的，幂函数增大的“速度”比对数函数快得多，而指数函数增大的“速度”又比幂函数快得多，即

$$e^x > x^{\mu}\ (\mu>0) > \ln x\quad (x\to+\infty).$$

例 4.2.7　求极限 $\lim\limits_{x\to\infty}\dfrac{x+\sin x}{x}$.

解　所求极限为$\dfrac{\infty}{\infty}$型未定式，若使用洛必达法则有

$$\lim_{x\to\infty}\frac{x+\sin x}{x}=\lim_{x\to\infty}\frac{(x+\sin x)'}{x'}=\lim_{x\to\infty}\frac{1+\cos x}{1}.$$

但是当 $x\to\infty$ 时，$\cos x$ 的极限不存在且不是无穷大，即洛必达法则的条件（3）不满足．因此，此题不能够使用洛必达法则求解，应该寻求其他极限计算方法.

其解法如下：

$$\lim_{x\to\infty}\frac{x+\sin x}{x}=\lim_{x\to\infty}\left(1+\frac{\sin x}{x}\right)=1.$$

注意：洛必达法则是求未定式极限的一种方法，定理中的条件仅是充分非必要的．当定理中的条件不满足时，洛必达法则失效，但是所求极限未必不存在，需寻求其他极限计算方法.

4.2.2　$0\cdot\infty$ 型和 $\infty-\infty$ 未定式

若 $\lim f(x)=0$，$\lim g(x)=\infty$（同一极限趋势下），则 $\lim f(x)\cdot g(x)$ 称为 $0\cdot\infty$ 型未定式；若 $\lim f(x)=\infty$，$\lim g(x)=\infty$，则 $\lim[f(x)-g(x)]$ 称为 $\infty-\infty$ 型未定式．对于这两种未定式的极限，可以通过代数变形，将它们先化成$\dfrac{0}{0}$型或$\dfrac{\infty}{\infty}$型未定式的极限，再利用洛必达法则进行计算.

例 4.2.8　求极限 $\lim\limits_{x\to0^+}x\ln x$.

解　这是 $0\cdot\infty$ 型未定式，可化成$\dfrac{\infty}{\infty}$型未定式.

$$\lim_{x\to 0^+} x\ln x=\lim_{x\to 0^+}\frac{\ln x}{\frac{1}{x}}=\lim_{x\to 0^+}\frac{(\ln x)'}{\left(\frac{1}{x}\right)'}=\lim_{x\to 0^+}\frac{\frac{1}{x}}{-\frac{1}{x^2}}=\lim_{x\to 0^+}(-x)=0 .$$

例 4.2.9 求极限 $\lim\limits_{x\to\infty} x^2\left(1-x\arcsin\frac{1}{x}\right)$.

解 这是 $0\cdot\infty$ 型未定式，可化成 $\frac{0}{0}$ 型未定式.

$$\lim_{x\to\infty} x^2\left(1-x\arcsin\frac{1}{x}\right)=\lim_{x\to\infty}\frac{1-x\arcsin\frac{1}{x}}{x^{-2}}\overset{\text{令}\frac{1}{x}=t}{=\!=}\lim_{t\to 0}\frac{1-\frac{1}{t}\arcsin t}{t^2}$$

$$=\lim_{t\to 0}\frac{t-\arcsin t}{t^3}=\lim_{t\to 0}\frac{(t-\arcsin t)'}{(t^3)'}$$

$$=\lim_{t\to 0}\frac{1-\frac{1}{\sqrt{1-t^2}}}{3t^2}=\lim_{t\to 0}\frac{\sqrt{1-t^2}-1}{3t^2\sqrt{1-t^2}}$$

$$=\lim_{t\to 0}\frac{-\frac{1}{2}t^2}{3t^2\sqrt{1-t^2}}=-\frac{1}{6}\lim_{t\to 0}\frac{1}{\sqrt{1-t^2}}=-\frac{1}{6}.$$

例 4.2.10 求极限 $\lim\limits_{x\to 0}\left[\frac{1}{\ln(1+x)}-\frac{1}{x}\right]$.

解 这是 $\infty-\infty$ 型未定式，可在通分后化成 $\frac{0}{0}$ 型未定式.

$$\lim_{x\to 0}\left[\frac{1}{\ln(1+x)}-\frac{1}{x}\right]=\lim_{x\to 0}\frac{x-\ln(1+x)}{x\ln(1+x)}=\lim_{x\to 0}\frac{x-\ln(1+x)}{x^2}$$

$$=\lim_{x\to 0}\frac{(x-\ln(1+x))'}{(x^2)'}=\lim_{x\to 0}\frac{1-\frac{1}{1+x}}{2x}$$

$$=\lim_{x\to 0}\frac{1}{2(1+x)}=\frac{1}{2}.$$

4.2.3 0^0，1^∞，∞^0 型未定式

若 $\lim f(x)=0$,$\lim g(x)=0$（同一极限趋势下），则 $\lim f(x)^{g(x)}$ 称为 0^0 型未定式．类似可以定义 1^∞，∞^0 型未定式．对于 0^0，1^∞，∞^0 型未定式的极限，首先需要

通过恒等式 $x=\mathrm{e}^{\ln x}$ 把幂指函数 $f(x)^{g(x)}$ 化为 $\mathrm{e}^{g(x)\ln f(x)}$，然后利用指数函数的连续性，讨论指数上函数的极限，而此时指数上函数为 $0\cdot\infty$ 型未定式，再把 $0\cdot\infty$ 型化为 $\frac{0}{0}$ 型或者 $\frac{\infty}{\infty}$ 型未定式，然后利用洛必达法则求解极限.

例 4.2.11　求极限 $\lim\limits_{x\to 0^+} x^x$.

解　这是 0^0 型未定式，可转化为 $x^x=\mathrm{e}^{x\ln x}$.

$$\lim_{x\to 0^+} x^x=\lim_{x\to 0^+}\mathrm{e}^{x\ln x}=\mathrm{e}^{\lim\limits_{x\to 0^+}(x\ln x)}=\mathrm{e}^0=1 .$$

这里可直接利用例 4.2.8 的结果.

例 4.2.12　求极限 $\lim\limits_{x\to+\infty}\left(1+\mathrm{e}^x\right)^{\frac{1}{x}}$.

解　这是 ∞^0 型未定式，可转化为 $\left(1+\mathrm{e}^x\right)^{\frac{1}{x}}=\mathrm{e}^{\frac{1}{x}\ln\left(1+\mathrm{e}^x\right)}$.

$$\lim_{x\to+\infty}\left(1+\mathrm{e}^x\right)^{\frac{1}{x}}=\lim_{x\to+\infty}\mathrm{e}^{\frac{1}{x}\ln\left(1+\mathrm{e}^x\right)}=\mathrm{e}^{\lim\limits_{x\to+\infty}\frac{1}{x}\ln\left(1+\mathrm{e}^x\right)}$$

$$=\mathrm{e}^{\lim\limits_{x\to+\infty}\frac{\left[\ln\left(1+\mathrm{e}^x\right)\right]'}{x'}}=\mathrm{e}^{\lim\limits_{x\to+\infty}\frac{\mathrm{e}^x}{1+\mathrm{e}^x}}=\mathrm{e}^1=\mathrm{e} .$$

例 4.2.12　求极限 $\lim\limits_{x\to+\infty}\left(\frac{2}{\pi}\arctan x\right)^x$.

解　这是 1^∞ 型未定式，可转化为 $\left(\frac{2}{\pi}\arctan x\right)^x=\mathrm{e}^{x\ln\frac{2}{\pi}\arctan x}$.

$$\lim_{x\to+\infty}\left(\frac{2}{\pi}\arctan x\right)^x=\lim_{x\to+\infty}\mathrm{e}^{x\ln\left(\frac{2}{\pi}\arctan x\right)}=\mathrm{e}^{\lim\limits_{x\to+\infty}x\ln\left(\frac{2}{\pi}\arctan x\right)}$$

$$=\mathrm{e}^{\lim\limits_{x\to+\infty}\frac{\ln\left(\frac{2}{\pi}\arctan x\right)}{x^{-1}}}=\mathrm{e}^{\lim\limits_{x\to+\infty}\frac{\left[\ln\left(\frac{2}{\pi}\arctan x\right)\right]'}{\left(x^{-1}\right)'}}$$

$$=\mathrm{e}^{\lim\limits_{x\to+\infty}\frac{\frac{1}{\frac{2}{\pi}\arctan x}\cdot\frac{2}{\pi}\cdot\frac{1}{1+x^2}}{-x^{-2}}}=\mathrm{e}^{\lim\limits_{x\to+\infty}\left(-\frac{1}{\arctan x}\cdot\frac{x^2}{1+x^2}\right)}=\mathrm{e}^{-\frac{2}{\pi}} .$$

4.3　函数的单调性、极值与最值

我们在第 1 章中介绍了函数单调性的概念，单调性是函数的一个最基本的性质，掌握函数的单调性，不仅可以了解函数值的变化趋势，而且对推测函数在某个局部区域或整个区域上达到最大值或最小值有直接的帮助. 本节我们将利用拉格朗日中值公式建立一种利用函数的导数的符号来判断函数单调性的方法，进而讨论函数的极值和最值.

4.3.1 函数的单调性

现在考察一个具体问题.

如果函数 $y=f(x)$ 在某区间上单调增加（单调减少），那么它的图形是一条沿着 x 轴正向上升（下降）的曲线，如图 4.3 所示，曲线上各点处的切线斜率是非负（非正）的，即 $f'(x)\geqslant 0$（$f'(x)\leqslant 0$）.

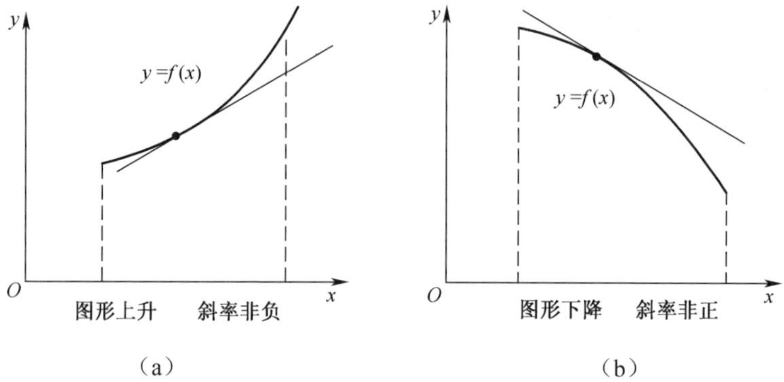

图 4.3

反之，也可以利用导数的符号来判断函数的单调性，从而可以得到如下定理.

定理 4.3.1 设函数 $y=f(x)$ 在 $[a,b]$ 上连续，在 (a,b) 内可导.

（1）如果在 (a,b) 内 $f'(x)>0$，那么函数 $y=f(x)$ 在 $[a,b]$ 上单调增加；

（2）如果在 (a,b) 内 $f'(x)<0$，那么函数 $y=f(x)$ 在 $[a,b]$ 上单调减少.

证明 在 $[a,b]$ 上任取两点 x_1，x_2（$x_1<x_2$），由拉格朗日中值定理可知，在开区间 (x_1,x_2) 内至少存在一点 ξ，使得

$$f(x_2)-f(x_1)=f'(\xi)(x_2-x_1)\ (x_1<\xi<x_2).$$

（1）如果在 (a,b) 内 $f'(x)>0$，那么 $f'(\xi)(x_2-x_1)>0$，即

$$f(x_2)-f(x_1)>0,$$

于是 $f(x_1)<f(x_2)$，因而函数 $y=f(x)$ 在 $[a,b]$ 上单调增加.

（2）如果在 (a,b) 内 $f'(x)<0$，那么 $f'(\xi)(x_2-x_1)<0$，即

$$f(x_2)-f(x_1)<0,$$

于是 $f(x_1)>f(x_2)$，因而函数 $y=f(x)$ 在 $[a,b]$ 上单调减少.

注意：如果把定理中的闭区间换成其他各种区间（包括无穷区间），结论仍然成立.

需要指出的是：定理 4.3.1 的条件适当放宽，其结论也成立. 作为推论叙述如下，其证明从略.

推论 4.3.1　设函数 $y=f(x)$ 在区间 I 上连续，在 I 内可导，如果在 I 内

$$f'(x)\geqslant 0\ （或 f'(x)\leqslant 0），$$

且等号仅在一些**孤立点**（或称**离散点**）处成立，那么函数 $y=f(x)$ 在 I 上单调增加（或单调减少）.

例 4.3.1　判断函数 $y=x+\sin x$ 在 $(-\infty,+\infty)$ 上的单调性.

解　函数 $y=x+\sin x$ 在 $(-\infty,+\infty)$ 上连续，且在 $(-\infty,+\infty)$ 内，

$$y'=1+\cos x\geqslant 0,$$

仅当 $x=(2k+1)\pi$ 时，$y'=0$，所以由推论 4.3.1 可知，函数 $y=x+\sin x$ 在 $(-\infty,+\infty)$ 上单调增加.

例 4.3.2　讨论函数 $y=\mathrm{e}^x-x-1$ 的单调性.

解　函数的定义域为 $(-\infty,+\infty)$，$y'=\mathrm{e}^x-1$，则

（1）在 $(-\infty,0)$ 内，$y'<0$，所以函数 $y=\mathrm{e}^x-x-1$ 在 $(-\infty,0]$ 上单调减少；

（2）在 $(0,+\infty)$ 内，$y'>0$，所以函数 $y=\mathrm{e}^x-x-1$ 在 $[0,+\infty)$ 上单调增加.

例 4.3.3　讨论函数 $y=\sqrt[3]{x^2}$ 的单调性.

解　函数的定义域为 $(-\infty,+\infty)$. 当 $x\neq 0$ 时，$y'=\dfrac{2}{3\sqrt[3]{x}}$；当 $x=0$ 时，函数的导数不存在.

（1）在 $(-\infty,0)$ 内，$y'<0$，所以函数 $y=\sqrt[3]{x^2}$ 在 $(-\infty,0]$ 上单调减少；

（2）在 $(0,+\infty)$ 内，$y'>0$，所以函数 $y=\sqrt[3]{x^2}$ 在 $[0,+\infty)$ 上单调增加（图 4.4）.

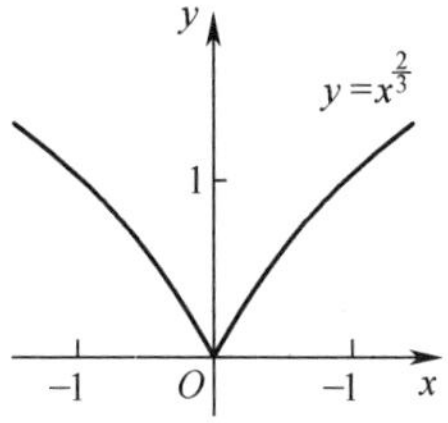

图 4.4

例 4.3.2 中，驻点是单调增加区间与单调减少区间的分界点；例 4.3.3 中，不可导点也是单调增加区间与单调减少区间的分界点. 由此可得求函数 $f(x)$ 单调区间的一般步骤：

（1）确定函数 $f(x)$ 的定义域，并求出函数的导数 $f'(x)$.

（2）求出函数的驻点和不可导点，并用这些点作为分界点将定义域划分为若干个区间.

（3）确定各个区间上 $f'(x)$ 的符号，从而判断函数在该区间上的单调性.

例 4.3.4 求函数 $f(x)=2x^3-9x^2+12x-3$ 的单调区间.

解 函数的定义域为 $(-\infty,+\infty)$，且

$$f'(x)=6x^2-18x+12=6(x-1)(x-2).$$

令 $f'(x)=0$，得驻点 $x=1$，$x=2$，没有不可导点.

为了更加直观地看到各点处的情况，用 $x=1$，$x=2$ 划分函数定义域为三个子区间，列表讨论如下：

x	$(-\infty,1)$	1	$(1,2)$	2	$(2,+\infty)$
$f'(x)$	+	0	−	0	+
$f(x)$	单调增加		单调减少		单调增加

其中“+”“−”号表示 $f'(x)$ 在相应区间上的符号. 由表格分析可知，函数 $f(x)$ 在 $(-\infty,1]$ 与 $[2,+\infty)$ 上单调增加，在 $[1,2]$ 上单调减少.

函数 $f(x)=2x^3-9x^2+12x-3$ 的图形如图 4.5 所示.

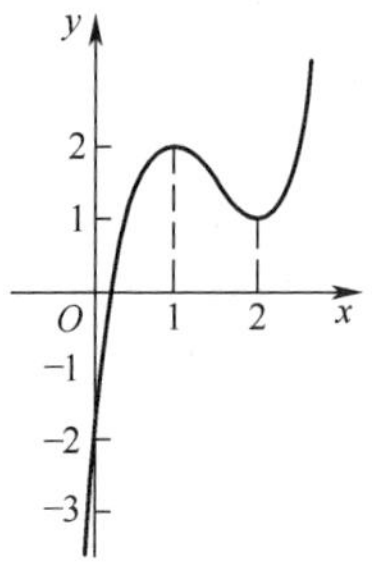

图 4.5

利用函数的单调性，我们可以证明某些不等式.

例 4.3.5 证明：当 $x>0$ 时，$x>\ln(1+x)$.

证明 令函数 $f(x)=x-\ln(1+x)$，则

$$f'(x)=1-\frac{1}{1+x}=\frac{x}{1+x}.$$

显然 $f(x)$ 在 $[0,+\infty)$ 上连续，且在 $(0,+\infty)$ 内 $f'(x)>0$，因此 $f(x)$ 在 $[0,+\infty)$ 上单调增加. 从而当 $x>0$ 时，$f(x)>f(0)=0$，即 $x-\ln(1+x)>0$，所以

$$x > \ln(1+x).$$

由反函数与直接函数具有相同的单调性可得：当 $x>0$ 时，$e^x > 1+x$，即 $e^x - 1 > x$.

4.3.2　函数的极值

函数的极值

在图 4.5 中我们可以看到，在 $x=1$ 的某去心邻域内，总有 $f(x)<f(1)$，而在 $x=2$ 的某去心邻域内，总有 $f(x)>f(2)$，具有这种性质的点在应用上有着十分重要的作用，一般有如下定义.

定义 4.3.1　设函数 $f(x)$ 在 x_0 的某邻域 $U(x_0)$ 内有定义，如果对于去心邻域 $\overset{o}{U}(x_0)$ 内的任一点 x，有

$$f(x) > f(x_0)\ （或\ f(x) < f(x_0)），$$

那么就称 $f(x_0)$ 为函数 $f(x)$ 的一个**极大值**（或**极小值**）.

函数的极大值与极小值统称为函数的**极值**，使函数取得极值的点称为**极值点**. 例如函数 $f(x)=2x^3-9x^2+12x-3$ 有极大值 $f(1)=2$ 和极小值 $f(2)=1$，点 $x=1$ 和 $x=2$ 是函数的极值点.

注意：（1）函数的极值是局部性、相对性的概念. 如果 $f(x_0)$ 是函数 $f(x)$ 的一个极大值，那么在 x_0 附近的一个局部范围内，$f(x_0)$ 是 $f(x)$ 一个最大值；而最值是对于整个定义区间（或定义域）来说，它是全局性、绝对性的概念. 从而，极大值、极小值未必是最大值、最小值.

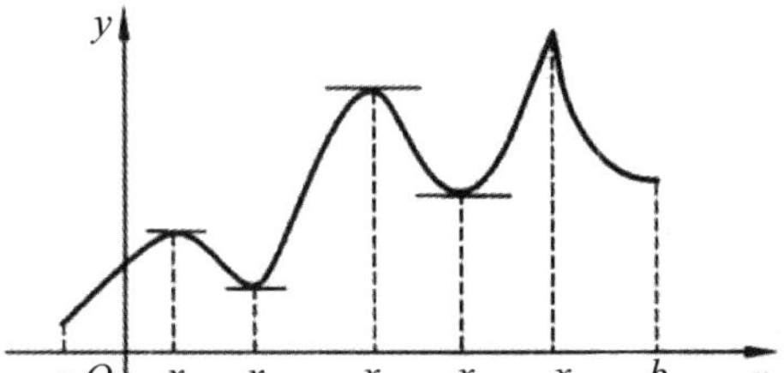

图 4.6

（2）极大值未必大于极小值. 在图 4.6 中，可以观察到极大值 $f(x_1)$ 小于极小值 $f(x_4)$. 极小值的情况类似.

（3）极值点不可能出现在函数定义区间的端点处，只可能在函数定义区间的内部点处取得，而最值点却既可以在函数定义区间内取得，也可以在该区间的端点处取得.

如图 4.6 所示，在函数取得极值处，曲线的切线是水平的或者切线不存在，这说明极值点只可能在使 $f'(x_0)=0$ 的点或者 $f'(x)$ 不存在的点中寻找.

定理 4.3.2（极值的必要条件） 如果函数 $f(x)$ 在 x_0 点处取得极值，那么 $f'(x_0)=0$ 或者 $f'(x_0)$ 不存在.

证明 （1）如果 $f'(x_0)$ 不存在，则定理的结论显然成立.

（2）如果函数 $f(x)$ 在 x_0 点处可导，不妨假设函数 $f(x)$ 在 x_0 处取得极大值（极小值的情况可类似证明），则存在 x_0 的去心邻域 $\overset{\circ}{U}(x_0)$，对 $\forall x\in\overset{\circ}{U}(x_0)$，都有 $f(x)<f(x_0)$.

所以，当 $x<x_0$ 时，

$$\frac{f(x)-f(x_0)}{x-x_0}>0,$$

而函数 $f(x)$ 在 x_0 可导，因此

$$f'_-(x_0)=\lim_{x\to x_0^-}\frac{f(x)-f(x_0)}{x-x_0}\geqslant 0;$$

当 $x>x_0$ 时，

$$\frac{f(x)-f(x_0)}{x-x_0}>0,$$

$$f'_+(x_0)=\lim_{x\to x_0^+}\frac{f(x)-f(x_0)}{x-x_0}\leqslant 0.$$

从而

$$f'(x_0)=0.$$

注意：驻点不一定是函数的极值点.

例如函数 $f(x)=x^3$，我们有 $f'(x)=3x^2$，$f'(0)=0$. 显然 $x=0$ 是这个可导函数的驻点，但 $x=0$ 不是其极值点.

定理 4.3.2 说明，函数 $f(x)$ 的极值点必包含在它的驻点与导数不存在的点之中. 因此，对于连续函数而言，我们常把函数的驻点和导数不存在的点统称为函数的**可疑极值点**（或**临界点**）. 如何判断函数在这些可疑极值点处是否取得极值？如果是的话，是极大值还是极小值？根据函数单调性的判别方法容易得出下面的定理.

定理 4.3.3（极值的第一充分条件） 设函数 $f(x)$ 在 x_0 处连续，且在 x_0 的某去心邻域 $\overset{\circ}{U}(x_0)$ 内可导，则

（1）如果当 $x\in(x_0-\delta,x_0)$ 时，$f'(x)>0$，而 $x\in(x_0,x_0+\delta)$ 时，$f'(x)<0$，则 $f(x)$ 在 x_0 处取得极大值；

（2）如果当 $x\in(x_0-\delta,x_0)$ 时，$f'(x)<0$，而 $x\in(x_0,x_0+\delta)$ 时，$f'(x)>0$，则

$f(x)$ 在 x_0 处取得极小值.

（3）如果当 $x\in \mathring{U}(x_0,\delta)$ 时，$f'(x)$ 的符号保持不变，则 $f(x)$ 在 x_0 处没有极值.

由定理 4.3.2 和定理 4.3.3，可得求函数极值的一般步骤：

（1）确定函数 $f(x)$ 的定义域 D，并求出函数的导数 $f'(x)$.

（2）求出函数的驻点和导数不存在的点，用这些点将定义域划分为若干部分区间.

（3）考察（2）中各区间的 $f'(x)$ 的符号，判断函数在区间上的单调性，从而判断在该点处是否取得极值，如果是的话，进一步判断是极大值还是极小值，并求得相应极值.

例 4.3.6　求函数 $f(x)=2x^3-9x^2+12x-3$ 的极值.

解　由例 4.3.4 可知，函数 $f(x)=2x^3-9x^2+12x-3$ 有 $x=1$ 和 $x=2$ 两个驻点，没有不可导点；在 $(-\infty,1]$ 与 $[2,+\infty)$ 上单调增加，在 $[1,2]$ 上单调减少. 列表如下：

x	$(-\infty,1)$	1	$(1,2)$	2	$(2,+\infty)$
$f'(x)$	+	0	–	0	+
$f(x)$	单调增加	极大值	单调减少	极小值	单调增加

所以，该函数有极大值为 $f(1)=2$，极小值为 $f(2)=1$.

例 4.3.7　求函数 $y=\sqrt[3]{x^2}$ 的极值.

解　由例 4.3.3 可知，函数 $y=\sqrt[3]{x^2}$ 在 $x=0$ 时，在 $(-\infty,0]$ 上单调减少，在 $[0,+\infty)$ 上单调增加，列表如下：

x	$(-\infty,0)$	0	$(0,+\infty)$
$f'(x)$	–	0	+
$f(x)$	单调减少	极小值	单调增加

所以，该函数有极小值为 $f(0)=0$，无极大值.

当函数 $f(x)$ 在其驻点处的二阶导数存在且不为 0 时，有如下更简单的极值判断充分条件.

定理 4.3.4（极值的第二充分条件）　设函数 $f(x)$ 在 x_0 处有二阶导数，且 $f'(x_0)=0$，$f''(x_0)\neq 0$，那么

（1）如果 $f''(x_0)<0$，则函数 $f(x)$ 在 x_0 处取得极大值；

（2）如果 $f''(x_0)>0$，则函数 $f(x)$ 在 x_0 处取得极小值.

证明　（1）由二阶导数的定义及 $f'(x_0)=0$ 知

$$f''(x_0)=\lim_{x\to x_0}\frac{f'(x)-f'(x_0)}{x-x_0}=\lim_{x\to x_0}\frac{f'(x)}{x-x_0}<0.$$

根据函数极限的保号性及 $f'(x_0)=0$，存在 x_0 的去心邻域 $\mathring{U}(x_0)$，对 $\forall x\in\mathring{U}(x_0)$，都有 $\dfrac{f'(x)}{x-x_0}<0$.

在该去心邻域内，当 $x<x_0$ 时，$f'(x)>0$；当 $x>x_0$ 时，$f'(x)<0$. 由定理 4.3.3 知函数在点 x_0 处取得极大值.

类似可证情形（2）.

注意： 如果 $f'(x_0)=0$，$f''(x_0)=0$，那么函数在点 x_0 处可能取得极值，也可能不取得极值；取得极值时，可能是极大值，也可能是极小值. 这时不能使用定理 4.3.4，还要用定理 4.3.3 来判断.

例 4.3.8　求函数 $f(x)=(x^2-1)^3$ 的极值.

解　根据定理 4.3.4，可先求 $f'(x)=6x(x^2-1)^2$，$f''(x)=6(5x^2-1)(x^2-1)$.

令 $f'(x)=0$，得驻点 $x=-1, x=0, x=1$.

又 $f''(0)=6>0$，故函数在 $x=0$ 处取得极小值 $f(0)=-1$.

而 $f(-1)=f(1)=0$，用定理 4.3.4 无法判断.

考察 $x=-1$，$x=1$ 左右两侧导数的符号：$x=-1$ 邻近两侧，导数 $f'(x)<0$；$x=1$ 邻近两侧，导数 $f'(x)>0$. 两个点左右两侧导数符号没有发生改变，亦即单调性没有发生改变，所以没有极值.

4.3.3　函数的最大值与最小值

在经济问题中经常会遇到这样的问题：在一定条件下，怎样才能使“产品最多”“用料最省”“成本最低”“效率最高”等. 这类问题在数学上有时可归结为求某一函数（通常称为目标函数）的最大值或最小值问题.

1. 连续函数 $f(x)$ 在闭区间 $[a,b]$ 上的最值

在第 2 章中我们已经知道，如果函数 $f(x)$ 在闭区间 $[a,b]$ 上连续，那么在闭 $[a,b]$ 上一定存在最大值和最小值. 如何才能求出最大值和最小值呢？函数 $f(x)$ 在闭区间上取得最大值和最小值有两种可能：

（1）在区间的端点取得，即 $f(a)$ 或 $f(b)$.

（2）在 (a,b) 内取得，显然这时最大值（最小值）一定也是函数 $f(x)$ 的一个

极大值（极小值）.

因此，可按如下方法求函数 $f(x)$ 在 $[a,b]$ 上的最大值和最小值.

（1）求出 $f(x)$ 在 (a,b) 内的驻点和导数不存在的点.

（2）计算（1）中各点及区间端点的函数值，并加以比较，其中最大的就是 $f(x)$ 在 $[a,b]$ 上的最大值，最小的就是 $f(x)$ 在 $[a,b]$ 上的最小值.

例 4.3.9　求函数 $f(x)=3x^4-4x^3-12x^2+1$ 在 $[-3,1]$ 上的最大值和最小值.

解　函数 $f(x)=3x^4-4x^3-12x^2+1$ 在 $[-3,1]$ 上连续，所以在 $[-3,1]$ 上一定存在最大值和最小值.

$$f'(x)=12x^3-12x^2-24x=12x(x+1)(x-2),$$

则在 $(-3,1)$ 内，可得 $f(x)$ 的驻点为 $x_1=0$，$x_2=-1$，没有不可导点. 而

$$f(-3)=244,\ f(-1)=-4,\ f(0)=1,\ f(1)=-12.$$

比较可得，$f(x)$ 在 $x=-3$ 处取得最大值 244，在 $x=1$ 处取得最小值 −12 .

2. 连续函数 $f(x)$ 在区间 I 上的最值

函数 $f(x)$ 在一个区间 I 内可导且只有一个驻点 x_0，并且这个驻点 x_0 是函数 $f(x)$ 的极值点. 那么，当 $f(x_0)$ 是极大值时，$f(x_0)$ 就是 $f(x)$ 在该区间上的最大值；当 $f(x_0)$ 是极小值时，$f(x_0)$ 就是 $f(x)$ 在该区间上的最小值.

结论从几何直观上很明显（图 4.7）. 事实上满足条件的函数 $f(x)$ 在区间 I 内的图形只有一个“峰”或者“谷”.

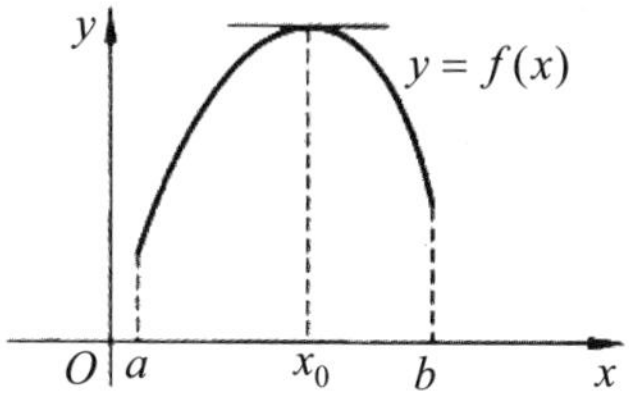

（a）

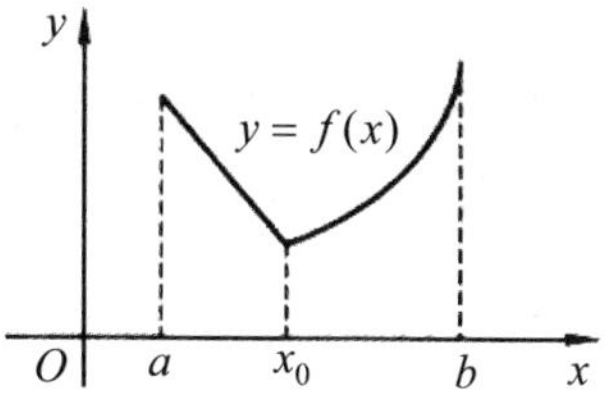

（b）

图 4.7

例 4.3.10　证明：当 $x>0$ 时，$x-\ln x\geqslant 1$.

证明　令 $f(x)=x-\ln x-1$，因为 $f'(x)=1-\dfrac{1}{x}$，令 $f'(x)=0$ 可得函数的唯一驻点 $x=1$. 又因 $f''(x)=\dfrac{1}{x^2}$，$f''(1)=1>0$，所以 $f(1)=0$ 为 $f(x)$ 在 $(0,+\infty)$ 内的极小值，从而为最小值，即对任意的 $x\in(0,+\infty)$，有

$$f(x) \geqslant f(1)=0\text{，即 } x-\ln x-1 \geqslant 0 .$$

由例 4.3.10 可知，利用最值可以证明一些不等式.

4.3.4 经济应用问题举例

在实际应用问题中，如果根据问题背景可以确定目标函数 $f(x)$ 在某一区间内必有最大值或最小值，那么这个唯一的驻点 x_0 处的函数值 $f(x_0)$ 就是所要求的最大值或最小值.

例 4.3.11（最低成本问题） 某企业每月生产 Q 吨钢材的总成本为

$$C(Q)=54+18Q+6Q^2 \text{（万元）}.$$

求月产量为多少吨时平均成本最低？最低平均成本为多少万元？

解 由题目可知，每月生产 Q 吨钢材的平均成本为

$$\bar{C}(Q)=\frac{C(Q)}{Q}=\frac{54}{Q}+18+6Q\text{，}\quad \bar{C}'(Q)=-\frac{54}{Q^2}+6 .$$

令 $\bar{C}'(Q)=0$，得 $Q=3$．当 $0<Q<3$ 时，$\bar{C}'(Q)<0$；当 $Q>3$ 时，$\bar{C}'(Q)>0$．

所以 $Q=3$ 时平均成本最低，此时，最低平均成本为 $\bar{C}(3)=54$ 万元/吨.

一般地，因为 $C(Q)=Q\bar{C}(Q)$，所以 $C'(Q)=\bar{C}(Q)+Q\bar{C}'(Q)$，要使平均成本最低，则 $\bar{C}'(Q)=0$，所以 $C'(Q)=\bar{C}(Q)$．因此使平均成本最低的产量，正是使边际成本等于平均成本时的产量.

例 4.3.12（最大收益问题） 某商品的需求量 Q 是价格 P 的函数

$$Q=Q(P)=75-P^2 .$$

求 P 为何值时，总收益最大？

解 总收益函数为

$$R(P)=PQ=75P-P^3\ (P>0),$$

求导得边际收益为

$$R'(P)=75-3P^2 .$$

令 $R'(P)=0$，得 $P=5$．又

$$R''(P)=-6P\text{，}\quad R''(5)<0\text{，}$$

从而 $R(5)=250$ 为收益 $R(P)$ 的极大值，从而为最大值，即当价格为 5 时，有最大收益为 250.

例 4.3.13（最大利润问题） 某工厂一个月生产玩具为 Q 件时，总成本费用为 $C(Q)=4Q+100$（万元），得到的收益为 $R(Q)=10Q-0.01Q^2$（万元），求一个月生产多少件玩具时，所获利润最大？

解　由题设知，利润函数为

$$\begin{aligned}L(Q)&=R(Q)-C(Q)\\&=10Q-0.01Q^2-4Q-100\\&=6Q-0.01Q^2-100\quad(0<Q<+\infty).\end{aligned}$$

显然最大利润一定在$(0,+\infty)$内取得，求导得边际利润为

$$L'(Q)=6-0.02Q.$$

令$L'(Q)=0$，得$Q=300$．又

$$L''(Q)=-0.02<0,\ L''(300)<0,$$

所以$L(300)=800$（万元）为利润$L(Q)$的一个极大值，也为最大值．从而一个月生产300件玩具时，取得最大利润800万元．

例 4.3.14（最大税收问题）　某企业生产文具盒的平均成本为$\overline{C}(x)=2$，价格函数为$P(x)=20-4x$（x为商品数量），国家向企业每件文具盒征税为t．

（1）生产多少文具盒时，企业所获得利润最大？

（2）在企业取得最大利润的情况下，t为何值时才能使总税收最大？

解　（1）总成本函数为

$$C(x)=x\overline{C}(x)=2x.$$

总收益函数为

$$R(x)=xP(x)=20x-4x^2.$$

总税收函数为

$$T(x)=tx.$$

总利润函数为

$$\begin{aligned}L(x)&=R(x)-C(x)-T(x)\\&=(18-t)x-4x^2.\end{aligned}$$

令

$$L'(x)=18-t-8x=0,$$

得$x=\dfrac{18-t}{8}$．又

$$L''(x)=-8<0,$$

所以$L\left(\dfrac{18-t}{8}\right)=\dfrac{(18-t)^2}{16}$为最大利润.

（2）取得最大利润时的税收为

$$T=tx=\frac{t(18-t)}{8}=\frac{18t-t^2}{8}\quad(t>0),$$

令

$$T' = \frac{9-t}{4} = 0,$$

得 $t=9$．又

$$T'' = -\frac{1}{4} < 0,$$

所以当 $t=9$ 时，总税收取得最大值

$$T(9) = \frac{9(18-9)}{8} = \frac{81}{8},$$

此时的总利润为

$$L = \frac{(18-9)^2}{16} = \frac{81}{16}.$$

4.4 函数的凹凸性与拐点　函数图形的描绘

在经济学中，有一个经典的模型：产品的生命周期．产品的生命周期又称作PLC 理论，即 Product Life Cycle，是一个产品从引入市场到被市场淘汰的整个过程．营销学上又将整个周期分为导入期、成长期、成熟期、衰退期四个阶段．产品的生命周期不仅适用于传统行业的产品，而且适用于互联网产品等．如图 4.8 所示为常见的产品生命周期曲线，也称为“**S 型曲线**”．

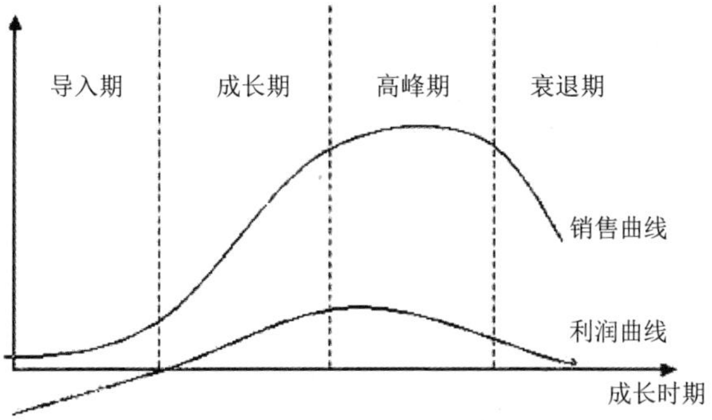

图 4.8

通过函数的单调性，可以知道产品生命周期曲线的上升或下降趋势，但这还不能较全面地反映其变化情况．在图 4.8 中比较导入期和成长期销售曲线，虽然它们都是单调上升的，但图形的弯曲方向明显不同．导入期弧线是凹的，而成长期弧线是凸的．基于此，下面将讨论曲线的凹凸性及其判定方法．

4.4.1　函数的凹凸性

函数的凹凸性

为了给曲线凹凸性一个数学上的严格定义，先从几何图形直观来分析．图 4.9（a）描绘了一个定义在区间 I 上的凹曲线的图像，不难发现凹曲线具有这样的特征：连接曲线上任意两点 $(x_1,f(x_1))$，$(x_2,f(x_2))$ 的弦，一定位于对应曲线弧段的上方，因此，该弦的中点也一定位于对应曲线弧段上相应点的上方；若函数的图像是凸曲线，则情况正好相反，如图 4.9（b）所示．由此，曲线的凹凸性可用连接曲线弧上任意两点的弦的中点与曲线弧上相应点（即具有相同横坐标的点）的位置关系来描述．

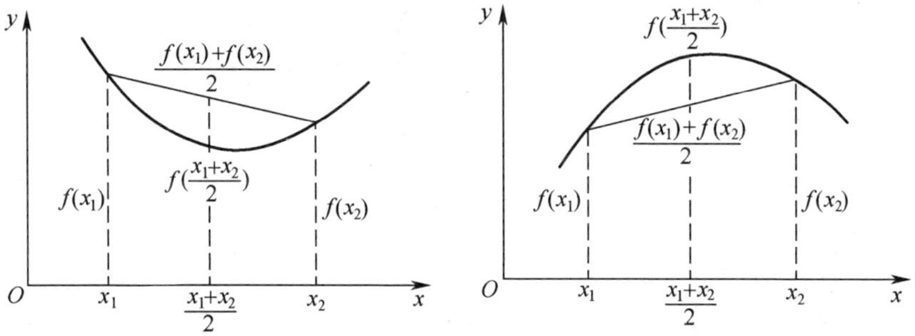

（a）　（b）

图 4.9

定义 4.4.1　设函数 $f(x)$ 在区间 I 上连续，对 I 上任意两点 x_1，x_2，如果恒有

$$f\left(\frac{x_1+x_2}{2}\right)<\frac{f(x_1)+f(x_2)}{2},$$

那么称函数 $f(x)$ 在 I 上的图形是凹的（或**凹弧**）[图 4.9（a）]；如果恒有

$$f\left(\frac{x_1+x_2}{2}\right)>\frac{f(x_1)+f(x_2)}{2},$$

那么称函数 $f(x)$ 在 I 上的图形是凸的（或**凸弧**）[图 4.9（b）]．

定义 4.4.2　曲线 $y=f(x)$ 上凹弧与凸弧的分界点称为**拐点**．如图 4.10 中的点 C．

在图 4.10 中，还可以看出，在弧 $\overset{\frown}{AC}$ 上，切线斜率随着 x 的增大而变大，所以 $f'(x)$ 在 $[x_1,x_0]$ 上是单调递增的，从而说明当 $f''(x)>0$ 时，曲线是凹的；而在弧 $\overset{\frown}{CD}$ 上，切线斜率随 x 的增大而减少，所以 $f'(x)$ 在 $[x_0,x_2]$ 上是单调递减的，从

而说明当 $f''(x)<0$ 时，曲线是凸的．于是有下面定理．

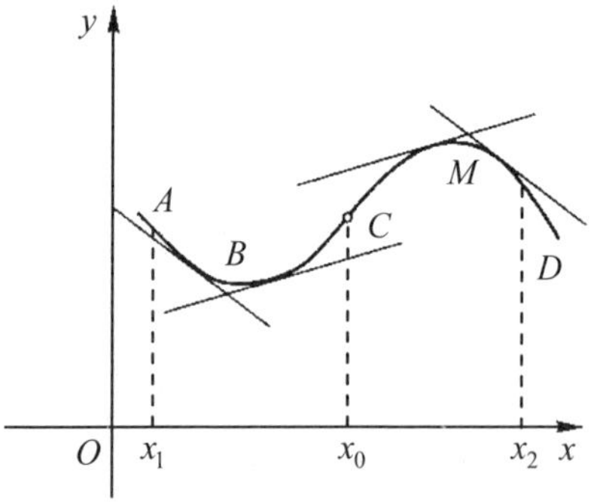

图 4.10

定理 4.4.1 设函数 $y=f(x)$ 在 $[a,b]$ 上连续，在 (a,b) 内有二阶导数，则

（1）如果在 (a,b) 内 $f''(x)>0$，那么函数 $y=f(x)$ 在 $[a,b]$ 上的图形是凹的；

（2）如果在 (a,b) 内 $f''(x)<0$，那么函数 $y=f(x)$ 在 $[a,b]$ 上的图形是凸的．

由于拐点是凹凸曲线弧的分界点，因此，如果点 $(x_0,f(x_0))$ 是曲线的拐点，且 $f''(x_0)$ 存在，必有 $f''(x_0)=0$．

注意：若在定义区间 I 内 $f''(x)\geqslant 0$（或 $f''(x)\leqslant 0$），且等号仅在一些孤立点（或称离散点）处成立，则曲线 $y=f(x)$ 在定义区间 I 内仍是凹的（或凸的）.

由拐点的定义可知，在拐点 $(x_0,f(x_0))$ 两侧曲线凹凸性要发生改变．若二阶导数 $f''(x)$ 在 x_0 的某去心邻域 $\overset{0}{U}(x_0)$ 内存在，那么在拐点横坐标 x_0 的左、右邻近的区间内，$f''(x)$ 的符号必然相反，因此曲线 $y=f(x)$ 的拐点的横坐标 x_0 只可能是使得 $f''(x_0)=0$ 或 $f''(x)$ 不存在的点．

例如，函数 $f(x)=\sqrt[3]{x}$ 在定义域 $(-\infty,+\infty)$ 内连续，有

$$f''(x)=-\frac{2}{9x\sqrt[3]{x^2}},$$

$f''(x)$ 不存在零点，但有一个二阶导数不存在的点 $x=0$．

（1）在 $(-\infty,0)$ 内，$f''(x)>0$，曲线 $y=f(x)$ 在 $(-\infty,0)$ 内是凹的；

（2）在 $(0,+\infty)$ 内，$f''(x)<0$，曲线 $y=f(x)$ 在 $(0,+\infty)$ 内是凸的，所以 $(0,0)$ 是曲线的拐点．

因此，$f(x)$ 的二阶导数不存在的点也有可能是曲线 $y=f(x)$ 的拐点．由此可得如下定理．

定理 4.4.2（拐点的必要条件）　如果函数 $f(x)$ 在 x_0 的某去心邻域 $\overset{0}{U}(x_0)$ 内存在 $f''(x)$，且 $(x_0, f(x_0))$ 是曲线 $y=f(x)$ 的拐点，那么 $f''(x_0)=0$ 或者 $f''(x_0)$ 不存在.

注意：二阶导数为 0 的点不一定就是拐点.

例如，函数 $f(x)=x^4$，定义域为 $(-\infty,+\infty)$． $f''(x)=12x^2$， $f''(0)=0$．但是，当 $x\neq 0$ 时， $f''(x)=12x^2>0$，曲线始终是凹的，所以点 $(0,0)$ 不是曲线的拐点.

综合以上分析，可以按以下步骤求曲线 $y=f(x)$ 上的凹凸区间及其图像的拐点.

（1）确定函数 $f(x)$ 的定义域，并求出函数的二阶导数 $f''(x)$.

（2）求出 $f''(x)=0$ 的点和 $f''(x)$ 不存在的点，用这些点将定义域划分为若干部分区间.

（3）考察（2）中各个部分区间内 $f''(x)$ 的符号，从而判定曲线 $y=f(x)$ 的凹凸性，进一步求出凹凸区间和函数图像上的拐点.

例 4.4.1　求曲线 $y=x^4-2x^3+1$ 的凹凸区间及拐点.

解　函数 $y=x^4-2x^3+1$ 的定义域为 $(-\infty,+\infty)$，且

$$y'=4x^3-6x^2,\quad y''=12x^2-12x=12x(x-1).$$

令 $y''=0$，得 $x_1=0$，$x_2=1$．当 $x_1=0$ 时， $y=1$；当 $x_2=1$ 时， $y=0$.

具体情况列表如下：

x	$(-\infty,0)$	0	$(0,1)$	1	$(1,+\infty)$
y''	+	0	−	0	+
$y=3x^4-4x^3+1$	凹	$(0,1)$ 是拐点	凸	$(1,0)$ 是拐点	凹

所以曲线 $y=x^4-2x^3+1$ 在 $(-\infty,0]$ 和 $[1,+\infty)$ 上是凹的，在 $[0,1]$ 上是凸的；点 $(0,1)$ 和点 $(1,0)$ 是曲线的拐点.

4.4.2　函数图形的描绘

中学阶段描绘函数的图形主要用描点法，描点法很难准确作出函数的图形，因为描点太少，图形不准确；点描得太多，工作量又太大，并且描点时难免会漏掉一些关键点，如极值点、拐点等，更难把握图形在无穷远处的状态.

在掌握导数这个工具后，就可以借助于函数的一阶导数的符号确定函数的图形在哪个区间单调上升，在哪个区间单调下降，在什么位置有极值；借助于函数

二阶导数的符号，可以确定函数图形在哪个区间上为凹弧，在哪个区间上为凸弧，在什么位置有拐点．有了这些性质，就可以比较准确地画出函数的图形．

若函数的定义域或者值域是无限区间，还应了解曲线无限远离坐标原点时的变化状况，这就是要讨论的渐近线问题．

定义 4.4.3 如果曲线 $y=f(x)$ 上的某动点 $M(x,y)$ 沿着曲线无限远离原点时，它与某直线 l 的距离趋近于 0，则称此直线 l 为曲线 $y=f(x)$ 的渐近线（图 4.11）．

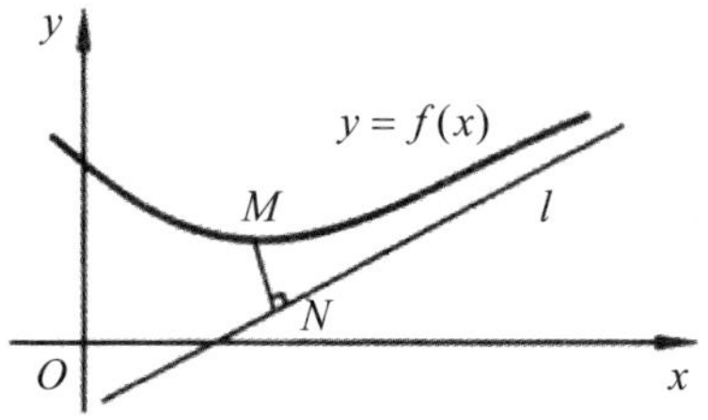

图 4.11

在第 2 章中已经给出了**水平渐近线**和**垂直渐近线**的定义，下面仅给出**斜渐近线**的定义．若

$$\lim_{x\to\infty}\frac{f(x)}{x}=k\neq 0,\quad \lim_{x\to\infty}\left[f(x)-kx\right]=b,$$

则称直线 $y=kx+b$ 是曲线 $y=f(x)$ 的**斜渐近线**．

注意：当函数的定义域是一个无限区间时，曲线才可能存在水平渐近线、斜渐近线．一条曲线的水平渐近线、斜渐近线最多有两条，但在同一侧（$x>0$ 或者 $x<0$），曲线的水平渐近线与斜渐近线不会同时出现．

例 4.4.2 求曲线 $y=\dfrac{x^3}{x^2+2x-3}$ 的渐近线．

解 （1）因为 $\lim\limits_{x\to\infty}y=\infty$，所以曲线无水平渐近线．

（2）由于

$$\frac{x^3}{x^2+2x-3}=\frac{x^3}{(x-1)(x+3)},\quad \lim_{x\to-3}y=\infty,\quad \lim_{x\to1}y=\infty,$$

所以 $x=-3$ 及 $x=1$ 是曲线的垂直渐近线．

（3）由于

$$\lim_{x\to\infty}\frac{f(x)}{x}=\lim_{x\to\infty}\frac{x^2}{x^2+2x-3}=1,\quad \lim_{x\to\infty}\left(\frac{x^3}{x^2+2x-3}-x\right)=\lim_{x\to\infty}\frac{-2x^2+3x}{x^2+2x-3}=-2,$$

所以 $y=x-2$ 是曲线的斜渐近线．

根据前面讨论，可以给出描绘函数图形的一般步骤.

第一步　确定函数 $f(x)$ 的定义域及特性（如奇偶性、周期性等）.

第二步　求出函数 $f(x)$ 的一阶导数 $f'(x)$ 和二阶导数 $f''(x)$，并求出定义域内 $f'(x)=0$ 和 $f''(x)=0$ 的点及 $f'(x)$ 和 $f''(x)$ 不存在的点，用这些点把函数的定义域划分为若干个部分区间.

第三步　列表判断这些部分区间内 $f'(x)$ 和 $f''(x)$ 的符号，由此确定函数图形的单调性、凹凸性、极值点和拐点.

第四步　求出函数图形的渐近线.

第五步　建立坐标系并描点作图，其中描点包括极值点、拐点及辅助作图点.

例 4.4.3　画出函数 $y=\dfrac{4(x+1)}{x^2}-2$ 的图形.

解　（1）函数 $y=\dfrac{4(x+1)}{x^2}-2$ 的定义域为 $(-\infty,0)\cup(0,+\infty)$，无奇偶性与周期性.

（2）$y'=-\dfrac{4(x+2)}{x^3}$，$y''=\dfrac{8(x+3)}{x^4}$. 令 $y'=0$，求得驻点 $x=-2$；令 $y''=0$ 得 $x=-3$；$x=0$ 是函数的间断点.

（3）列表如下：

x	$(-\infty,-3)$	-3	$(-3,-2)$	-2	$(-2,0)$	0	$(0,+\infty)$
y'	$-$		$-$	0	$+$		$-$
y''	$-$	0	$+$		$+$		$+$
y	↘	拐点 $\left(-3,-\frac{26}{9}\right)$	⤵	极小值 -3	⤴	间断点	⤵

这里↗表示递增而且是凸的；↘表示递减而且是凸的；⤴表示递增而且是凹的；⤵表示递减而且是凹的.

（4）由于 $\lim\limits_{x\to 0}y=+\infty$，因此 $x=0$ 是图形的垂直渐近线；又 $\lim\limits_{x\to\infty}y=-2$，因此 $y=-2$ 是图形的水平渐近线.

（5）描点：$\left(-3,-\dfrac{26}{9}\right)$，$(-2,-3)$，$(-1,-2)$，$(1,6)$，$(2,1)$，$\left(3,-\dfrac{2}{9}\right)$，作出函数的图形，如图 4.12 所示.

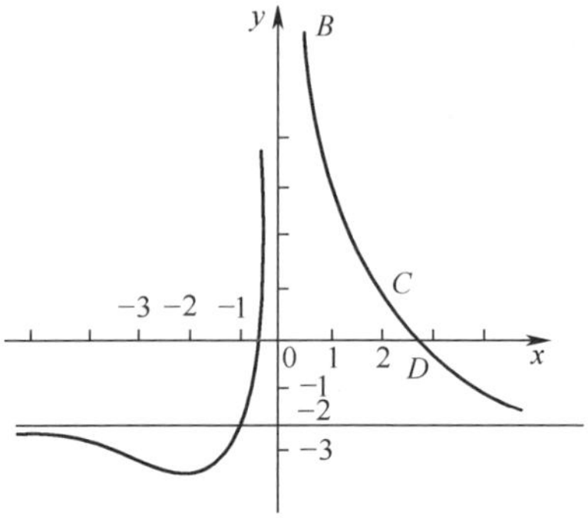

图 4.12

4.5 数学拓展

4.5.1 数学建模——最优批量问题（库存问题）

在市场总需求一定的条件下，企业所需原材料的订购费用与保管费用成反向变化关系，订单批量大、次数少，费用就小，保管费用就相应增加；订单批量小、次数多，费用就大，保管费用就相应减少．因此，就有了一个如何确定订购批量使总费用最少的问题．

因为所学微积分知识限制，我们现在只能研究等批量、等间隔进货情况，它是指某种物资的库存量下降到 0 时，随即到货，库存量由 0 恢复到最高库存，每天保证等量供应生产需要，使之不发生缺货的情况．

例 4.5.1 假设某种物资一年需求量为 24000 件，每件价格为 40 元，年保管费为价格的 12%，每次订购费用为 64 元，试求最优订购批量、最优订购次数、最优进货周期和最小总费用（假设产品的销售是均匀的）．

解 假设这种物资的最优订购批量为 Q，则需要订购的次数为 $\dfrac{24000}{Q}$，订货费用为 $64\times\dfrac{24000}{Q}$，保管费用为 $\dfrac{1}{2}Q\times 40\times 0.12$，从而总费用为

$$C=C(Q)=64\times\frac{24000}{Q}+\frac{1}{2}Q\times 40\times 0.12\,.$$

若求总费用的最优化问题，即求相应函数的最值问题．

$$C'(Q)=-64\times\frac{24000}{Q^2}+20\times 0.12\,,\quad C''(Q)=128\times\frac{24000}{Q^3}\,.$$

令 $C'(Q)=-64\times\dfrac{24000}{Q^2}+20\times0.12=0$ 得唯一驻点 $Q=800$．又 $C''(800)>0$，于是当 $Q=800$ 时，总费用最低，从而

最优订货批量为　　$Q=800$（件/批）；

最优订货批次为　　$\dfrac{24000}{800}=30$（批/年）；

最优进货周期为　　$\dfrac{360}{30}=12$（天）（全年按 360 天计算）；

最优进货总费用为　　$C(800)=3840$（元）．

4.5.2　数学家简介——拉格朗日

拉格朗日（Lagrange，1736－1813 年），法国数学家、力学家及天文学家．

拉格朗日于 1736 年 1 月 25 日在意大利西北部的都灵出生．少年时读了哈雷介绍牛顿有关微积分之短文，因而对分析学产生兴趣．他亦常与欧拉有书信往来，于探讨数学难题“等周问题”的过程中，当时只有 18 岁的他就以纯分析的方法发展了欧拉所开创的变分法，奠定变分法之理论基础．后入都灵大学．1755 年，19 岁的他就已当上都灵皇家炮兵学校的数学教授．不久便成为柏林科学院通讯院士．两年后，他参与创立都灵科学协会的工作，并于协会出版的科技会刊上发表大量有关变分法、概率论 、微分方程、弦振动及最小作用原理等论文．这些著作使他成为当时欧洲公认的第一流数学家．

到了 1764 年，他凭万有引力解释月球天平动问题获得法国巴黎科学院奖金．1766 年，又因成功地以微分方程理论和近似解法研究科学院所提出的一个复杂的六体问题（木星的四个卫星的运动问题）而再度获奖．同年，德国普鲁士国王腓特烈邀请他到柏林科学院工作时说：“‘欧洲最大的王’的宫廷内应有‘欧洲最大的数学家’。”于是他应邀到柏林科学院工作，并在那里居住达 20 年．其间他写了继牛顿后又一重要经典力学著作《分析力学》(1788)．书内以变分原理及分析的方法，把完整和谐的力学体系建立起来，使力学分析化．他于序言中更宣称：力学已成分析的一个分支．

1786 年普鲁士国王腓特烈逝世后，他应法国国王路易十六之邀，于 1787 年定居巴黎．其间出任法国米制委员会主任，并先后于巴黎高等师范学院及巴黎综合工科学校任数学教授．最后于 1813 年 4 月 10 日在当地逝世．拉格朗日不但在

方程论方面贡献重大，而且还推动了代数学的发展．他在生前提交给柏林科学院的两篇著名论文——《关于解数值方程》(1767) 及《关于方程的代数解法的研究》(1771) 中，考察了二、三及四次方程的一种普遍性解法，即把方程化作低一次的方程（辅助方程或预解式）以求解．但这并不适用于五次方程．在他有关方程求解条件的研究中早已蕴含了群论思想的萌芽，这使他成为伽罗瓦建立群论之先导．另外，他在数论方面亦是表现超卓．费马所提出的许多问题都被他一一解答，如：每一个正整数都是不多于四个平方数之和的问题；求方程 $x^2-Ay^2=1$（A 为一非平方数）的全部整数解的问题等．他还证明了 π 的无理性．这些研究成果都丰富了数论之内容．

此外，他还写了两部分析巨著《解析函数论》(1797) 及《函数计算讲义》(1801)，总结了那一时期自己一系列的研究工作．他于《解析函数论》及他收入此书的一篇论文（1772）中企图把微分运算归结为代数运算，从而摒弃自牛顿以来一直令人困惑的无穷小量，为微积分奠定理论基础方面做出独特之尝试．他又把函数 $f(x)$ 的导数定义成 $f(x+h)$ 的泰勒展开式中的 h 项的系数，并以此为出发点建立全部分析学．可是他并未考虑到无穷级数的收敛性问题，他自以为摆脱了极限概念，实际只是回避了极限概念，因此并未达到使微积分代数化、严密化的目的．不过，他采用新的微分符号，以幂级数表示函数的处理手法对分析学的发展产生了影响，成为实变函数论的起点．而且，他还在微分方程理论中做出奇解为积分曲线族的包络的几何解释，提出线性变换的特征值概念等．

数学界近百多年来的许多成就都可直接或简接地追溯于拉格朗日的工作．为此他在数学史上被认为是对分析数学的发展产生全面影响的数学家之一．

第 5 章　一元函数积分学

微积分包括微分（导数）和积分（定积分、不定积分）两个部分．第 3 章和第 4 章讨论的内容统称为一元函数微分学．

本章首先从几何学、经济学实际问题引出定积分的概念，然后着重讨论定积分的性质；利用导数与微分运算的逆问题——求原函数，介绍不定积分的概念、性质及不定积分的基本计算方法；介绍微积分基本定理，揭示定积分与不定积分的关系，研究定积分的基本计算方法，介绍定积分在几何与其在经济学中的实际应用；最后将定积分推广到反常积分．

【学习目标】

- 理解定积分与不定积分的概念和性质，会用积分的换元积分法和分部积分法．
- 掌握积分在几何与经济方面的应用．
- 了解反常积分的概念与计算．

5.1　定积分的概念与性质

5.1.1　引例

1．几何学问题——曲边梯形的面积

众所周知，矩形的面积公式为：矩形面积 = 底 × 高，其中高是不变的．而曲边梯形的面积不能用上述公式计算，那么如何准确计算此类不规则图形的面积呢？

在 xOy 坐标系中，设曲边是连续曲线 $y=f(x)$（$f(x)\geqslant 0$），则曲边梯形是由曲线 $y=f(x)$ 及直线 $x=a$、$x=b$（$a<b$）和 x 轴围成的（图 5.1），计算其面积 A．

由于曲边梯形的高 $f(x)$ 在区间 $[a,b]$ 上是变化的，因此不能按照矩形的公式计算其面积，这里将采用极限的思想来计算曲边梯形的面积．具体的计算步骤可以分为以下四步．

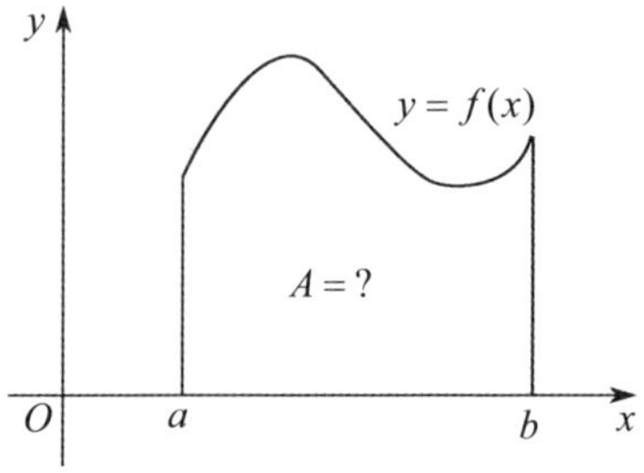

图 5.1

（1）分割：在区间$[a,b]$内任意插入$n-1$个分点

$$a=x_0<x_1<\cdots<x_{n-1}<x_n=b,$$

将区间分成n个小区间$[x_0,x_1],[x_1,x_2],\cdots,[x_{n-1},x_n]$，它们的长度分别记为

$$\Delta x_1=x_1-x_0,\ \Delta x_2=x_2-x_1,\ \cdots,\ \Delta x_n=x_n-x_{n-1}.$$

过区间端点作垂直于x轴的直线，这样就可以将曲边梯形分割为n个细长的小曲边梯形S_i（$i=1$，2，…，n）（图 5.2）.

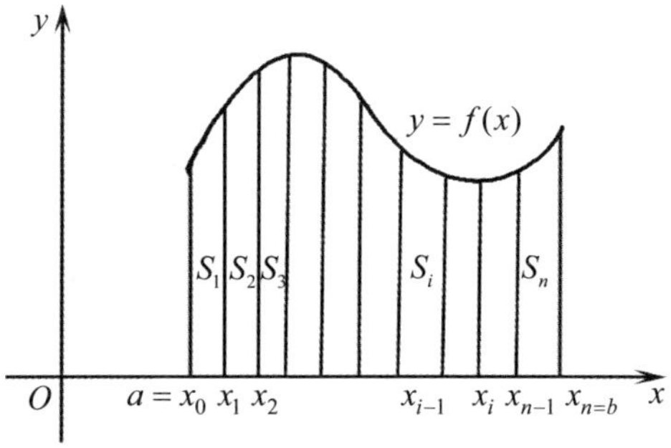

图 5.2

（2）近似：在区间$[x_{i-1},x_i]$（$i=1$，2，…，n）上任取一点ξ_i，以$f(\xi_i)$为高，以Δx_i为底作窄矩形（图 5.3），以窄矩形的面积$f(\xi_i)\Delta x_i$作为相应窄曲边梯形面积的近似值（图 5.4），即

$$A_i\approx f(\xi_i)\Delta x_i\ (i=1,2,\cdots,n).$$

（3）求和：将这样得到的n个窄矩形的面积之和作为曲边梯形面积A的近似值，即

$$A\approx f(\xi_1)\Delta x_1+f(\xi_2)\Delta x_2+\cdots+f(\xi_n)\Delta x_n=\sum_{i=1}^{n}f(\xi_i)\Delta x_i.$$

（4）取极限：为使所有的小区间长度趋于 0，只需要让所有小区间长度的最

大值趋于 0 即可，记

$$\lambda = \max\{\Delta x_1, \Delta x_2, \cdots, \Delta x_n\},$$

当 $\lambda \to 0$ 时（此时对应小区间的个数 n 在无限增多，即 $n \to \infty$），上述和式的极限即为曲边梯形的面积，即

$$A = \lim_{\lambda \to 0} \sum_{i=1}^{n} f(\xi_i)\Delta x_i .$$

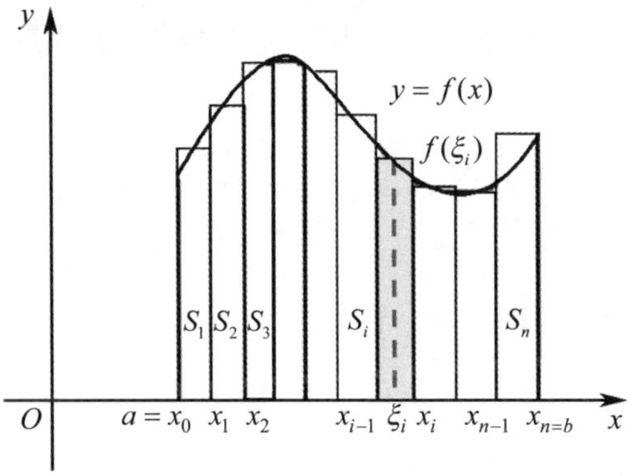

图 5.3

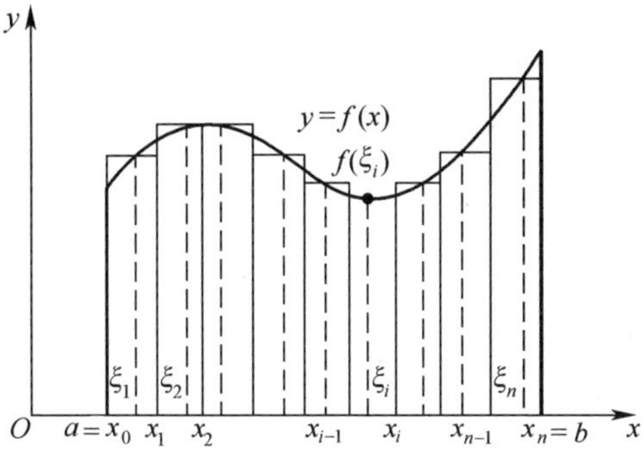

图 5.4

2. 收益问题

假设某商品的价格 $P = P(x)$ 是销售量 x 的函数. 计算当销售量从 a 变化到 b 时的收益 R 为多少（设 x 为连续变量）.

由于价格随销售量的变动而变动，不能直接用销售量乘以价格的公式来计算收益. 类似于求曲边梯形的面积，按以下步骤来求收益 R .

（1）分割：在区间 $[a,b]$ 内任意插入 $n-1$ 个分点

$$a = x_0 < x_1 < \cdots < x_{n-1} < x_n = b ,$$

将销售量区间$[a,b]$分成n个销售段$[x_0, x_1]$，$[x_1, x_2]$，$\cdots$，$[x_{n-1}, x_n]$，它们的长度分别记为

$$\Delta x_1 = x_1 - x_0 , \Delta x_2 = x_2 - x_1 , \cdots , \Delta x_n = x_n - x_{n-1} .$$

（2）近似：在销售段$[x_{i-1}, x_i]$中任取一点ξ_i，把$P(\xi_i)$作为该段的近似价格，则销售段$[x_{i-1}, x_i]$上收益的近似值为

$$R_i \approx P(\xi_i)\Delta x_i \ (i = 1, 2, \cdots, n).$$

（3）求和：n个销售段上收益的近似值之和即为销售量区间段$[a,b]$上收益的近似值，即

$$R \approx \sum_{i=1}^{n} P(\xi_i)\Delta x_i \ (i = 1, 2, \cdots, n).$$

（4）取极限：令$\lambda = \max\{\Delta x_1, \Delta x_2, \cdots, \Delta x_n\}$，则当$\lambda \to 0$时，所有的区间长度都趋近于 0，上述和式的极限就是收益R，即

$$R = \lim_{\lambda \to 0} \sum_{i=1}^{n} P(\xi_i)\Delta x_i .$$

结合这两个不同学科领域的问题，可以总结出它们的共性：解决问题的思路和方法是完全相同的；最终所求量的表达式的结构完全一样，都是某种和式的极限．事实上，还有其他的一些实际问题也可以采用同样的方式来表达．例如，物理学上的变速直线运动的路程，变力沿直线做功等，这些问题的所求量最终仍是用相同结构的和式的极限来表达．不考虑这些问题的实际意义，根据它们的共性，就可以抽象出如下定积分的定义．

5.1.2 定积分的定义

定积分的定义

定义 5.1.1 设函数$f(x)$在区间$[a,b]$上有界，在$[a,b]$中任意插入$n-1$个分点

$$a = x_0 < x_1 < \cdots < x_{n-1} < x_n = b ,$$

将区间$[a,b]$分成n个小区间$[x_0, x_1]$，$[x_1, x_2]$，$\cdots$，$[x_{n-1}, x_n]$，它们的长度记作$\Delta x_i = x_i - x_{i-1}$（$i = 1, 2, \cdots, n$）．记$\lambda = \max\limits_{1 \leqslant i \leqslant n}\{\Delta x_i\}$，任取$\xi_i \in [x_{i-1}, x_i]$（$i = 1, 2, \cdots, n$），作乘积$f(\xi_i)\Delta x_i$并求和$\sum\limits_{i=1}^{n} f(\xi_i)\Delta x_i$．不论区间$[a,b]$怎么分割、$\xi_i$在每个区间上怎么取，只要$\lambda \to 0$时，极限$\lim\limits_{\lambda \to 0}\sum\limits_{i=1}^{n} f(\xi_i)\Delta x_i$总存在确定的值$I$，则称$I$为函

数 $f(x)$ 在区间 $[a,b]$ 上的**定积分**，记作 $\int_a^b f(x)\mathrm{d}x$，即

$$\int_a^b f(x)\mathrm{d}x=\lim_{\lambda\to 0}\sum_{i=1}^{n} f(\xi_i)\Delta x_i ,$$

此时称 $f(x)$ 在区间 $[a,b]$ 上**可积**，其中 $\sum_{i=1}^{n} f(\xi_i)\Delta x_i$ 称为**积分和**，a 称为**积分下限**，b 称为**积分上限**，$f(x)$ 称为**被积函数**，x 称为**积分变量**，$[a,b]$ 称为**积分区间**.

上述定积分的定义是由德国数学家黎曼（Riemann）给出的，因此常称它为黎曼积分. 对于定积分的定义，做以下几点说明.

（1）当极限 I 不存在时，称函数 $f(x)$ 在区间 $[a,b]$ 上不可积.

（2）根据定义，定积分表示一个数. 如果被积函数保持不变，积分区间不变，只改变积分变量 x 为其他写法，如 t 或者 u 等，不会改变极限的值. 所以定积分的值跟积分变量的写法无关，即

$$\int_a^b f(x)\mathrm{d}x=\int_a^b f(u)\mathrm{d}u=\int_a^b f(t)\mathrm{d}t .$$

（3）定义中要求积分限 $a<b$. 当 $a\geqslant b$ 时，规定：

当 $a=b$ 时，$\int_a^b f(x)\mathrm{d}x=0$；

当 $a>b$ 时，$\int_b^a f(x)\mathrm{d}x=-\int_a^b f(x)\mathrm{d}x$.

（4）由定积分的定义可知，在已知函数 $f(x)$ 在区间 $[a,b]$ 上可积的前提下，$\int_a^b f(x)\mathrm{d}x$ 的值与区间 $[a,b]$ 的分割方法和点 ξ_i 在每个区间上的取法无关，因此可以用方便的分割方式（例如 n 等分）及特殊的取值点（例如区间的左、右端点）来求定积分的值.

根据定积分的定义和记法，本节开始引用的两个实例表示如下：

（1）由连续曲线 $y=f(x)$（$f(x)\geqslant 0$），直线 $x=a$，$x=b$（$a<b$）和 x 轴围成的曲边梯形的面积 A 为 $f(x)$ 在区间 $[a,b]$ 上的定积分，即

$$A=\int_a^b f(x)\mathrm{d}x .$$

（2）已知销售量函数 $P=P(x)$，在销售区间段 $[a,b]$ 上的收益 R 为 $P(x)$ 在区间 $[a,b]$ 上的定积分，即

$$R=\int_a^b P(x)\mathrm{d}x .$$

对于定积分，当函数 $f(x)$ 满足什么条件时，$f(x)$ 在区间 $[a,b]$ 上是可积的呢？可积性涉及的知识比较多，下面不加证明地给出两个可积的充分条件.

定理 5.1.1　设 $f(x)$ 在区间 $[a,b]$ 上连续，则 $f(x)$ 在 $[a,b]$ 上可积.

定理 5.1.2 设 $f(x)$ 在区间 $[a,b]$ 上有界，并且只有有限个第一类间断点，则 $f(x)$ 在 $[a,b]$ 上可积.

下面举一个按定义计算定积分的例子.

例 5.1.1 利用定义计算定积分 $\int_0^1 x^2\mathrm{d}x$.

解 由可积的充分条件可知，连续函数 $f(x)=x^2$ 在区间 $[0,1]$ 上是可积的，所以定积分的值与区间 $[0,1]$ 的分法以及点 ξ_i 的取法无关.

为了便于计算，将区间 $[0,1]$ 分成 n 等份，则分点可表示为 $x_i=\frac{i}{n}$（$i=1, 2, \cdots, n$），区间长度

$$\Delta x_i=\frac{1}{n}\ (i=1, 2, \cdots, n),$$

在每个小区间上取右端点

$$\xi_i=x_i\ (i=1, 2, \cdots, n),$$

因此，积分和

$$\begin{aligned}\sum_{i=1}^{n} f(\xi_i)\Delta x_i &= \sum_{i=1}^{n}\xi_i^2\Delta x_i=\sum_{i=1}^{n}x_i^2\Delta x_i=\sum_{i=1}^{n}\left(\frac{i}{n}\right)^2\cdot\frac{1}{n}=\frac{1}{n^3}\sum_{i=1}^{n}i^2\\ &=\frac{1}{n^3}\cdot\frac{1}{6}n(n+1)(2n+1)=\frac{1}{6}\left(1+\frac{1}{n}\right)\left(2+\frac{1}{n}\right).\end{aligned}$$

由定积分的定义，得

$$\int_0^1 x^2\mathrm{d}x=\lim_{\lambda\to 0}\sum_{i=1}^{n}\xi_i^2\Delta x_i=\lim_{n\to\infty}\frac{1}{6}\left(1+\frac{1}{n}\right)\left(2+\frac{1}{n}\right)=\frac{1}{3}.$$

5.1.3 定积分的几何意义

下面将讨论定积分的几何意义.

由本节的第一个实例——曲边梯形的面积问题，不难看出，在区间 $[a,b]$ 上有如下结论.

（1）$f(x)\geqslant 0$ 时，定积分 $\int_a^b f(x)\mathrm{d}x$ 在几何上表示由连续曲线 $y=f(x)$，直线 $x=a$，$x=b$（$a<b$）和 x 轴围成的曲边梯形的面积.

（2）$f(x)\leqslant 0$ 时，曲线 $y=f(x)$，直线 $x=a$，$x=b$（$a<b$）和 x 轴围成的曲边梯形位于 x 轴的下方，此时定积分 $\int_a^b f(x)\mathrm{d}x$ 在几何上表示上述曲边梯形面积的负值.

（3）$y=f(x)$ 既有正值又有负值时，函数 $f(x)$ 的图形某些部分在 x 轴的上

方，某些部分在 x 轴的下方（图 5.5），此时定积分 $\int_a^b f(x)\mathrm{d}x$ 在几何上表示 x 轴上方图形面积与下方图形面积之差.

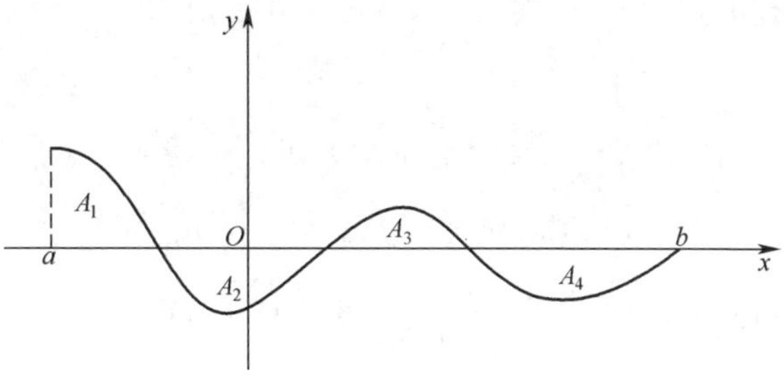

图 5.5

利用定积分的几何意义可以计算一些定积分.

例 5.1.2　计算定积分 $\int_0^2 \sqrt{2x-x^2}\mathrm{d}x$.

解　此定积分的被积函数为 $f(x)=\sqrt{2x-x^2}\geqslant 0$，$x\in[0,2]$. 因此定积分的值等于由曲线 $y=\sqrt{2x-x^2}$，直线 $x=0$，$x=2$ 和 x 轴围成的半圆（特殊的曲边梯形）的面积. 所以

$$\int_0^2 \sqrt{2x-x^2}\mathrm{d}x=\frac{1}{2}\times\pi\times1^2=\frac{\pi}{2}.$$

根据几何意义可得以下重要结论.

设 $f(x)$ 在 $[-a,a]$ 上连续，则有

（1）若 $f(x)$ 为偶函数，则 $\int_{-a}^{a} f(x)\mathrm{d}x=2\int_0^a f(x)\mathrm{d}x$.

（2）若 $f(x)$ 为奇函数，则 $\int_{-a}^{a} f(x)\mathrm{d}x=0$.

例 5.1.3　计算定积分 $\int_{-\pi}^{\pi}\sin x\mathrm{d}x$.

解　正弦函数 $f(x)=\sin x$ 在 $[-\pi,\pi]$ 上是连续奇函数，从而有

$$\int_{-\pi}^{\pi}\sin x\mathrm{d}x=0.$$

5.1.4　定积分的性质

在下面的讨论中假设被积函数是可积的，如无特别指明，对积分的上下限的大小不加限制.

定积分的性质

性质 5.1.1　$\int_a^b[f(x)\pm g(x)]\mathrm{d}x=\int_a^b f(x)\mathrm{d}x\pm\int_a^b g(x)\mathrm{d}x$.

性质 5.1.2 $\int_a^b kf(x)\mathrm{d}x = k\int_a^b f(x)\mathrm{d}x$（$k$ 为常数）.

性质 5.1.1 和性质 5.1.2 可推广到被积函数为有限个函数的代数和的情形.

性质 5.1.3（积分区间可加性） 设 $a<c<b$，则

$$\int_a^b f(x)\mathrm{d}x = \int_a^c f(x)\mathrm{d}x + \int_c^b f(x)\mathrm{d}x .$$

注意：不论 a，b，c 的相对位置如何，上述等式总是成立的.

例如，若 $a<b<c$，$\int_a^c f(x)\mathrm{d}x = \int_a^b f(x)\mathrm{d}x + \int_b^c f(x)\mathrm{d}x$，则

$$\int_a^b f(x)\mathrm{d}x = \int_a^c f(x)\mathrm{d}x - \int_b^c f(x)\mathrm{d}x = \int_a^c f(x)\mathrm{d}x + \int_c^b f(x)\mathrm{d}x .$$

其他情况同理可以证明，因此有如下的推论.

推论 5.1.1 $\int_a^b f(x)\mathrm{d}x = \left(\int_a^c + \int_c^d + \cdots + \int_n^m + \int_m^b\right) f(x)\mathrm{d}x$（首尾相接）.

性质 5.1.4 $\int_a^b 1\cdot \mathrm{d}x = \int_a^b \mathrm{d}x = b-a$，从而 $\int_a^b k\mathrm{d}x = k\int_a^b \mathrm{d}x = k(b-a)$.

性质 5.1.5 如果在区间 $[a,b]$ 上 $f(x) \leqslant g(x)$，则 $\int_a^b f(x)\mathrm{d}x \leqslant \int_a^b g(x)\mathrm{d}x$（$a<b$）.

推论 5.1.2 如果在区间 $[a,b]$ 上 $f(x) \geqslant 0$，则 $\int_a^b f(x)\mathrm{d}x \geqslant 0$（$a<b$）.

注意：若在区间 $[a,b]$ 上 $f(x)>0$，则 $\int_a^b f(x)\mathrm{d}x > 0$.

推论 5.1.3 $\left|\int_a^b f(x)\mathrm{d}x\right| \leqslant \int_a^b |f(x)|\mathrm{d}x$（$a<b$）.

证明 因为 $-|f(x)| \leqslant f(x) \leqslant |f(x)|$，所以由性质 5.1.5 得

$$-\int_a^b |f(x)|\mathrm{d}x \leqslant \int_a^b f(x)\mathrm{d}x \leqslant \int_a^b |f(x)|\mathrm{d}x ,$$

即

$$\left|\int_a^b f(x)\mathrm{d}x\right| \leqslant \int_a^b |f(x)|\mathrm{d}x \ (a<b) .$$

例 5.1.4 比较定积分 $\int_1^2 \ln x\mathrm{d}x$ 与 $\int_1^2 x\mathrm{d}x$ 的大小.

解 设 $f(x) = x - \ln x$，$x \in [1,2]$. 因为在闭区间 $[1,2]$ 上 $f(x)>0$，所以由推论 5.1.2 得 $\int_1^2 (x-\ln x)\mathrm{d}x > 0$，即

$$\int_1^2 \ln x\mathrm{d}x < \int_1^2 x\mathrm{d}x .$$

性质 5.1.6（估值定理） 设函数 $f(x)$ 在 $[a,b]$ 上的最大值和最小值分别是 M 及 m，如图 5.6 所示，则

$$m(b-a)\leqslant\int_a^b f(x)\mathrm{d}x\leqslant M(b-a)\ (a<b).$$

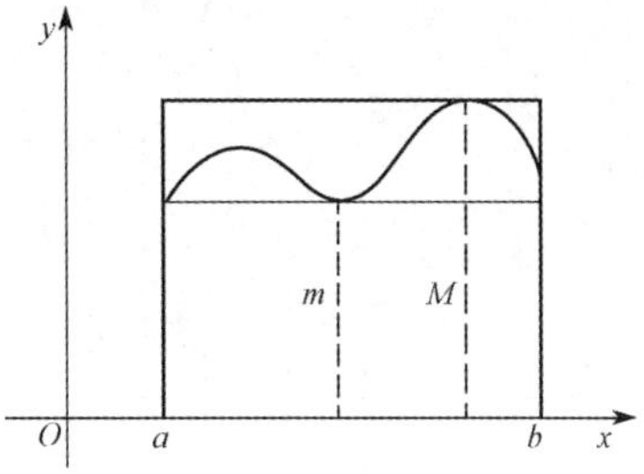

图 5.6

利用性质 5.1.4 和性质 5.1.5，易证明性质 5.1.6，读者可自行验证.

例 5.1.5　估计积分 $\int_0^{\pi}\frac{1}{3+\sin^3 x}\mathrm{d}x$ 的值.

解　令 $f(x)=\frac{1}{3+\sin^3 x}$，$x\in[0,\pi]$. 因为在闭区间 $[0,\pi]$ 上 $0\leqslant\sin^3 x\leqslant 1$，所以

$$\frac{1}{4}\leqslant\frac{1}{3+\sin^3 x}\leqslant\frac{1}{3}.$$

从而由性质 5.1.6 知

$$\frac{1}{4}(\pi-0)\leqslant\int_0^{\pi}\frac{1}{3+\sin^3 x}\mathrm{d}x\leqslant\frac{1}{3}(\pi-0),$$

即

$$\frac{\pi}{4}\leqslant\int_0^{\pi}\frac{1}{3+\sin^3 x}\mathrm{d}x\leqslant\frac{\pi}{3}.$$

性质 5.1.7（积分中值定理）　如果函数 $f(x)$ 在区间 $[a,b]$ 上连续，则至少存在一点 $\xi\in[a,b]$，使得

$$\int_a^b f(x)\mathrm{d}x=f(\xi)(b-a)\ (a\leqslant\xi\leqslant b).$$

证明　$f(x)$ 在区间 $[a,b]$ 上连续，则 $f(x)$ 在区间 $[a,b]$ 上必存在最大值和最小值. 设 $f(x)$ 在 $[a,b]$ 上的最大值、最小值分别是 M 和 m，则由性质 5.1.6 可得

$$m\leqslant\frac{1}{b-a}\int_a^b f(x)\mathrm{d}x\leqslant M.$$

根据闭区间上连续函数的介值定理，在 $[a,b]$ 上至少存在一点 $\xi\in[a,b]$，使得 $f(\xi)=\frac{1}{b-a}\int_a^b f(x)\mathrm{d}x$，因此定理成立.

注意：积分中值定理有如下几何意义（图 5.7），即曲边梯形的面积等于以 $b-a$ 为底，以 $f(\xi)$ 为高的矩形面积，其中 $f(\xi)=\dfrac{1}{b-a}\int_a^b f(x)\mathrm{d}x$ 称为函数 $f(x)$ 在区间 $[a,b]$ 上的平均值.

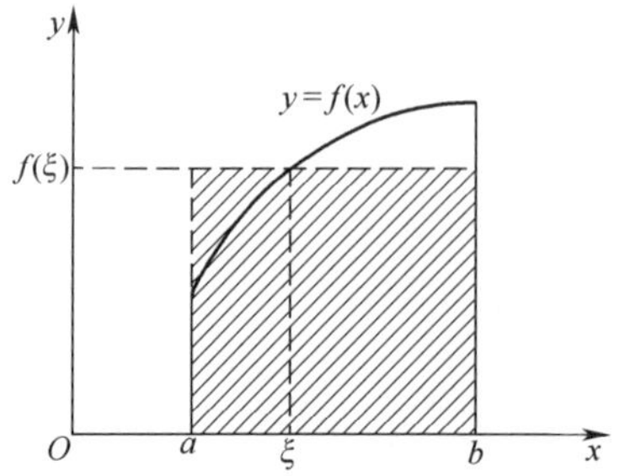

图 5.7

例 5.1.6 由定积分几何意义，确定函数 $f(x)=\sqrt{4-x^2}$ 在区间 $[-2,2]$ 上的平均值.

解 由积分中值定理知，所求平均值为

$$f(\xi)=\frac{1}{2-(-2)}\int_{-2}^{2}\sqrt{4-x^2}\mathrm{d}x=\frac{1}{4}\int_{-2}^{2}\sqrt{4-x^2}\mathrm{d}x .$$

由定积分的几何意义知，$\int_{-2}^{2}\sqrt{4-x^2}\mathrm{d}x$ 表示由曲线 $y=\sqrt{4-x^2}$，直线 $x=-2$，$x=2$ 及 x 轴围成图形的面积，正是以原点为圆心、半径 $R=2$ 的上半圆的面积，于是

$$\int_{-2}^{2}\sqrt{4-x^2}\mathrm{d}x=\frac{1}{2}\cdot\pi\cdot 2^2=2\pi ,$$

所以

$$f(\xi)=\frac{1}{4}\cdot 2\pi=\frac{\pi}{2} .$$

5.2 微积分基本公式

微积分基本公式

从例 5.1.1 的计算过程可以看到，即使被积函数非常简单，用定积分的定义计算也是非常困难和复杂的. 因此寻找一种简单有效的计算方法是积分学的一个关键问题. 牛顿和莱布尼茨开辟了求定积分的新途径，首先发现了定积分与原函数之间存在着深刻的内在联系，然后推导出了计算定积分的重要公式——**牛顿—莱布尼茨公式**.

5.2.1　积分上限函数及其导数

设函数 $f(x)$ 在区间 $[a,b]$ 上连续，则定积分 $\int_a^b f(x)\mathrm{d}x$ 一定存在，在几何学上表示曲边梯形的面积．对任意 $x\in[a,b]$，考察定积分 $\int_a^x f(x)\mathrm{d}x$，它表示曲边梯形的部分面积 $\Phi(x)$（图 5.8）．当上限 x 在区间 $[a,b]$ 上任意变动时，曲边梯形的面积 $\Phi(x)$ 也在随之变化，对于每一个取定的值 $x\in[a,b]$，总有一个值与之对应，因此 $\int_a^x f(x)\mathrm{d}x$ 是 x 的函数，称为**积分上限函数**，记作

$$\Phi(x)=\int_a^x f(x)\mathrm{d}x\ (a\leqslant x\leqslant b).$$

注意：因为定积分的取值与积分变量无关，所以为了明确起见，积分上限函数常记作 $\Phi(x)=\int_a^x f(t)\mathrm{d}t\ (a\leqslant x\leqslant b)$．

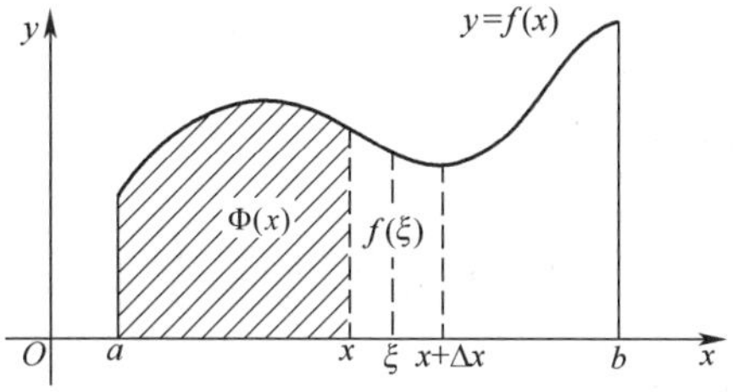

图 5.8

积分上限函数具有如下非常重要的性质．

定理 5.2.1　如果 $f(x)$ 在 $[a,b]$ 上连续，则积分上限函数 $\Phi(x)=\int_a^x f(t)\mathrm{d}t$ 在 $[a,b]$ 上具有导数，且它的导数是

$$\Phi'(x)=\frac{\mathrm{d}}{\mathrm{d}x}\int_a^x f(t)\mathrm{d}t=f(x)\ (a\leqslant x\leqslant b).$$

证明　利用导数的定义来证明此结论．若 $x\in(a,b)$，且 $x+\Delta x\in(a,b)$，则对应的函数值的增量

$$\Delta\Phi=\Phi(x+\Delta x)-\Phi(x)=\int_a^{x+\Delta x} f(t)\mathrm{d}t-\int_a^x f(t)\mathrm{d}t=\int_x^{x+\Delta x} f(t)\mathrm{d}t.$$

由积分中值定理可得

$$\int_x^{x+\Delta x} f(t)\mathrm{d}t=f(\xi)\Delta x,\ \xi \text{落在} x \text{与} x+\Delta x \text{之间},$$

所以

$$\lim_{\Delta x\to 0}\frac{\Delta\Phi}{\Delta x}=\lim_{\Delta x\to 0}f(\xi)=\lim_{\xi\to x}f(\xi)=f(x),$$

即 $\Phi'(x)=f(x)$.

当 $x=a$ 时，取 $\Delta x>0$，同理可证 $\Phi'_+(a)=f(a)$；当 $x=b$ 时，取 $\Delta x<0$，同理可证 $\Phi'_-(b)=f(b)$. 综上所述，

$$\Phi'(x)=\frac{\mathrm{d}}{\mathrm{d}x}\int_a^x f(t)\mathrm{d}t=\left(\int_a^x f(t)\mathrm{d}t\right)'=f(x)\ (a\leqslant x\leqslant b).$$

定义 5.2.1 如果在区间 I 上，可导函数 $F(x)$ 的导数为 $f(x)$，即对于 $\forall x\in I$，恒有

$$F'(x)=f(x)\ \text{或}\ \mathrm{d}F(x)=f(x)\mathrm{d}x,$$

那么函数 $F(x)$ 就称为 $f(x)$ 在区间 I 上的一个**原函数**.

利用复合函数的求导法则，可进一步得到下列公式.

（1）$\dfrac{\mathrm{d}}{\mathrm{d}x}\displaystyle\int_a^{\varphi(x)}f(t)\mathrm{d}t=f(\varphi(x))\varphi'(x)$.

（2）$\dfrac{\mathrm{d}}{\mathrm{d}x}\displaystyle\int_{\psi(x)}^{b}f(t)\mathrm{d}t=-f(\psi(x))\psi'(x)$.

（3）$\dfrac{\mathrm{d}}{\mathrm{d}x}\displaystyle\int_{\psi(x)}^{\varphi(x)}f(t)\mathrm{d}t=f(\varphi(x))\varphi'(x)-f(\psi(x))\psi'(x)$.

上述公式的证明读者可自行完成.

例 5.2.1 计算下列导数：

（1）$\dfrac{\mathrm{d}}{\mathrm{d}x}\displaystyle\int_0^x\sqrt{1+\sin^2 t}\,\mathrm{d}t$；（2）$\dfrac{\mathrm{d}}{\mathrm{d}x}\displaystyle\int_0^{2x}\cos^3 t^2\mathrm{d}t$；（3）$\dfrac{\mathrm{d}}{\mathrm{d}x}\displaystyle\int_{x^2}^{x^3}\frac{\mathrm{d}t}{\sqrt{1+t^2}}$.

解 （1）$\dfrac{\mathrm{d}}{\mathrm{d}x}\displaystyle\int_0^x\sqrt{1+\sin^2 t}\,\mathrm{d}t=\sqrt{1+\sin^2 x}$.

（2）$\dfrac{\mathrm{d}}{\mathrm{d}x}\displaystyle\int_0^{2x}\cos^3 t^2\mathrm{d}t=\cos^3(4x^2)\cdot(2x)'=2\cos^3(4x^2)$.

（3）$\dfrac{\mathrm{d}}{\mathrm{d}x}\displaystyle\int_{x^2}^{x^3}\frac{\mathrm{d}t}{\sqrt{1+t^2}}=\frac{1}{\sqrt{1+x^6}}\cdot(x^3)'-\frac{1}{\sqrt{1+x^4}}\cdot(x^2)'=\frac{3x^2}{\sqrt{1+x^6}}-\frac{2x}{\sqrt{1+x^4}}$.

例 5.2.2 计算极限 $\lim\limits_{x\to 0}\dfrac{\int_{\cos x}^1\mathrm{e}^{-t^2}\mathrm{d}t}{x^2}$.

解 这是 $\dfrac{0}{0}$ 型未定式，可用洛必达法则，同时将积分号去掉. 因为

$$\frac{\mathrm{d}}{\mathrm{d}x}\int_{\cos x}^1\mathrm{e}^{-t^2}\mathrm{d}t=-\mathrm{e}^{-\cos^2 x}\cdot(\cos x)'=\sin x\cdot\mathrm{e}^{-\cos^2 x},$$

所以

$$\lim_{x\to 0}\frac{\int_{\cos x}^{1}\mathrm{e}^{-t^2}\mathrm{d}t}{x^2}=\lim_{x\to 0}\frac{\sin x\cdot \mathrm{e}^{-\cos^2 x}}{2x}=\frac{1}{2\mathrm{e}}.$$

5.2.2　牛顿—莱布尼茨公式

定理 5.2.1 具有非常重要的意义：如果函数 $f(x)$ 在 $[a,b]$ 上连续，那么积分上限函数 $\Phi(x)=\int_a^x f(t)\mathrm{d}t$ 是它的一个原函数，由此，我们得到下面的原函数存在定理.

定理 5.2.2　如果 $f(x)$ 在 $[a,b]$ 上连续，则积分上限函数

$$\Phi(x)=\int_a^x f(t)\mathrm{d}t$$

就是 $f(x)$ 在 $[a,b]$ 上的一个原函数.

定理 5.2.2 一方面肯定了连续函数一定有原函数，另一方面建立了定积分与原函数之间的联系. 因此，就有可能通过原函数来计算定积分.

定理 5.2.3　如果函数 $F(x)$ 是连续函数 $f(x)$ 在 $[a,b]$ 上的一个原函数，则

$$\int_a^b f(x)\mathrm{d}x=F(b)-F(a). \tag{5.2.3}$$

证明　由已知条件 $F(x)$ 是连续函数 $f(x)$ 在 $[a,b]$ 上的一个原函数，根据定理 5.2.2，$\Phi(x)=\int_a^x f(t)\mathrm{d}t$ 也是 $f(x)$ 的一个原函数. 由推论 4.1.2 知，$F(x)$ 与 $\Phi(x)$ 至多差一个常数，即

$$F(x)-\Phi(x)=C\,,\quad x\in[a,b].$$

在上式中，令 $x=a$，得 $F(a)-\Phi(a)=C$. 又因为 $\Phi(a)=\int_a^a f(t)\mathrm{d}t=0$，所以 $F(a)=C$. 于是 $F(x)-\int_a^x f(t)\mathrm{d}t=F(a)$，即

$$\int_a^x f(x)\mathrm{d}x=F(x)-F(a).$$

在上式中令 $x=b$，即得 $\int_a^b f(x)\mathrm{d}x=F(b)-F(a)$.

为方便起见，公式（5.2.3）记作

$$\int_a^b f(x)\mathrm{d}x=\left[F(x)\right]_a^b \quad 或者 \quad \int_a^b f(x)\mathrm{d}x=F(x)\Big|_a^b.$$

公式（5.2.3）称为**牛顿—莱布尼茨公式**. 这个公式表明：一个连续函数在区间 $[a,b]$ 上的定积分等于它的任意一个原函数在区间 $[a,b]$ 上的增量. 它巧妙地将

定积分的计算转化到求被积函数的原函数上，最后计算原函数在积分区间上的增量．这就给定积分的运算提供了一个有效而简便的计算方法，大大简化了定积分的运算过程．

例 5.2.3 计算定积分 $\int_0^2 x^3 \mathrm{d}x$．

解 由于 $\left(\frac{1}{4}x^4\right)' = x^3$，即 $\frac{1}{4}x^4$ 是 x^3 的一个原函数，所以按照牛顿—莱布尼茨公式，得

$$\int_0^2 x^3 \mathrm{d}x = \left[\frac{1}{4}x^4\right]_0^2 = 4 - 0 = 4 .$$

例 5.2.4 计算定积分 $\int_0^{\frac{\pi}{2}} \sin 2x \mathrm{d}x$．

解 由于 $\left(-\frac{1}{2}\cos 2x\right)' = \sin 2x$，即 $-\frac{1}{2}\cos 2x$ 是 $\sin 2x$ 的一个原函数，所以

$$\int_0^{\frac{\pi}{2}} \sin 2x \mathrm{d}x = \left[-\frac{1}{2}\cos 2x\right]_0^{\frac{\pi}{2}} = \frac{1}{2}(\cos 0 - \cos \pi) = 1 .$$

5.3 不定积分的概念与性质

不定积分的概念

5.3.1 不定积分的概念

在微分学中，我们讨论了根据总成本函数来研究每增加一个单位产品后，总成本增加的数量问题，即边际成本问题．例如，已知生产某产品的总成本函数为 $C(x)$，则边际成本即为总成本函数的导数 $C'(x)$．实际上，在经济学中，常常遇到相反的问题，即已知生产某产品的边际成本函数 $f(x)$，求出生产 x 个产品的总成本函数 $C(x)$．显然在这个问题中隐含着如下的条件：所求的函数 $C(x)$ 应该满足

$$C'(x) = f(x) .$$

上述的反问题在经济学的其他问题中普遍存在，即已知一个函数的导数或微分，去寻求原来的函数，即原函数．

由牛顿—莱布尼茨公式知，求定积分 $\int_a^b f(x)\mathrm{d}x$ 的问题可以转化为求被积函数 $f(x)$ 的原函数 $F(x)$ 在区间 $[a,b]$ 上的增量问题．因此计算定积分关键的一步就是寻找被积函数的一个原函数．

首先，一个函数具备什么样的条件，就一定存在原函数呢？由定理 5.2.2 可知，连续函数一定有原函数.

其次，若 $F(x)$ 是 $f(x)$ 的原函数，即 $F'(x)=f(x)$，则对于任意常数 C，$F(x)+C$ 都是 $f(x)$ 的原函数．下面不加证明地给出如下定理.

定理 5.3.1　若 $F'(x)=f(x)$，则 $F(x)+C$（C 为任意常数）表示 $f(x)$ 的所有原函数.

称集合 $\{F(x)+C\,|\,-\infty<C<+\infty\}$ 为 $f(x)$ 的**原函数族**．由此，引入下面的定义.

定义 5.3.1　在区间 I 上，函数 $f(x)$ 的所有原函数的全体，称为 $f(x)$ 在区间 I 上的不定积分，记作

$$\int f(x)\mathrm{d}x,$$

其中 $\int$ 称为**积分号**，$f(x)$ 称为**被积函数**，$f(x)\mathrm{d}x$ 称为**被积表达式**，x 称为**积分变量**.

由此定义及前面的结论可知，若 $F(x)$ 是 $f(x)$ 在区间 I 上的一个原函数，则 $f(x)$ 的不定积分的结果可表示为

$$\int f(x)\mathrm{d}x=F(x)+C.$$

注意：（1）不定积分和原函数是两个不同的概念，前者是个集合，后者是该集合中的一个元素.

（2）求不定积分，只需求出它的一个原函数，再加上一个任意常数 C.

例 5.3.1　计算不定积分 $\int 3x^2\mathrm{d}x$.

解　因为 $(x^3)'=3x^2$，所以 $\int 3x^2\mathrm{d}x=x^3+C$.

例 5.3.2　计算不定积分 $\int \sec^2 x\mathrm{d}x$.

解　因为 $(\tan x)'=\sec^2 x$，所以 $\int \sec^2 x\mathrm{d}x=\tan x+C$.

例 5.3.3　计算不定积分 $\int \frac{1}{x}\mathrm{d}x$.

解　由于 $x>0$ 时，$(\ln x)'=\frac{1}{x}$，因此 $\ln x$ 是 $\frac{1}{x}$ 在 $(0,+\infty)$ 上的一个原函数，因此在区间 $(0,+\infty)$ 内，

$$\int \frac{1}{x}\mathrm{d}x=\ln x+C.$$

又当 $x<0$ 时，$[\ln(-x)]'=\frac{1}{x}$，所以 $\ln(-x)$ 是 $\frac{1}{x}$ 在 $(-\infty,0)$ 上的一个原函数，

因此在区间$(-\infty,0)$内，

$$\int\frac{1}{x}\mathrm{d}x=\ln(-x)+C .$$

综上所述，有 $\int\frac{1}{x}\mathrm{d}x=\ln|x|+C$（$x\neq 0$）.

5.3.2 不定积分的几何意义

由于$\int f(x)\mathrm{d}x=F(x)+C$，对于给定的常数$C$，都有一个与$f(x)$相应的原函数，在几何上对应一条曲线，我们称它为$f(x)$的一条**积分曲线**. 又因为$C$可以取任意值，所以$F(x)+C$对应于一族曲线，称之为$f(x)$的**积分曲线族**. 显然，积分曲线族中的任何一条曲线，在横坐标同为x_0的点处的切线斜率都为$f(x_0)$. 换言之，积分曲线族在同一横坐标$x=x_0$处的切线互相平行（图 5.9）.

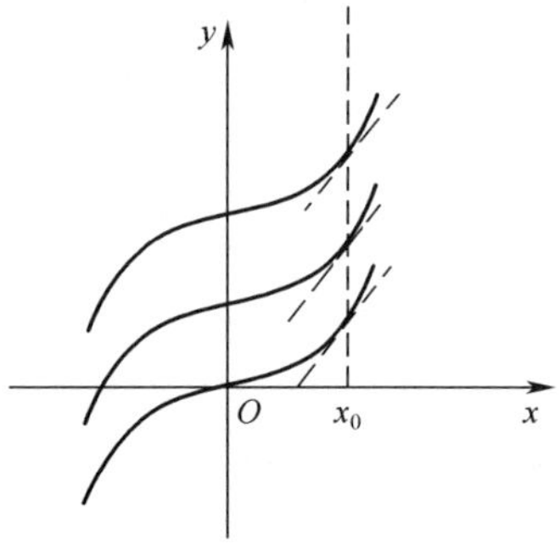

图 5.9

例 5.3.4 设曲线通过点$(1,2)$，且其上任一点处的切线斜率等于这点横坐标的两倍，求此曲线方程.

解 设曲线方程$y=f(x)$，曲线上任一点处切线的斜率为$\frac{\mathrm{d}y}{\mathrm{d}x}=2x$，即$f(x)$是$2x$的一个原函数. 因为$f(x)=\int 2x\mathrm{d}x=x^2+C$，曲线过点$(1,2)$，所以$2=1+C$，$C=1$. 于是曲线方程为$y=x^2+1$.

5.3.3 不定积分的性质

不定积分的性质

根据不定积分的定义，可以推得如下性质.

性质 5.3.1 由积分运算与微分运算互为逆运算，可得

（1）$\left[\int f(x)\mathrm{d}x\right]'=f(x)$或$\mathrm{d}\left[\int f(x)\mathrm{d}x\right]=f(x)\mathrm{d}x$.

（2）$\int F'(x)\mathrm{d}x = F(x)+C$ 或 $\int \mathrm{d}F(x) = F(x)+C$.

性质 5.3.2　设函数 $f(x)$ 和 $g(x)$ 的原函数皆存在，则

$$\int[f(x)+g(x)]\mathrm{d}x = \int f(x)\mathrm{d}x + \int g(x)\mathrm{d}x .$$

易得，性质 5.3.2 对于有限个函数都成立.

性质 5.3.3　设函数 $f(x)$ 的原函数存在，k 为任意非零常数，则

$$\int kf(x)\mathrm{d}x = k\int f(x)\mathrm{d}x .$$

5.3.4　基本积分公式

我们把求不定积分的运算称为**积分运算**. 既然积分运算与微分运算是互逆的，那么很自然地从导数公式可以得到相应的积分公式.

例如：因为 $\left(\dfrac{x^{\mu+1}}{\mu+1}\right)' = x^{\mu}$ ，所以 $\int x^{\mu}\mathrm{d}x = \dfrac{x^{\mu+1}}{\mu+1}+C$（$\mu \neq -1$）.

对比基本导数公式可以得到其他积分公式，我们把下面这些积分公式称为**基本积分公式**，见表 5-1.

表 5-1

序号	导数公式	积分公式
1	$(kx)' = k$ （k 为常数）	$\int k\mathrm{d}x = kx + C$ （k 为常数）
2	$(x^{\mu})' = \mu x^{\mu-1}$ （μ 为常数）	$\int x^{\mu}\mathrm{d}x = \dfrac{x^{\mu+1}}{\mu+1}+C$ ，　$\mu \neq -1$
3	$(\ln x)' = \dfrac{1}{x}$	$\int \dfrac{1}{x}\mathrm{d}x = \ln\lvert x\rvert + C$
4	$(a^x)' = a^x \ln a$	$\int a^x\mathrm{d}x = \dfrac{a^x}{\ln a}+C$
5	$(\mathrm{e}^x)' = \mathrm{e}^x$	$\int \mathrm{e}^x\mathrm{d}x = \mathrm{e}^x + C$
6	$(\sin x)' = \cos x$	$\int \cos x\mathrm{d}x = \sin x + C$
7	$(\cos x)' = -\sin x$	$\int \sin x\mathrm{d}x = -\cos x + C$

续表

序号	导数公式	微分公式
8	$(\tan x)'=\sec^2 x=\dfrac{1}{\cos^2 x}$	$\int\sec^2 x\mathrm{d}x=\int\dfrac{1}{\cos^2 x}\mathrm{d}x=\tan x+C$
9	$(\cot x)'=-\csc^2 x=-\dfrac{1}{\sin^2 x}$	$\int\csc^2 x\mathrm{d}x=\int\dfrac{1}{\sin^2 x}\mathrm{d}x=-\cot x+C$
10	$(\sec x)'=\sec x\tan x$	$\int\sec x\tan x\mathrm{d}x=\sec x+C$
11	$(\csc x)'=-\csc x\cot x$	$\int\csc x\cot x\mathrm{d}x=-\csc x+C$
12	$(\arcsin x)'=\dfrac{1}{\sqrt{1-x^2}}$，$(\arccos x)'=-\dfrac{1}{\sqrt{1-x^2}}$	$\int\dfrac{1}{\sqrt{1-x^2}}\mathrm{d}x=\arcsin x+C=-\arccos x+C$
13	$(\arctan x)'=\dfrac{1}{1+x^2}$，$(\mathrm{arc}\cot x)'=-\dfrac{1}{1+x^2}$	$\int\dfrac{1}{1+x^2}\mathrm{d}x=\arctan x+C=-\mathrm{arccot}\, x+C$

例 5.3.5 计算不定积分$\int x\sqrt{x}\mathrm{d}x$.

解 $$\int x\sqrt{x}\mathrm{d}x=\int x^{\frac{3}{2}}\mathrm{d}x=\frac{x^{\frac{3}{2}+1}}{\frac{3}{2}+1}+C=\frac{2}{5}x^{\frac{5}{2}}+C.$$

例 5.3.6 计算不定积分$\int 2^x\mathrm{e}^x\mathrm{d}x$.

解 $$\int 2^x\mathrm{e}^x\mathrm{d}x=\int(2\mathrm{e})^x\mathrm{d}x=\frac{1}{\ln 2\mathrm{e}}(2\mathrm{e})^x+C.$$

例 5.3.7 计算不定积分$\int\left(\dfrac{3}{1+x^2}-\dfrac{2}{\sqrt{1-x^2}}\right)\mathrm{d}x$.

解 $$\begin{aligned}\int\left(\frac{3}{1+x^2}-\frac{2}{\sqrt{1-x^2}}\right)\mathrm{d}x&=3\int\frac{1}{1+x^2}\mathrm{d}x-2\int\frac{1}{\sqrt{1-x^2}}\mathrm{d}x\\&=3\arctan x-2\arcsin x+C.\end{aligned}$$

注意：在分项积分后，不必每项都加任意常数，最后只要写出一个任意常数C就行了.

例 5.3.8 计算不定积分$\int\dfrac{1+x+x^2}{x(1+x^2)}\mathrm{d}x$.

解 $$\int\frac{1+x+x^2}{x(1+x^2)}\mathrm{d}x=\int\frac{(1+x^2)+x}{x(1+x^2)}\mathrm{d}x=\int\left(\frac{1}{x}+\frac{1}{1+x^2}\right)\mathrm{d}x=\ln|x|+\arctan x+C.$$

例 5.3.9　计算不定积分 $\int \frac{x^4}{1+x^2}\mathrm{d}x$.

解　$\int \frac{x^4}{1+x^2}\mathrm{d}x = \int \frac{x^4-1+1}{1+x^2}\mathrm{d}x = \int \left(x^2-1+\frac{1}{1+x^2}\right)\mathrm{d}x$

$$= \frac{x^3}{3} - x + \arctan x + C.$$

注意：例 5.3.8 和例 5.3.9 通过恒等变形可将被积函数拆项，再逐项积分.

例 5.3.10　计算不定积分 $\int \frac{1}{1-\cos 2x}\mathrm{d}x$.

解　$\int \frac{1}{1-\cos 2x}\mathrm{d}x = \frac{1}{2}\int \frac{1}{\sin^2 x}\mathrm{d}x = -\frac{1}{2}\cot x + C$.

例 5.3.11　计算不定积分 $\int \tan^2 x\mathrm{d}x$.

解　$\int \tan^2 x\mathrm{d}x = \int (\sec^2 x - 1)\mathrm{d}x = \tan x - x + C$.

例 5.3.12　计算不定积分 $\int \cos^2 \frac{x}{2}\mathrm{d}x$.

解　$\int \cos^2 \frac{x}{2}\mathrm{d}x = \int \frac{1+\cos x}{2}\mathrm{d}x = \frac{1}{2}(x+\sin x) + C$.

注意：积分运算的结果是否正确，可以通过它的逆运算（求导）来检验，如果它的导数等于被积函数，那么积分结果是正确的，否则是错误的.

例 5.3.13　设某种产品的产量 $Q=Q(t)$，则 Q 关于 t 的导数 $Q'(t)$ 称为此种产品的边际产量．若已知 $Q'(t)=5-\frac{t}{10000}$，试求此产品产量与生产时间的关系.

解　因为 $Q'(t)=5-\frac{t}{10000}$，所以

$$Q(t)=\int Q'(t)\mathrm{d}t=\int\left(5-\frac{t}{10000}\right)\mathrm{d}t = 5t-\frac{t^2}{5000}+C.$$

因为生产时间 $t=0$ 时，产品产量 $Q=0$，所以

$$Q(0)=C=0.$$

因此，产品产量与生产时间的关系为 $Q(t)=5t-\frac{t^2}{5000}$.

5.4　积分的换元法

用直接积分法能求得的原函数是非常有限的，而对于许多常见函数的积分，例如 $\int\sqrt{2x+5}\mathrm{d}x$，$\int x\mathrm{e}^{x^2}\mathrm{d}x$ 等，用直接积分法就不能计算．因此，有必要进一步研

究积分的计算方法．本节将要介绍一种重要的积分法——换元积分法，简称换元法．换元法是与复合函数的求导法则相对应的一个法则，其基本思想是通过适当的变量替换，把所求的积分转化为一个利用新变量表示的容易计算的积分形式，直至最终能够利用基本积分公式与运算法则直接得出结果．

换元积分法通常分为两类：第一类是把积分变量 x 作为自变量，引入中间变量 $u=\varphi(x)$；第二类是把积分变量 x 作为中间变量，引入自变量 t，做变换 $x=\varphi(t)$，从而将复杂的被积函数化为较简单的类型．下面先讨论第一类换元法．

5.4.1 第一类换元积分法（凑微分法）

第一类换元积分法

为了说明这个积分方法，我们先看一个具体的例子．

计算积分

$$\int\sqrt{2x+5}\,\mathrm{d}x, \tag{5.4.1}$$

由基本积分公式知

$$\int\sqrt{x}\,\mathrm{d}x=\frac{2}{3}x^{\frac{3}{2}}+C. \tag{5.4.2}$$

但是

$$\int\sqrt{2x+5}\,\mathrm{d}x\neq\frac{2}{3}(2x+5)^{\frac{3}{2}}+C.$$

这是因为在公式（5.4.2）中被积函数是 $\sqrt{x}$，积分变量也是 x；而在式（5.4.1）中被积函数是 $\sqrt{2x+5}$，而积分变量仍然是 x，所以不能用公式（5.4.2）的结论求式（5.4.1）．在 $\int\sqrt{2x+5}\,\mathrm{d}x$ 中，若假设 $2x+5$ 为积分变量，那么就可以用公式（5.4.2）．由于

$$\begin{aligned}\int\sqrt{2x+5}\,\mathrm{d}x&=\int\sqrt{2x+5}\cdot1\,\mathrm{d}x=\int\sqrt{2x+5}\cdot\frac{1}{2}(2x+5)'\,\mathrm{d}x\\&=\frac{1}{2}\int\sqrt{2x+5}\,\mathrm{d}(2x+5)\xlongequal{\text{令}t=2x+5}\frac{1}{2}\int\sqrt{t}\,\mathrm{d}t=\frac{1}{2}\cdot\frac{2}{3}t^{\frac{3}{2}}+C\\&\xlongequal{\text{还原}t=2x+5}\frac{1}{3}(2x+5)^{\frac{3}{2}}+C,\end{aligned}$$

容易验证 $\frac{1}{3}(2x+5)^{\frac{3}{2}}$ 是 $\sqrt{2x+5}$ 的一个原函数．这说明上述方法对于不定积分 $\int\sqrt{2x+5}\,\mathrm{d}x$ 是适用的．事实上，上述方法具有普遍性，即有如下定理．

定理 5.4.1 设 $f(u)$ 具有原函数，$u=\varphi(x)$ 可导，则有换元公式

$$\int f[\varphi(x)]\varphi'(x)\,\mathrm{d}x=\left[\int f(u)\,\mathrm{d}u\right]_{u=\varphi(x)}. \tag{5.4.3}$$

证明 不妨设 $F(u)$ 为 $f(u)$ 的一个原函数，则 $\left[\int f(u)\mathrm{d}u\right]_{u=\varphi(x)}=F[\varphi(x)]+C$. 由不定积分的定义，只需证明 $\left(F[\varphi(x)]\right)'=f[\varphi(x)]\varphi'(x)$，利用复合函数的求导法则显然成立.

由此可见，虽然不定积分 $\int f[\varphi(x)]\varphi'(x)\mathrm{d}x$ 是一个整体的记号，但从形式上看，被积表达式中的 $\mathrm{d}x$ 也可以当作自变量 x 的微分对待，则微分等式 $\varphi'(x)\mathrm{d}x=\mathrm{d}u$ 可以方便地应用到被积表达式中.

如何应用第一类换元积分公式来求不定积分呢？如要求不定积分 $\int g(x)\mathrm{d}x$，可按照以下步骤进行.

（1）在保证恒等的条件下，把 $g(x)\mathrm{d}x$ 改写成 $f[\varphi(x)]\cdot\varphi'(x)\mathrm{d}x$，即凑出中间变量 $\varphi(x)$ 的微分 $\mathrm{d}\varphi(x)$.

（2）作变量替换 $u=\varphi(x)$，积分化简为 $\int f(u)\mathrm{d}u$，计算 $f(u)$ 的一个原函数 $F(u)$——利用基本积分公式.

（3）将变量 u 还原为 x 的函数.

第一类换元积分法程序可简单叙述为

凑微分（中间变量微分）$\to$ 换元 $\to$ 套用基本积分公式 $\to$ 变量还原

上述计算程序中，显然最重要的是第一步——凑微分，所以通常第一类换元积分法也称为凑微分法. 我们根据基本微分公式推导出常用的凑微分公式（下列公式中的 a，b 均为常数，且 $a\neq 0$），见表 5-2.

表 5-2

序号	凑微分公式	序号	凑微分公式
1	$\frac{1}{\sqrt{x}}\mathrm{d}x=\frac{2}{a}\mathrm{d}\left(a\sqrt{x}+b\right)$	2	$\frac{1}{x^2}\mathrm{d}x=-\frac{1}{a}\mathrm{d}\left(\frac{a}{x}+b\right)$
3	$\frac{1}{x}\mathrm{d}x=\mathrm{d}\left(\ln\lvert x\rvert+b\right)$	4	$\mathrm{e}^x\mathrm{d}x=\mathrm{d}\left(\mathrm{e}^x+b\right)$
5	$\cos x\mathrm{d}x=\frac{1}{a}\mathrm{d}\left(a\sin x+b\right)$	6	$\sin x\mathrm{d}x=-\frac{1}{a}\mathrm{d}\left(a\cos x+b\right)$
7	$\frac{1}{\cos^2 x}\mathrm{d}x=\sec^2 x\mathrm{d}x=\mathrm{d}\tan x$	8	$\frac{1}{\sin^2 x}\mathrm{d}x=\csc^2 x\mathrm{d}x=-\mathrm{d}\cot x$
9	$\frac{1}{\sqrt{1-x^2}}\mathrm{d}x=\mathrm{d}(\arcsin x)=-\mathrm{d}(\arccos x)$	10	$\frac{1}{1+x^2}\mathrm{d}x=\mathrm{d}(\arctan x)=-\mathrm{d}(\mathrm{arccot}\, x)$

例 5.4.1 计算不定积分$\int 3\mathrm{e}^{3x}\mathrm{d}x$.

解 被积函数为两个函数3和e^{3x}相乘，其中函数e^{3x}是复合函数：$\mathrm{e}^{3x}=\mathrm{e}^{u}$，$u=3x$，而常数因式恰好是内层函数，即中间变量$u$的导数，因此根据公式(5.4.3)，做变换$u=3x$，从而有

$$\int 3\mathrm{e}^{3x}\mathrm{d}x=\int \mathrm{e}^{3x}\cdot 3\mathrm{d}x=\int \mathrm{e}^{3x}\cdot(3x)'\mathrm{d}x=\int \mathrm{e}^{u}\mathrm{d}u=\mathrm{e}^{u}+C.$$

最后，将变量$u=3x$代入，即得

$$\int 3\mathrm{e}^{3x}\mathrm{d}x=\mathrm{e}^{3x}+C.$$

例 5.4.2 计算不定积分$\int (4x+5)^{99}\mathrm{d}x$.

解 被积函数$(4x+5)^{99}$是复合函数：$(4x+5)^{99}=u^{99}$，$u=4x+5$，显然这里缺少了中间变量u的导数 4，所以可以通过改变系数凑出这个因子：

$$(4x+5)'=4,$$

因此就有

$$\begin{aligned}\int (4x+5)^{99}\mathrm{d}x&=\int \frac{1}{4}\cdot(4x+5)^{99}\mathrm{d}(4x+5)=\int \frac{1}{4}u^{99}\mathrm{d}u\\&=\frac{1}{4}\cdot\frac{u^{100}}{100}+C=\frac{(4x+5)^{100}}{400}+C.\end{aligned}$$

例 5.4.3 计算不定积分$\int \frac{1}{a^2+x^2}\mathrm{d}x$.

解 将函数变形$\frac{1}{a^2+x^2}=\frac{1}{a^2}\cdot\frac{1}{1+\left(\frac{x}{a}\right)^2}$，由$\mathrm{d}x=a\mathrm{d}\frac{x}{a}$，所以得到

$$\int \frac{1}{a^2+x^2}\mathrm{d}x=\frac{1}{a}\int \frac{1}{1+\left(\frac{x}{a}\right)^2}\mathrm{d}\frac{x}{a}=\frac{1}{a}\arctan\frac{x}{a}+C.$$

例 5.4.4 计算不定积分$\int \frac{1}{\sqrt{a^2-x^2}}\mathrm{d}x$（$a>0$）.

解 $$\begin{aligned}\int \frac{1}{\sqrt{a^2-x^2}}\mathrm{d}x&=\frac{1}{a}\int \frac{1}{\sqrt{1-\left(\frac{x}{a}\right)^2}}\mathrm{d}x=\int \frac{1}{\sqrt{1-\left(\frac{x}{a}\right)^2}}\mathrm{d}\left(\frac{x}{a}\right)\\&=\arcsin\frac{x}{a}+C.\end{aligned}$$

注意：根据例 5.4.1～例 5.4.4，可总结如下.

如果被积表达式中出现$f(ax+b)\mathrm{d}x$（$a\neq 0$），通常做如下相应的变换：令

$u=ax+b$，被积函数可化为

$$f(ax+b)\mathrm{d}x=\frac{1}{a}f(ax+b)\mathrm{d}(ax+b).$$

例 5.4.5　计算不定积分 $\int\frac{x}{x^2+a^2}\mathrm{d}x$.

解　令 $u=x^2+a^2$，则 $\mathrm{d}u=2x\mathrm{d}x$，从而有

$$\begin{aligned}\int\frac{x}{x^2+a^2}\mathrm{d}x&=\frac{1}{2}\int\frac{\left(x^2+a^2\right)'}{x^2+a^2}\mathrm{d}x\\&=\frac{1}{2}\int\frac{1}{u}\mathrm{d}u=\frac{1}{2}\ln|u|+C\\&=\frac{1}{2}\ln\left(x^2+a^2\right)+C.\end{aligned}$$

例 5.4.6　计算不定积分 $\int x\sqrt{1-x^2}\mathrm{d}x$.

解　令 $u=1-x^2$，则 $\mathrm{d}u=-2x\mathrm{d}x$，即 $-\frac{1}{2}\mathrm{d}u=x\mathrm{d}x$，所以有

$$\begin{aligned}\int x\sqrt{1-x^2}\mathrm{d}x&=\int u^{\frac{1}{2}}\cdot\left(-\frac{1}{2}\right)\mathrm{d}u=-\frac{1}{2}\cdot\frac{u^{\frac{3}{2}}}{1+\frac{1}{2}}+C\\&=-\frac{1}{3}u^{\frac{3}{2}}+C=-\frac{1}{3}\left(1-x^2\right)^{\frac{3}{2}}+C.\end{aligned}$$

注意：根据例题 5.4.5 和例 5.4.6，总结如下：

如果被积表达式中出现 $f\left(x^m\right)\cdot x^{m-1}\mathrm{d}x$，通常做如下相应的变换：令 $u=x^m$，被积函数可化为

$$f\left(x^m\right)\cdot x^{m-1}\mathrm{d}x=\frac{1}{m}f\left(x^m\right)\mathrm{d}\left(x^m\right).$$

例 5.4.7　计算不定积分 $\int\frac{1}{x\ln x}\mathrm{d}x$.

解　因为 $\frac{1}{x}\mathrm{d}x=\mathrm{d}\ln x$（$x>0$），所以

$$\int\frac{1}{x\ln x}\mathrm{d}x=\int\frac{1}{\ln x}\mathrm{d}\ln x=\ln|\ln x|+C.$$

例 5.4.8　计算不定积分 $\int\frac{2^{\arctan x}}{1+x^2}\mathrm{d}x$.

解　因为 $\frac{1}{1+x^2}\mathrm{d}x=\mathrm{d}\arctan x$，所以

$$\int\frac{2^{\arctan x}}{1+x^2}\mathrm{d}x=\int 2^{\arctan x}\,\mathrm{d}\arctan x=\frac{2^{\arctan x}}{\ln 2}+C\text{ .}$$

例 5.4.9 计算不定积分$\int\frac{\sin\sqrt{x}}{2\sqrt{x}}\mathrm{d}x$.

解 因为$\frac{1}{2\sqrt{x}}\mathrm{d}x=\mathrm{d}\sqrt{x}$，所以

$$\int\frac{\sin\sqrt{x}}{2\sqrt{x}}\mathrm{d}x=\int\sin\sqrt{x}\,\mathrm{d}\sqrt{x}=-\cos\sqrt{x}+C\text{ .}$$

注意：例题 5.4.7～例 5.4.9 没有引入中间变量，而是利用微分基本公式直接凑微分，凑出被积函数中复合函数的内层函数$\varphi(x)$的微分，然后直接积分，这样可以简化积分过程.

在积分的运算中，被积函数有时还需要做适当的代数式或三角函数式的恒等变形，再用凑微分法求不定积分.

例 5.4.10 计算不定积分$\int\tan x\mathrm{d}x$.

解 $\int\tan x\mathrm{d}x=\int\frac{\sin x\mathrm{d}x}{\cos x}=-\int\frac{\mathrm{d}\cos x}{\cos x}=-\ln|\cos x|+C$.

同理，可以推得$\int\cot x\mathrm{d}x=\ln|\sin x|+C$.

例 5.4.11 计算不定积分$\int\sin^3 x\mathrm{d}x$.

解 $\int\sin^3 x\mathrm{d}x=\int\sin^2 x\sin x\mathrm{d}x=-\int\sin^2 x\mathrm{d}\cos x$

$$=-\int\left(1-\cos^2 x\right)\mathrm{d}\cos x=-\cos x+\frac{1}{3}\cos^3 x+C\text{ .}$$

带三角函数的换元积分

例 5.4.12 计算不定积分$\int\sin^2 x\cos^3 x\mathrm{d}x$.

解 $\int\sin^2 x\cos^3 x\mathrm{d}x=\int\sin^2 x\cos^2 x\cos x\mathrm{d}x=\int\sin^2 x\cos^2 x\mathrm{d}\sin x$

$$=\int\sin^2 x\left(1-\sin^2 x\right)\mathrm{d}\sin x=\int\left(\sin^2 x-\sin^4 x\right)\mathrm{d}\sin x$$

$$=\frac{1}{3}\sin^3 x-\frac{1}{5}\sin^5 x+C\text{ .}$$

例 5.4.13 计算不定积分$\int\sin^2 x\mathrm{d}x$.

解 $\int\sin^2 x\mathrm{d}x=\int\frac{1-\cos 2x}{2}\mathrm{d}x=\frac{1}{2}x-\frac{1}{4}\sin 2x+C$.

例 5.4.14 计算不定积分$\int\sec x\mathrm{d}x$.

解 $\int\sec x\mathrm{d}x=\int\frac{\sec x(\sec x+\tan x)}{\sec x+\tan x}\mathrm{d}x=\int\frac{\sec^2 x+\sec x\tan x}{\sec x+\tan x}\mathrm{d}x$

$$= \int \frac{(\sec x + \tan x)'}{\sec x + \tan x} dx = \int \frac{1}{\sec x + \tan x} d(\sec x + \tan x)$$

$$\xlongequal{令 t = \sec x + \tan x} \int \frac{1}{t} dt = \ln|t| + C = \ln|\sec x + \tan x| + C .$$

同理，可以推得 $\int \csc x dx = \ln|\csc x - \cot x| + C$.

注意：例题 5.4.10～例 5.4.14 都是形如 $\int \sin^m x \cos^n x dx$ 的积分，通过以上运算过程，我们可以总结如下.

（1）如果 m, n 中至少有一个是奇数，不妨设 n 为奇数，从幂次是奇数 n 的项中取出一项与 dx 进行凑微分，即凑成 $d\sin x$，那么被积函数的其他函数一定能够化简成关于 $\sin x$ 的多项式函数，从而可以顺利地计算出不定积分.

（2）如果 m, n 均为偶数，则利用倍角（半角）公式降幂，直至将三角函数降为一次幂，再进行逐项积分.

对于被积函数是一个有理函数（形如 $\frac{P(x)}{Q(x)}$ 的函数称为**有理函数**，$P(x)$，$Q(x)$ 均为多项式函数），通过代数式的恒等变形，将被积函数拆分成更简单的部分分式的形式，然后采用凑微分法逐项积分.

例 5.4.15　计算不定积分 $\int \frac{1}{x^2 - a^2} dx$.

解　因为

$$\frac{1}{x^2 - a^2} = \frac{1}{(x-a)(x+a)} = \frac{1}{2a}\left(\frac{1}{x-a} - \frac{1}{x+a}\right),$$

所以

$$\int \frac{1}{x^2 - a^2} dx = \frac{1}{2a}\int\left(\frac{1}{x-a} - \frac{1}{x+a}\right)dx = \frac{1}{2a}\left(\int \frac{1}{x-a} dx - \int \frac{1}{x+a} dx\right)$$

$$= \frac{1}{2a}\left[\int \frac{1}{x-a} d(x-a) - \int \frac{1}{x+a} d(x+a)\right]$$

$$= \frac{1}{2a}\left(\ln|x-a| - \ln|x+a|\right) + C = \frac{1}{2a}\ln\left|\frac{x-a}{x+a}\right| + C .$$

例 5.4.16　计算不定积分 $\int \frac{x+3}{x^2 - 5x + 6} dx$.

解　先将有理真函数的分母 $x^2 - 5x + 6$ 因式分解，得 $x^2 - 5x + 6 = (x-2)(x-3)$. 下面利用待定系数法将被积函数进行分拆.

令
$$\frac{x+3}{x^2 - 5x + 6} = \frac{A}{x-2} + \frac{B}{x-3} = \frac{A(x-3) + B(x-2)}{(x-2)(x-3)},$$

从而 $$x+3=A(x-3)+B(x-2),$$

分别将 $x=3$，$x=2$ 代入 $x+3=A(x-3)+B(x-2)$ 中，易得 $\begin{cases}A=-5,\\B=6.\end{cases}$

故

$$原式=\int\left(\frac{-5}{x-2}+\frac{6}{x-3}\right)\mathrm{d}x=-5\ln|x-2|+6\ln|x-3|+C.$$

5.4.2 第二类换元积分法

定理 5.4.2 设 $x=\varphi(t)$ 是单调的、可导的函数，并且 $\varphi'(t)\neq 0$．又设 $f[\varphi(t)]\varphi'(t)$ 具有原函数，则有换元公式

$$\int f(x)\mathrm{d}x=\left[\int f[\varphi(t)]\varphi'(t)\mathrm{d}t\right]_{t=\varphi^{-1}(x)},$$

其中 $\varphi^{-1}(x)$ 是 $x=\varphi(t)$ 的反函数.

证明 设 $f[\varphi(t)]\varphi'(t)$ 的原函数为 $\omega(t)$．记 $\omega[\varphi^{-1}(x)]=F(x)$，利用复合函数及反函数求导法则，得到

$$F'(x)=\frac{\mathrm{d}\omega}{\mathrm{d}t}\cdot\frac{\mathrm{d}t}{\mathrm{d}x}=f[\varphi(t)]\varphi'(t)\cdot\frac{1}{\varphi'(t)}=f[\varphi(t)]=f(x),$$

则 $F(x)$ 是 $f(x)$ 的原函数．所以有

$$\int f(x)\mathrm{d}x=F(x)+C=\omega[\varphi^{-1}(x)]+C=\left[\int f[\varphi(t)]\varphi'(t)\mathrm{d}t\right]_{t=\varphi^{-1}(x)}.$$

利用第二类换元法进行积分，重要的是找到恰当的函数 $x=\varphi(t)$ 代入到被积函数中，将被积函数化简成较容易的积分，并且在求出原函数后将 $t=\varphi^{-1}(x)$ 还原．常用的换元法主要有三角函数代换法、倒代换法和简单无理函数代换法．下面我们逐一介绍.

1. 三角函数代换法

例 5.4.17 计算不定积分 $\int\sqrt{a^2-x^2}\mathrm{d}x$（$a>0$）.

解 设 $x=a\sin t,\ t\in\left[-\frac{\pi}{2},\frac{\pi}{2}\right]$, $\sqrt{a^2-x^2}=a\cos t$，$\mathrm{d}x=a\cos t\mathrm{d}t$，则

$$\int\sqrt{a^2-x^2}\mathrm{d}x=\int a\cos t\cdot a\cos t\mathrm{d}t=a^2\int\cos^2 t\mathrm{d}t=\frac{a^2}{2}t+\frac{a^2}{2}\sin t\cos t+C.$$

因为 $x=a\sin t$，$t\in\left[-\frac{\pi}{2},\frac{\pi}{2}\right]$，所以 $t=\arcsin\frac{x}{a}$，$\cos t=\sqrt{1-\left(\frac{x}{a}\right)^2}=\frac{\sqrt{a^2-x^2}}{a}$.

因此 $$\int\sqrt{a^2-x^2}\mathrm{d}x=\frac{a^2}{2}\arcsin\frac{x}{a}+\frac{1}{2}x\sqrt{a^2-x^2}+C.$$

注意：在将原函数中的 t 还原为 x 的函数时，利用 $\sin t=\dfrac{x}{a}$ 作辅助三角形（图 5.10），求得 $\cos t=\dfrac{\sqrt{a^2-x^2}}{a}$，然后代入到原函数中比较方便.

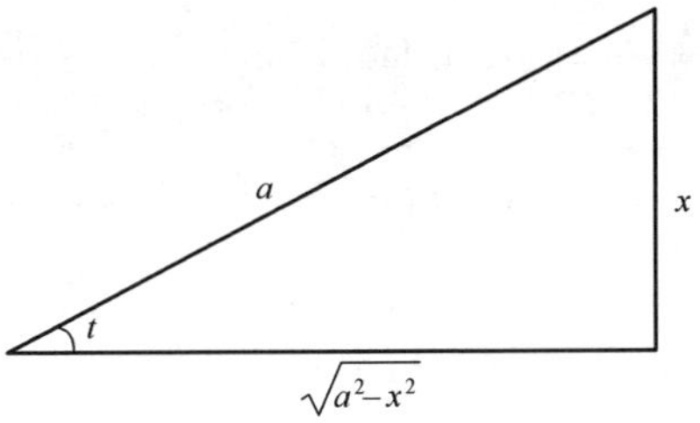

图 5.10

例 5.4.18　计算不定积分 $\int\dfrac{dx}{\sqrt{x^2+a^2}}$（$a>0$）.

解　令 $x=a\tan t$，$t\in\left(-\dfrac{\pi}{2},\dfrac{\pi}{2}\right)$，$dx=a\sec^2 t dt$，则

$$\int\frac{dx}{\sqrt{x^2+a^2}}=\int\frac{1}{\sqrt{a^2+a^2\tan^2 t}}\cdot a\sec^2 t dt=\int\frac{1}{a\sqrt{\sec^2 t}}\cdot a\sec^2 t dt$$

$$=\int\frac{1}{|\sec t|}\sec^2 t dt=\int\sec t dt=\ln|\sec t+\tan t|+C_1 .$$

类似例 5.4.17，利用 $\tan t=\dfrac{x}{a}$ 作辅助三角形（图 5.11），得

$$\sec t=\frac{\sqrt{x^2+a^2}}{a},\quad t\in\left(-\frac{\pi}{2},\frac{\pi}{2}\right),$$

因此

$$\int\frac{dx}{\sqrt{x^2+a^2}}=\ln\left(\frac{x}{a}+\frac{\sqrt{x^2+a^2}}{a}\right)+C_1=\ln\left(x+\sqrt{x^2+a^2}\right)+C\ (C=C_1-\ln a).$$

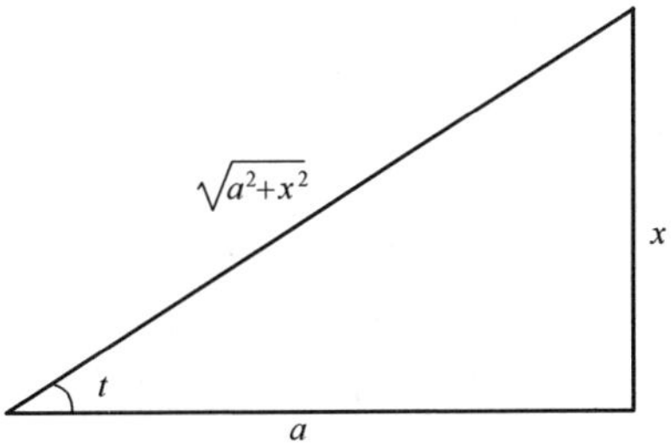

图 5.11

例 5.4.19 计算不定积分 $\int\frac{\mathrm{d}x}{\sqrt{x^2-a^2}}$（$a>0$）.

解 当 $x>a$ 时，令 $x=a\sec t$，$t\in\left(0,\frac{\pi}{2}\right)$，$\mathrm{d}x=a\sec t\cdot\tan t\mathrm{d}t$，则

$$\int\frac{\mathrm{d}x}{\sqrt{x^2-a^2}}=\int\frac{1}{\sqrt{a^2\sec^2 t-a^2}}\cdot a\sec t\tan t\mathrm{d}t=\int\frac{1}{a\sqrt{\tan^2 t}}\cdot a\sec t\tan t\mathrm{d}t$$

$$=\int\frac{1}{a}\cdot\frac{1}{|\tan t|}\cdot a\sec t\cdot\tan t\mathrm{d}t=\int\sec t\mathrm{d}t=\ln|\sec t+\tan t|+C_1.$$

利用 $\cos t=\frac{a}{x}$ 作辅助三角形（图 5.12），求得 $\tan t=\frac{\sqrt{x^2-a^2}}{a}$. 因此

$$\int\frac{\mathrm{d}x}{\sqrt{x^2-a^2}}=\ln\left|\frac{x}{a}+\frac{\sqrt{x^2-a^2}}{a}\right|+C_1=\ln\left(x+\sqrt{x^2-a^2}\right)+C,$$

其中 $C=C_1-\ln a$.

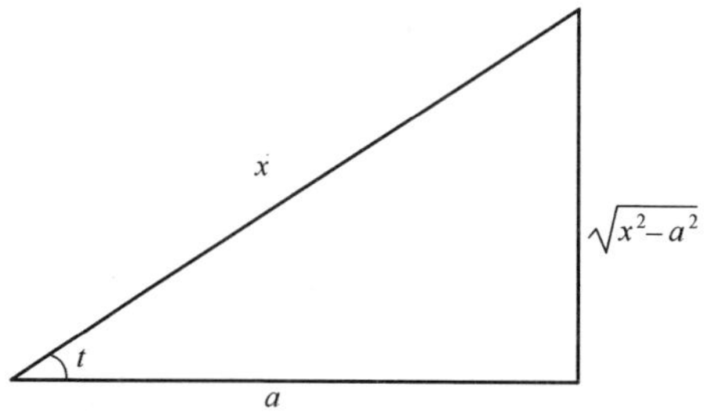

图 5.12

当 $x<-a$ 时，令 $x=-u$，则 $u>a$，由上面的结果，得

$$\int\frac{\mathrm{d}x}{\sqrt{x^2-a^2}}=-\int\frac{\mathrm{d}u}{\sqrt{u^2-a^2}}=-\ln\left(u+\sqrt{u^2-a^2}\right)+C_1=-\ln\left(-x+\sqrt{x^2-a^2}\right)+C_1$$

$$=\ln\left(-x-\sqrt{x^2-a^2}\right)+C\ \left(C=C_1-2\ln a\right).$$

综上，

$$\int\frac{\mathrm{d}x}{\sqrt{x^2-a^2}}=\ln\left|x+\sqrt{x^2-a^2}\right|+C.$$

注意：当被积函数含有形如 $\sqrt{a^2-x^2}$，$\sqrt{a^2+x^2}$，$\sqrt{x^2-a^2}$ 的二次根式时，可以做相应的换元：$x=a\sin t$，$x=a\tan t$，$x=\pm a\sec t$ 将根号化去. 但是具体解题时，要根据被积函数的具体情况，选取尽可能简便的代换，不能只局限于以上三种代换（如例 5.4.6）.

2. 倒代换法

所谓**倒代换**，即设 $x=\frac{1}{t}$ 或 $t=\frac{1}{x}$. 通过倒代换，被积函数能被化简，从而进行积分，但有时会适得其反，这就需要我们在学习过程中总结一些经验.

例 5.4.20　计算不定积分 $\int\frac{\mathrm{d}x}{x\left(x^6+1\right)}$.

解　设 $x=\frac{1}{t}$，$\mathrm{d}x=-\frac{1}{t^2}\mathrm{d}t$，则

$$\int\frac{\mathrm{d}x}{x\left(x^6+1\right)}=\int\frac{-\frac{1}{t^2}\mathrm{d}t}{\frac{1}{t}\cdot\left(\frac{1}{t^6}+1\right)}=-\int\frac{t^5}{1+t^6}\mathrm{d}t=-\frac{1}{6}\int\frac{\mathrm{d}\left(1+t^6\right)}{1+t^6}$$

$$=-\frac{1}{6}\ln\left|1+t^6\right|+C=-\frac{1}{6}\ln\left(1+\frac{1}{x^6}\right)+C.$$

注意：倒代换适合“头轻脚重”式——分母中 x 的最高次幂减去分子中 x 的最高次幂大于 1.

3. 简单无理函数代换法

例 5.4.21　计算不定积分 $\int\frac{\mathrm{d}x}{1+\sqrt{2x}}$.

解　令 $u=\sqrt{2x}$，$x=\frac{u^2}{2}$，$\mathrm{d}x=u\mathrm{d}u$，则

$$\int\frac{\mathrm{d}x}{1+\sqrt{2x}}=\int\frac{u\mathrm{d}u}{1+u}=\int\left(1-\frac{1}{1+u}\right)\mathrm{d}u$$

$$=u-\ln\left|1+u\right|+C=\sqrt{2x}-\ln\left(1+\sqrt{2x}\right)+C.$$

例 5.4.22　计算不定积分 $\int\frac{\mathrm{d}x}{\left(1+\sqrt[3]{x}\right)\sqrt{x}}$.

解　被积函数中出现了两个不同的根式，为了同时消去这两个根式，可以做如下代换：令 $t=\sqrt[6]{x}$，则 $x=t^6$，$\mathrm{d}x=6t^5\mathrm{d}t$，从而

$$\int\frac{\mathrm{d}x}{\left(1+\sqrt[3]{x}\right)\sqrt{x}}=\int\frac{6t^5}{\left(1+t^2\right)t^3}\mathrm{d}t=6\int\frac{t^2}{1+t^2}\mathrm{d}t=6\int\left(1-\frac{1}{1+t^2}\right)\mathrm{d}t$$

$$=6\left(t-\arctan t\right)+C=6\left(\sqrt[6]{x}-\arctan\sqrt[6]{x}\right)+C.$$

注意：一般地，如果积分具有如下形式：

（1）$\int R\left(x,\sqrt[n]{ax+b}\right)\mathrm{d}x$，则做变换 $t=\sqrt[n]{ax+b}$.

（2）$\int R\left(x,\sqrt[n]{ax+b},\sqrt[m]{ax+b}\right)\mathrm{d}x$，则做变换 $t=\sqrt[p]{ax+b}$，其中 p 是 m，n 的最小

公倍数.

运用这些变换就可以将被积函数中的根号去掉，同时将被积函数化为有理函数，从而降低了积分的难度.

本节例题中，有些积分经常遇到，通常也被当作基本积分公式使用，见表 5-3.

表 5-3

序号	常用积分公式	序号	常用积分公式
1	$\int \tan x\mathrm{d}x=-\ln\lvert\cos x\rvert+C$	5	$\int \frac{1}{a^2+x^2}\mathrm{d}x=\frac{1}{a}\arctan\frac{x}{a}+C$
2	$\int \cot x\mathrm{d}x=\ln\lvert\sin x\rvert+C$	6	$\int \frac{1}{x^2-a^2}\mathrm{d}x=\frac{1}{2a}\ln\left\lvert\frac{x-a}{x+a}\right\rvert+C$
3	$\int \sec x\mathrm{d}x=\ln\lvert\sec x+\tan x\rvert+C$	7	$\int \frac{1}{\sqrt{a^2-x^2}}\mathrm{d}x=\arcsin\frac{x}{a}+C$（$a>0$）
4	$\int \csc x\mathrm{d}x=\ln\lvert\csc x-\cot x\rvert+C$	8	$\int \frac{\mathrm{d}x}{\sqrt{x^2\pm a^2}}=\ln\left\lvert x+\sqrt{x^2\pm a^2}\right\rvert+C$（$a>0$）

例 5.4.23 计算不定积分 $\int \frac{\mathrm{d}x}{x^2-4x+13}$.

解 利用公式 5，$\int \frac{\mathrm{d}x}{x^2-4x+13}=\int \frac{\mathrm{d}(x-2)}{(x-2)^2+3^2}=\frac{1}{3}\arctan\frac{x-2}{3}+C$.

例 5.4.24 计算不定积分 $\int \frac{\mathrm{d}x}{\sqrt{x^2-2x-3}}$.

解 利用公式 8，$\int \frac{\mathrm{d}x}{\sqrt{x^2-2x-3}}=\int \frac{\mathrm{d}(x-1)}{\sqrt{(x-1)^2-2^2}}=\ln\left\lvert x-1+\sqrt{x^2-2x-3}\right\rvert+C$.

5.4.3 定积分的换元法

定积分的换元积分法

定理 5.4.2 假设函数 $f(x)$ 在区间 $[a,b]$ 上连续，函数 $x=\varphi(t)$ 满足条件：

（1）$\varphi(\alpha)=a$，$\varphi(\beta)=b$，$a\leqslant\varphi(t)\leqslant b$；

（2）$\varphi(t)$ 在 $[\alpha,\beta]$（或 $[\beta,\alpha]$）上有连续导数，则有公式

$$\int_a^b f(x)\mathrm{d}x=\int_\alpha^\beta f[\varphi(t)]\varphi'(t)\mathrm{d}t. \tag{5.4.4}$$

公式（5.4.4）称为定积分的**换元公式**.

证明 已知 $f(x)$ 和 $\varphi(t)$ 都是连续函数，根据连续函数的性质可知公式(5.4.4)

右边的被积函数 $f\left[\varphi(t)\right]\varphi'(t)$ 也是连续的，所以它们的原函数都存在.

设 $F(x)$ 是 $f(x)$ 在区间 $[a,b]$ 上的一个原函数，根据牛顿—莱布尼茨公式，左边的定积分

$$\int_a^b f(x)\mathrm{d}x = F(b) - F(a).$$

$F\left[\varphi(t)\right]$ 是 $F(x)$ 和 $x=\varphi(t)$ 复合而成的函数，由复合函数求导法则得

$$\frac{\mathrm{d}}{\mathrm{d}t}F\left[\varphi(t)\right] = F'\left[\varphi(t)\right]\varphi'(t) = f\left[\varphi(t)\right]\varphi'(t).$$

可见，$F\left[\varphi(t)\right]$ 是 $f\left[\varphi(t)\right]\varphi'(t)$ 的一个原函数，根据牛顿—莱布尼茨公式，右边的定积分

$$\int_\alpha^\beta f\left[\varphi(t)\right]\varphi'(t)\mathrm{d}t = F\left[\varphi(\beta)\right] - F\left[\varphi(\alpha)\right] = F(b) - F(a),$$

所以

$$\int_a^b f(x)\mathrm{d}x = \int_\alpha^\beta f\left[\varphi(t)\right]\varphi'(t)\mathrm{d}t.$$

应用换元公式时应该注意以下三点：

（1）用 $x=\varphi(t)$ 把原来变量 x 代换成新变量 t 时，积分限也要换成相应于新变量 t 的积分限，即**换元必定换限**.

（2）求出 $f\left[\varphi(t)\right]\varphi'(t)$ 的一个原函数 $F\left[\varphi(t)\right]$ 后，可以不必像计算不定积分那样再把 $F\left[\varphi(t)\right]$ 换成原来变量 x 的函数，而只要把新变量 t 的上、下限分别代入 $F\left[\varphi(t)\right]$ 中然后相减即可.

（3）换元公式也可反过来使用，为使用方便起见，把换元公式中左右两边对调位置，得

$$\int_\alpha^\beta f\left[\varphi(t)\right]\varphi'(t)\mathrm{d}t = \int_a^b f(x)\mathrm{d}x \quad（令 x=\varphi(t)）.$$

例 5.4.25　计算定积分 $\int_0^{\frac{\pi}{2}} \cos^5 x\sin x\mathrm{d}x$.

解　令 $t=\cos x$，则 $\mathrm{d}t=-\sin x\mathrm{d}x$，且当 $x=\frac{\pi}{2}$ 时，$t=0$；当 $x=0$ 时，$t=1$.

所以

$$\int_0^{\frac{\pi}{2}} \cos^5 x\sin x\mathrm{d}x = -\int_1^0 t^5\mathrm{d}t = \int_0^1 t^5\mathrm{d}t = \left[\frac{t^6}{6}\right]_0^1 = \frac{1}{6}.$$

例 5.4.26　计算定积分 $\int_0^a \sqrt{a^2-x^2}\,\mathrm{d}x$（$a>0$）.

解　令 $x=a\sin t$，则 $\mathrm{d}x=a\cos t\,\mathrm{d}t$，且当 $x=0$ 时，$t=0$；当 $x=a$ 时，$t=\frac{\pi}{2}$.

所以

$$\int_0^a \sqrt{a^2-x^2}\,\mathrm{d}x = \int_0^{\frac{\pi}{2}} \sqrt{a^2-a^2\sin^2 t}\cdot a\cos t\,\mathrm{d}t$$

$$= a^2\int_0^{\frac{\pi}{2}}\cos^2 t\mathrm{d}t = \frac{a^2}{2}\int_0^{\frac{\pi}{2}}(1+\cos 2t)\mathrm{d}t$$

$$= \left[\frac{a^2}{2}\left(t+\frac{1}{2}\sin 2t\right)\right]_0^{\frac{\pi}{2}} = \frac{\pi a^2}{4}.$$

例 5.4.27 计算定积分$\int_0^8 \frac{\mathrm{d}x}{1+\sqrt[3]{x}}$.

解 令$x=t^3$，则$\mathrm{d}x=3t^2\,\mathrm{d}t$，且当$x=0$时，$t=0$；当$x=8$时，$t=2$. 所以

$$\int_0^8 \frac{\mathrm{d}x}{1+\sqrt[3]{x}} = \int_0^2 \frac{3t^2}{1+t}\mathrm{d}t = 3\int_0^2\left(t-1+\frac{1}{1+t}\right)\mathrm{d}t$$

$$= 3\left[\frac{1}{2}t^2 - t + \ln|1+t|\right]_0^2 = 3\ln 3.$$

例 5.4.28 计算定积分$\int_1^2 \frac{\mathrm{d}x}{x(x^4+1)}$.

解 令$t=\frac{1}{x}$，则$\mathrm{d}x=-\frac{1}{t^2}\mathrm{d}t$，且当$x=1$时，$t=1$；$x=2$时，$t=\frac{1}{2}$. 所以

$$\int_1^2 \frac{\mathrm{d}x}{x(x^4+1)} = -\int_1^{\frac{1}{2}} \frac{t^3\mathrm{d}t}{t^4+1} = \int_{\frac{1}{2}}^1 \frac{t^3\mathrm{d}t}{t^4+1}$$

$$= \frac{1}{4}\int_{\frac{1}{2}}^1 \frac{\mathrm{d}(t^4+1)}{t^4+1} = \frac{1}{4}\left[\ln(t^4+1)\right]_{\frac{1}{2}}^1$$

$$= \frac{5}{4}\ln 2 - \frac{1}{4}\ln 17.$$

注意：根据奇偶函数在对称区间上积分的性质，可以使某些积分的计算大大简化，具体计算时，有时需要根据题目特点做一些特殊的代换.

例 5.4.29 计算定积分$\int_{-1}^1 \frac{x\ln(1+x^2)+1}{1+x^2}\mathrm{d}x$.

解 因为

$$\int_{-1}^1 \frac{x\ln(1+x^2)+1}{1+x^2}\mathrm{d}x = \int_{-1}^1 \frac{x\ln(1+x^2)}{1+x^2}\mathrm{d}x + \int_{-1}^1 \frac{1}{1+x^2}\mathrm{d}x,$$

而函数$\frac{x\ln(1+x^2)}{1+x^2}$是$x$的奇函数，则$\int_{-1}^1 \frac{x\ln(1+x^2)}{1+x^2}\mathrm{d}x = 0$，所以

$$\int_{-1}^{1}\frac{x\ln\left(1+x^2\right)+1}{1+x^2}\mathrm{d}x=0+\int_{-1}^{1}\frac{1}{1+x^2}\mathrm{d}x=\left[\arctan x\right]_{-1}^{1}=\frac{\pi}{2}.$$

例 5.4.30　若 $f(x)$ 在 $[0,1]$ 上连续，证明：$\int_0^{\frac{\pi}{2}}\sin^n x\mathrm{d}x=\int_0^{\frac{\pi}{2}}\cos^n x\mathrm{d}x$.

证明　设 $x=\frac{\pi}{2}-t$，则 $\mathrm{d}x=-\mathrm{d}t$，当 $x=0$ 时，$t=\frac{\pi}{2}$；当 $x=\frac{\pi}{2}$ 时，$t=0$. 所以

$$\int_0^{\frac{\pi}{2}}\sin^n x\mathrm{d}x=-\int_{\frac{\pi}{2}}^{0}\sin^n\left(\frac{\pi}{2}-t\right)\mathrm{d}t=\int_0^{\frac{\pi}{2}}\cos^n t\mathrm{d}t=\int_0^{\frac{\pi}{2}}\cos^n x\mathrm{d}x.$$

利用以上结果可以简化某些含有正、余弦函数的积分的计算.

5.5　分部积分法

5.4 节我们在“复合函数及反函数求导法则”的基础上，得到了换元积分法. 本节我们将利用“两个函数乘积的求导法则”来推导求积分的另一种基本方法——**分部积分法**.

不定积分的分部积分法

5.5.1　不定积分的分部积分法

定理 5.5.1　若函数 $u=u(x)$, $v=v(x)$ 具有连续的导数，则

$$\int u\mathrm{d}v=uv-\int v\mathrm{d}u. \tag{5.5.1}$$

证明　对微分公式 $\mathrm{d}(uv)=u\mathrm{d}v+v\mathrm{d}u$ 两边积分，得

$$uv=\int u\mathrm{d}v+\int v\mathrm{d}u,$$

移项后，得

$$\int u\mathrm{d}v=uv-\int v\mathrm{d}u.$$

公式（5.5.1）称为**分部积分公式**，它可以将不易求解的不定积分 $\int u\mathrm{d}v$ 转化成另一个易于求解的不定积分 $\int v\mathrm{d}u$.

例 5.5.1　计算不定积分 $\int x\cos x\mathrm{d}x$.

解　根据分部积分公式，首先选择 u 和 $\mathrm{d}v$. 我们不妨先设 $u=x$，$\cos x\mathrm{d}x=\mathrm{d}v$，即 $v=\sin x$，则

$$\int x\cos x\mathrm{d}x=\int x\mathrm{d}\sin x=x\sin x-\int\sin x\mathrm{d}x=x\sin x+\cos x+C.$$

采用这种选择方式，积分很顺利地被积出，但是如果设 $u=\cos x$, $x\mathrm{d}x=\mathrm{d}v$，即 $v=\frac{1}{2}x^2$，则

$$\int x\cos x\mathrm{d}x=\frac{1}{2}\int\cos x\mathrm{d}x^2=\frac{1}{2}x^2\cos x+\frac{1}{2}\int x^2\sin x\mathrm{d}x.$$

比较原积分 $\int x\cos x\mathrm{d}x$ 与新得到的积分 $\frac{1}{2}\int x^2\sin x\mathrm{d}x$，显然后面的积分变得更加复杂难以解出.

由此可见，利用分部积分公式的关键是选择恰当的 u 和 $\mathrm{d}v$. 如果选择不恰当，就会使原来的积分变得更加复杂. 因此，在选取 u 和 $\mathrm{d}v$ 一般要考虑下面两点：

（1）v 要容易求得.

（2）$\int v\mathrm{d}u$ 要比 $\int u\mathrm{d}v$ 容易求出.

例 5.5.2 计算不定积分 $\int x\mathrm{e}^x\mathrm{d}x$.

解 令 $u=x$，$\mathrm{e}^x\mathrm{d}x=\mathrm{d}v$，$v=\mathrm{e}^x$，则

$$\int x\mathrm{e}^x\mathrm{d}x=\int x\mathrm{d}\mathrm{e}^x=x\mathrm{e}^x-\int\mathrm{e}^x\mathrm{d}x=x\mathrm{e}^x-\mathrm{e}^x+C.$$

例 5.5.3 计算不定积分 $\int x^2\mathrm{e}^x\mathrm{d}x$.

解 令 $u=x^2$，$\mathrm{e}^x\mathrm{d}x=\mathrm{d}v$，$v=\mathrm{e}^x$，则利用分部积分公式得

$$\int x^2\mathrm{e}^x\mathrm{d}x=\int x^2\mathrm{d}\mathrm{e}^x=x^2\mathrm{e}^x-\int\mathrm{e}^x\mathrm{d}x^2=x^2\mathrm{e}^x-2\int x\mathrm{e}^x\mathrm{d}x.$$

这里运用了一次分部积分公式后，虽然没有直接将积分积出，但是 x 的幂次比原来降了一次，$\int x\mathrm{e}^x\mathrm{d}x$ 显然比 $\int x^2\mathrm{e}^x\mathrm{d}x$ 容易积出，根据例 5.5.2，我们可以继续运用分部积分公式，从而得到

$$\begin{aligned}\int x^2\mathrm{e}^x\mathrm{d}x&=x^2\mathrm{e}^x-2\int x\mathrm{e}^x\mathrm{d}x=x^2\mathrm{e}^x-2\int x\mathrm{d}\mathrm{e}^x\\&=x^2\mathrm{e}^x-2\left(x\mathrm{e}^x-\mathrm{e}^x\right)+C\\&=\mathrm{e}^x\left(x^2-2x+2\right)+C.\end{aligned}$$

注意：在多次运用分部积分公式时，先后选择的 u 与 $\mathrm{d}v$ 的方法要保持一致.

例 5.5.4 计算不定积分 $\int x\ln x\mathrm{d}x$.

解 令 $u=\ln x$，$x\mathrm{d}x=\frac{1}{2}\mathrm{d}x^2$，$v=\frac{1}{2}x^2$，则

$$\begin{aligned}\int x\ln x\mathrm{d}x&=\int\frac{1}{2}\ln x\mathrm{d}x^2=\frac{1}{2}\left(x^2\ln x-\int x^2\cdot\frac{1}{x}\mathrm{d}x\right)\\&=\frac{1}{2}\left(x^2\ln x-\frac{1}{2}x^2\right)+C\\&=\frac{x^2\ln x}{2}-\frac{1}{4}x^2+C.\end{aligned}$$

在分部积分公式运用得比较熟练后，就不必具体写出 u 和 $\mathrm{d}v$，只要把被积表

达式写成$\int u\mathrm{d}v$的形式，直接套用分部积分公式即可.

例 5.5.5　计算不定积分$\int x\arctan x\mathrm{d}x$.

解

$$\begin{aligned}\int x\arctan x\mathrm{d}x &= \int(\arctan x)\cdot(x\mathrm{d}x)\\ &=\frac{1}{2}\int \arctan x\mathrm{d}x^2=\frac{1}{2}\left(x^2\arctan x-\int\frac{x^2}{1+x^2}\mathrm{d}x\right)\\ &=\frac{1}{2}\left[x^2\arctan x-\int\left(1-\frac{1}{1+x^2}\right)\mathrm{d}x\right]\\ &=\frac{1}{2}\left(x^2\arctan x-x+\arctan x\right)+C.\end{aligned}$$

例 5.5.6　计算不定积分$\int \arcsin x\mathrm{d}x$.

解

$$\begin{aligned}\int\arcsin x\mathrm{d}x &= x\arcsin x-\int x\mathrm{d}\arcsin x=x\arcsin x-\int\frac{x}{\sqrt{1-x^2}}\mathrm{d}x\\ &=x\arcsin x+\frac{1}{2}\int\frac{1}{\sqrt{1-x^2}}\mathrm{d}\left(1-x^2\right)\\ &=x\arcsin x+\sqrt{1-x^2}+C.\end{aligned}$$

综上各例，一般情况下，u和$\mathrm{d}v$可以按照以下规律做选择：

（1）形如$\int x^n\sin kx\mathrm{d}x$，$\int x^n\cos kx\mathrm{d}x$，$\int x^n\mathrm{e}^{kx}\mathrm{d}x$（$n$为正整数）的不定积分，取$u$为幂函数，即令$u=x^n$，取$\mathrm{d}v$为剩余函数表达式，如例 5.5.1～例 5.5.3.

（2）形如$\int x^n\ln x\mathrm{d}x$，$\int x^n\arctan x\mathrm{d}x$，$\int x^n\arcsin x\mathrm{d}x$，$\int x^n\arccos x\mathrm{d}x$的不定积分（$n$为非负整数），取$\mathrm{d}v=x^n\mathrm{d}x$，取$u$为剩余函数，如例 5.5.4～例 5.5.6.

下面再举几个典型的例子.

例 5.5.7　计算不定积分$\int\mathrm{e}^x\sin x\mathrm{d}x$.

解　方法一

$$\begin{aligned}\boxed{\int\mathrm{e}^x\sin x\mathrm{d}x} &= \int\sin x\mathrm{d}\mathrm{e}^x=\mathrm{e}^x\sin x-\int\mathrm{e}^x\cos x\mathrm{d}x\\ &=\mathrm{e}^x\sin x-\int\cos x\mathrm{d}\mathrm{e}^x=\mathrm{e}^x\sin x-\mathrm{e}^x\cos x-\boxed{\int\mathrm{e}^x\sin x\mathrm{d}x},\end{aligned}$$

因此$\int\mathrm{e}^x\sin x\mathrm{d}x=\frac{1}{2}\mathrm{e}^x\left(\sin x-\cos x\right)+C$.

方法二

$$\begin{aligned}\boxed{\int\mathrm{e}^x\sin x\mathrm{d}x} &= \int\mathrm{e}^x\mathrm{d}\left(-\cos x\right)=\mathrm{e}^x\left(-\cos x\right)+\int\cos x\mathrm{d}\mathrm{e}^x\\ &=-\mathrm{e}^x\cos x+\int\mathrm{e}^x\cos x\mathrm{d}x=-\mathrm{e}^x\cos x+\int\mathrm{e}^x\mathrm{d}\sin x\\ &=-\mathrm{e}^x\cos x+\mathrm{e}^x\sin x-\int\sin x\mathrm{d}\mathrm{e}^x\\ &=-\mathrm{e}^x\cos x+\mathrm{e}^x\sin x-\boxed{\int\mathrm{e}^x\sin x\mathrm{d}x},\end{aligned}$$

因此 $\int e^x \sin x\mathrm{d}x = \frac{1}{2}e^x\left(\sin x - \cos x\right) + C$.

当被积函数为“指数函数与正（余）弦函数”的乘积时，任选一函数与dx凑微分，经过两次分部积分后，会还原到原来的积分形式，只是系数发生了变化，我们称它为“**循环法**”，但要注意两次凑微分函数的选择要一致.

5.5.2 定积分的分部积分法

设函数$u(x)$, $v(x)$在区间$[a,b]$上具有连续导数，根据不定积分的分部积分法，可得

$$\int_a^b u(x)v'(x)\mathrm{d}x = \left[\int u(x)v'(x)\mathrm{d}x\right]_a^b = \left[u(x)v(x) - \int v(x)u'(x)\mathrm{d}x\right]_a^b$$
$$= \left[u(x)v(x)\right]_a^b - \int_a^b v(x)u'(x)\mathrm{d}x .$$

简记为

$$\int_a^b uv'\mathrm{d}x = [uv]_a^b - \int_a^b vu'\mathrm{d}x ,$$

或

$$\int_a^b u\mathrm{d}v = [uv]_a^b - \int_a^b v\mathrm{d}u . \tag{5.5.2}$$

公式（5.5.2）称为定积分的**分部积分公式**. 此公式适用的类型以及$u(x)$,$v(x)$的选择与不定积分中的选择是相同的.

例 5.5.8 计算定积分$\int_0^{\frac{\pi}{2}} x\sin x\mathrm{d}x$.

解 令$u = x$, $\mathrm{d}v = -\mathrm{d}\cos x$ ，则$\mathrm{d}u = \mathrm{d}x$ ，$v = -\cos x$ ，

$$\int_0^{\frac{\pi}{2}} x\sin x\mathrm{d}x = -\int_0^{\frac{\pi}{2}} x\mathrm{d}\cos x = -[x\cos x]_0^{\frac{\pi}{2}} + \int_0^{\frac{\pi}{2}}\cos x\mathrm{d}x$$
$$= \int_0^{\frac{\pi}{2}}\cos x\mathrm{d}x = [\sin x]_0^{\frac{\pi}{2}} = 1 .$$

例 5.5.9 计算定积分$\int_1^5 \ln x\mathrm{d}x$.

解 令$u = \ln x$, $\mathrm{d}v = \mathrm{d}x$ ，则$\mathrm{d}u = \frac{\mathrm{d}x}{x}$ ，$v = x$ ，

$$\int_1^5 \ln x\mathrm{d}x = [x\ln x]_1^5 - \int_1^5 x\mathrm{d}\ln x$$
$$= [x\ln x]_1^5 - \int_1^5 x\cdot\frac{1}{x}\mathrm{d}x$$

$$= [x\ln x]_1^5 - [x]_1^5$$

$$= 5\ln 5 - 4 .$$

例 5.5.10　计算定积分 $\int_0^{\frac{1}{2}} \arcsin x\mathrm{d}x$.

解　令 $u = \arcsin x$, $\mathrm{d}v = \mathrm{d}x$ ，则 $\mathrm{d}u = \dfrac{\mathrm{d}x}{\sqrt{1-x^2}}$, $v = x$ ，

$$\int_0^{\frac{1}{2}} \arcsin x\mathrm{d}x = [x\arcsin x]_0^{\frac{1}{2}} - \int_0^{\frac{1}{2}} \frac{x\mathrm{d}x}{\sqrt{1-x^2}}$$

$$= \frac{1}{2}\cdot\frac{\pi}{6} + \frac{1}{2}\int_0^{\frac{1}{2}} \frac{1}{\sqrt{1-x^2}}\mathrm{d}\left(1-x^2\right)$$

$$= \frac{\pi}{12} + \left[\sqrt{1-x^2}\right]_0^{\frac{1}{2}} = \frac{\pi}{12} + \frac{\sqrt{3}}{2} - 1 .$$

例 5.5.11　计算定积分 $\int_0^1 \mathrm{e}^{\sqrt{x}}\mathrm{d}x$.

解　令 $\sqrt{x} = t$ ，则 $x = t^2$, $\mathrm{d}x = 2t\mathrm{d}t$ ，且当 $x = 0$ 时， $t = 0$ ；当 $x = 1$ 时， $t = 1$. 所以

$$\int_0^1 \mathrm{e}^{\sqrt{x}}\mathrm{d}x = 2\int_0^1 t\mathrm{e}^t\mathrm{d}t = 2\int_0^1 t\mathrm{d}\mathrm{e}^t$$

$$= 2\left[t\mathrm{e}^t\right]_0^1 - 2\int_0^1 \mathrm{e}^t\mathrm{d}t$$

$$= 2\mathrm{e} - 2\left[\mathrm{e}^t\right]_0^1 = 2 .$$

例 5.5.12　设 $f(0) = 1$ ，$f(2) = 3$ ，$f'(2) = 5$ ，计算 $\int_0^2 xf''(x)\mathrm{d}x$.

解　根据分部积分法得

$$\int_0^2 xf''(x)\mathrm{d}x = \int_0^2 x\mathrm{d}f'(x) = xf'(x)\Big|_0^2 - \int_0^2 f'(x)\mathrm{d}x$$

$$= 2f'(2) - f(x)\Big|_0^2 = 10 - f(2) + f(0) = 8 .$$

5.6　反常积分

前面介绍的定积分中，被积函数满足的条件是： $f(x)$ 在有限区间 $[a,b]$ 上是有界的. 但是在一些实际应用问题中，还经常会遇到积分区间为无限区间或者是被积函数在积分区间上无界的情形，这样的积分不再属于定积分，而是定积分的推广，我们通常称其为**反常积分**或**广义积分**.

5.6.1 无穷限的反常积分

定义 5.6.1 设函数 $f(x)$ 在 $[a,+\infty)$ 上连续，取 $t>a$，如果极限 $\lim\limits_{t\to+\infty}\int_a^t f(x)\mathrm{d}x$ 存在，则称此极限为函数 $f(x)$ 在无穷区间 $[a,+\infty)$ 上的**反常积分**，记作 $\int_a^{+\infty} f(x)\mathrm{d}x$，即

$$\int_a^{+\infty} f(x)\mathrm{d}x = \lim_{t\to+\infty}\int_a^t f(x)\mathrm{d}x .$$

这时也称反常积分 $\int_a^{+\infty} f(x)\mathrm{d}x$ **收敛**；上述极限不存在时，称反常积分 $\int_a^{+\infty} f(x)\mathrm{d}x$ **发散**，记号 $\int_a^{+\infty} f(x)\mathrm{d}x$ 不再表示数值.

类似地，设函数 $f(x)$ 在区间 $(-\infty,b]$ 上连续，取 $t<b$，如果极限 $\lim\limits_{t\to-\infty}\int_t^b f(x)\mathrm{d}x$ 存在，则称此极限为函数 $f(x)$ 在无穷区间 $(-\infty,b]$ 上的**反常积分**，记作 $\int_{-\infty}^b f(x)\mathrm{d}x$，即

$$\int_{-\infty}^b f(x)\mathrm{d}x = \lim_{t\to-\infty}\int_t^b f(x)\mathrm{d}x .$$

这时也称反常积分 $\int_{-\infty}^b f(x)\mathrm{d}x$ **收敛**；当上述极限不存在时，称反常积分 $\int_{-\infty}^b f(x)\mathrm{d}x$ **发散**.

设函数 $f(x)$ 在 $(-\infty,+\infty)$ 上连续，如果反常积分 $\int_{-\infty}^0 f(x)\mathrm{d}x$ 和 $\int_0^{+\infty} f(x)\mathrm{d}x$ 都收敛，则称上述两反常积分之和为函数 $f(x)$ 在无穷区间 $(-\infty,+\infty)$ 上的**反常积分**，记作 $\int_{-\infty}^{+\infty} f(x)\mathrm{d}x$，即

$$\begin{aligned}\int_{-\infty}^{+\infty} f(x)\mathrm{d}x &= \int_{-\infty}^0 f(x)\mathrm{d}x + \int_0^{+\infty} f(x)\mathrm{d}x \\ &= \lim_{t\to-\infty}\int_t^0 f(x)\mathrm{d}x + \lim_{t\to+\infty}\int_0^t f(x)\mathrm{d}x .\end{aligned}$$

这时称反常积分 $\int_{-\infty}^{+\infty} f(x)\mathrm{d}x$ **收敛**；如果 $\int_{-\infty}^0 f(x)\mathrm{d}x$ 和 $\int_0^{+\infty} f(x)\mathrm{d}x$ 不都收敛，则称反常积分 $\int_{-\infty}^{+\infty} f(x)\mathrm{d}x$ **发散**.

上述积分我们统称为**无穷限的反常积分**.

根据定义 5.6.1 和牛顿—莱布尼茨公式，我们可以得到以下简记形式.

对于反常积分 $\int_a^{+\infty} f(x)\mathrm{d}x$，如果 $F(x)$ 是 $f(x)$ 在 $[a,+\infty)$ 上的一个原函数，则

$$\int_a^{+\infty} f(x)\mathrm{d}x = \lim_{t\to+\infty}\int_a^t f(x)\mathrm{d}x = \lim_{t\to+\infty}\left[F(t)-F(a)\right] = \lim_{t\to+\infty}F(t)-F(a),$$

记 $\lim\limits_{t\to+\infty}F(t)=F(+\infty)$，则积分

$$\int_a^{+\infty} f(x)\mathrm{d}x = F(+\infty)-F(a) = \left[F(x)\right]_a^{+\infty} .$$

类似地，记

$$\int_{-\infty}^{b} f(x)\mathrm{d}x = \left[F(x)\right]_{-\infty}^{b},$$

$$\int_{-\infty}^{+\infty} f(x)\mathrm{d}x = \left[F(x)\right]_{-\infty}^{+\infty}.$$

例 5.6.1　计算反常积分 $\int_{0}^{+\infty} \mathrm{e}^{-x}\,\mathrm{d}x$.

解　$\int_{0}^{+\infty} \mathrm{e}^{-x}\,\mathrm{d}x = \lim\limits_{t\to+\infty}\int_{0}^{t} \mathrm{e}^{-x}\,\mathrm{d}x = \lim\limits_{t\to+\infty}\left[-\mathrm{e}^{-x}\right]_{0}^{t} = \lim\limits_{t\to+\infty}\left(1-\mathrm{e}^{-t}\right) = 1$.

例 5.6.2　计算反常积分 $\int_{-\infty}^{+\infty} \dfrac{\mathrm{d}x}{1+x^2}$.

解　$\int_{-\infty}^{+\infty} \dfrac{\mathrm{d}x}{1+x^2} = \left[\arctan x\right]_{-\infty}^{+\infty} = \lim\limits_{x\to+\infty}\arctan x - \lim\limits_{x\to-\infty}\arctan x$

$$= \frac{\pi}{2} - \left(-\frac{\pi}{2}\right) = \pi.$$

例 5.6.3　证明反常积分 $\int_{0}^{+\infty} \cos x\mathrm{d}x$ 发散.

证明　$\int_{0}^{+\infty} \cos x\mathrm{d}x = \left[\sin x\right]_{0}^{+\infty} = \lim\limits_{t\to+\infty}\sin t$，而 $\lim\limits_{t\to+\infty}\sin t$ 不存在，所以反常积分 $\int_{0}^{+\infty} \cos x\mathrm{d}x$ 发散.

例 5.4.4　证明反常积分 $\int_{a}^{+\infty} \dfrac{1}{x^p}\mathrm{d}x$（$a>0$）当 $p>1$ 时收敛，当 $p\leqslant 1$ 时发散.

证明　（1）$p=1$，$\int_{a}^{+\infty} \dfrac{1}{x^p}\mathrm{d}x = \int_{a}^{+\infty} \dfrac{1}{x}\mathrm{d}x = \left[\ln x\right]_{a}^{+\infty} = +\infty$.

（2）$p\neq 1$，$\int_{a}^{+\infty} \dfrac{1}{x^p}\mathrm{d}x = \left[\dfrac{x^{1-p}}{1-p}\right]_{a}^{+\infty} = \begin{cases} +\infty, & p<1, \\ \dfrac{a^{1-p}}{p-1}, & p>1. \end{cases}$

因此，当 $p>1$ 时，反常积分收敛，其值为 $\dfrac{a^{1-p}}{p-1}$；当 $p\leqslant 1$ 时，反常积分发散.

5.6.2　无界函数的反常积分

定义 5.6.2　如果函数 $f(x)$ 在点 a 的任一邻域内都无界，则称点 a 为函数 $f(x)$ 的**瑕点**（又称**无界间断点**）.

定义 5.6.3　设函数 $f(x)$ 在区间 $(a,b]$ 上连续，点 a 为 $f(x)$ 的瑕点．取 $t>a$，如果极限 $\lim\limits_{t\to a^+}\int_{t}^{b} f(x)\mathrm{d}x$ 存在，则称此极限为函数 $f(x)$ 在区间 $(a,b]$ 上的**反常积分**，记作

$$\int_a^b f(x)\mathrm{d}x = \lim_{t\to a^+}\int_t^b f(x)\mathrm{d}x .$$

这时也称反常积分$\int_a^b f(x)\mathrm{d}x$**收敛**；当上述极限不存在时，称反常积分$\int_a^b f(x)\mathrm{d}x$**发散**.

类似地，设函数$f(x)$在区间$[a,b)$上连续，点b为$f(x)$的瑕点．取$t<b$，如果极限$\lim\limits_{t\to b^-}\int_a^t f(x)\mathrm{d}x$存在，则称此极限为函数$f(x)$在区间$[a,b)$上的**反常积分**，记作

$$\int_a^b f(x)\mathrm{d}x = \lim_{t\to b^-}\int_a^t f(x)\mathrm{d}x .$$

这时也称反常积分$\int_a^b f(x)\mathrm{d}x$**收敛**；当上述极限不存在时，称反常积分$\int_a^b f(x)\mathrm{d}x$**发散**.

设函数$f(x)$在区间$[a,b]$上除点c（$a<c<b$）外连续，点c为$f(x)$的瑕点．如果两个反常积分$\int_a^c f(x)\mathrm{d}x$和$\int_c^b f(x)\mathrm{d}x$都收敛，则定义

$$\int_a^b f(x)\mathrm{d}x = \int_a^c f(x)\mathrm{d}x + \int_c^b f(x)\mathrm{d}x = \lim_{t\to c^-}\int_a^t f(x)\mathrm{d}x + \lim_{t\to c^+}\int_t^b f(x)\mathrm{d}x ,$$

这时称反常积分$\int_a^b f(x)\mathrm{d}x$**收敛**；否则，就称反常积分$\int_a^b f(x)\mathrm{d}x$**发散**.

根据定义 5.6.3 和牛顿—莱布尼茨公式，我们可以得到以下简记形式.

若点a为$f(x)$的瑕点，对反常积分$\int_a^b f(x)\mathrm{d}x$，如果$F(x)$是$f(x)$在$(a,b]$上的一个原函数，则

$$\int_a^b f(x)\mathrm{d}x = \lim_{t\to a^+}\int_t^b f(x)\mathrm{d}x = \lim_{t\to a^+}\left[F(b)-F(t)\right] = F(b) - \lim_{t\to a^+}F(t),$$

记$\lim\limits_{t\to a^+}F(t)=F(a^+)$，则积分

$$\int_a^b f(x)\mathrm{d}x = F(b)-F(a^+) = \left[F(x)\right]_{a^+}^b .$$

类似地，若点b为$f(x)$的瑕点，记

$$\int_a^b f(x)\mathrm{d}x = \left[F(x)\right]_a^{b^-} .$$

例 5.6.5 计算反常积分$\int_0^a \dfrac{\mathrm{d}x}{\sqrt{a^2-x^2}}$（$a>0$）.

解 因为$\lim\limits_{x\to a^-}\dfrac{1}{\sqrt{a^2-x^2}}=+\infty$，所以$x=a$为被积函数的无穷间断点，从而必为瑕点，于是

$$\int_0^a \frac{dx}{\sqrt{a^2-x^2}} = \lim_{t\to a^-}\int_0^t \frac{dx}{\sqrt{a^2-x^2}} = \lim_{t\to a^-}\left[\arcsin\frac{x}{a}\right]_0^t = \frac{\pi}{2}.$$

例 5.6.6　讨论反常积分$\int_{-1}^{1}\frac{1}{x^2}dx$的敛散性.

解　显然$x=0$是内部瑕点，因此把积分分为两部分，即

$$\int_{-1}^{1}\frac{1}{x^2}dx = \int_{-1}^{0}\frac{1}{x^2}dx + \int_{0}^{1}\frac{1}{x^2}dx,$$

而

$$\int_{-1}^{0}\frac{1}{x^2}dx = \left[-\frac{1}{x}\right]_{-1}^{0^-} = \lim_{x\to 0^-}\left(-\frac{1}{x}\right)-1 = +\infty.$$

根据定义，反常积分$\int_{-1}^{1}\frac{1}{x^2}dx$发散.

例 5.4.7　证明反常积分$\int_a^b \frac{dx}{(x-a)^q}$当$q<1$时收敛，当$q\geqslant 1$时发散.

证明　（1）当$q=1$时，$\int_a^b \frac{dx}{x-a} = \left[\ln|x-a|\right]_{a^+}^{b} = +\infty$.

（2）当$q\neq 1$时，

$$\int_a^b \frac{dx}{(x-a)^q} = \left[\frac{(x-a)^{1-q}}{1-q}\right]_{a^+}^{b} = \begin{cases}\frac{(b-a)^{1-q}}{1-q}, & q<1,\\ +\infty, & q>1.\end{cases}$$

因此，当$q<1$时，该反常积分收敛，其值为$\frac{(b-a)^{1-q}}{1-q}$；当$q\geqslant 1$时，该反常积分发散.

例 5.6.8　计算反常积分$\int_1^2 \frac{dx}{x\sqrt{x-1}}$.

解　显然$x=1$是瑕点，令$\sqrt{x-1}=t$，则有$t=0$是瑕点. 从而

$$\int_1^2 \frac{dx}{x\sqrt{x-1}} = \int_0^1 \frac{2t}{(t^2+1)t}dt = 2\int_0^1 \frac{1}{t^2+1}dt$$

$$= 2\left[\arctan t\right]_{0^+}^{1} = \frac{\pi}{2}.$$

5.6.3　Γ 函数

在经济学中，我们经常会应用概率统计模型讨论问题，其中研究概率分布中的数字特征是一项重要内容. 而数字特征的计算往往都归到复杂的积分运算. 利

用Γ函数的特殊性质能有效简便地求解概率论中所涉及的具体且复杂的积分表征形式、数字特征等数学问题，可以避免多次分部积分．下面介绍Γ函数的定义及其重要性质．

定义 5.6.4 称反常积分

$$\Gamma(s)=\int_0^{+\infty} x^{s-1}\mathrm{e}^{-x}\mathrm{d}x\ (s>0) \tag{5.6.1}$$

为Γ函数（图 5.12）．

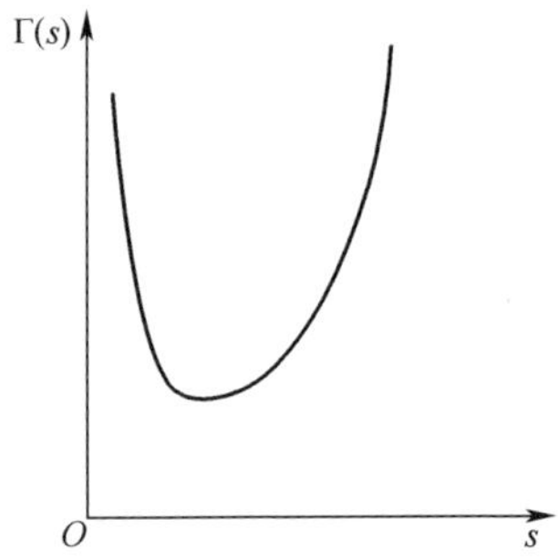

图 5.12

可以证明式（5.6.1）右端的反常积分在$s>0$时是收敛的，说明Γ函数的定义域为$s>0$．还可以进一步证明Γ函数在其定义域内是连续的．

下面我们重点介绍它的重要性质．

性质 5.6.1 $\Gamma(s+1)=s\Gamma(s)\ (s>0)$．

证明 根据定义，有

$$\begin{aligned}\Gamma(s+1)&=\int_0^{+\infty} x^s\mathrm{e}^{-x}\mathrm{d}x=-\int_0^{+\infty} x^s\mathrm{d}\mathrm{e}^{-x}\\&=\left[-x^s\mathrm{e}^{-x}\right]_0^{+\infty}+\int_0^{+\infty}\mathrm{e}^{-x}\mathrm{d}x^s=s\int_0^{+\infty}\mathrm{e}^{-x}x^{s-1}\mathrm{d}x\\&=s\Gamma(s)\,.\end{aligned}$$

性质 5.6.2 $\Gamma(n+1)=n!$ （n为正整数）．

证明 根据上述性质，有

$$\begin{aligned}\Gamma(n+1)&=n\Gamma(n)=n\cdot(n-1)\Gamma(n-1)=\cdots\\&=n\cdot(n-1)\cdot\cdots\cdot 2\cdot 1\cdot\Gamma(1)\\&=n!\Gamma(1)\,,\end{aligned}$$

而

$$\Gamma(1)=\int_0^{+\infty}\mathrm{e}^{-x}\mathrm{d}x=\left[-\mathrm{e}^{-x}\right]_0^{+\infty}=1\,,$$

所以结论成立．

性质 5.6.3　$\Gamma(s)\Gamma(1-s)=\dfrac{\pi}{\sin\pi s}\ (0<s<1)$.

这个公式称为**余元公式**，在此我们不做证明.

例 5.6.9　计算下列各值：

（1）$\dfrac{\Gamma(6)}{2\Gamma(3)}$；　　（2）$\dfrac{\Gamma\left(\frac{5}{2}\right)}{\Gamma\left(\frac{1}{2}\right)}$.

解　（1）根据性质 5.6.2，

$$\frac{\Gamma(6)}{2\Gamma(3)}=\frac{5!}{2\cdot 2!}=\frac{5\cdot 4\cdot 3}{2}=30.$$

（2）根据性质 5.6.1，

$$\frac{\Gamma\left(\frac{5}{2}\right)}{\Gamma\left(\frac{1}{2}\right)}=\frac{\frac{3}{2}\Gamma\left(\frac{3}{2}\right)}{\Gamma\left(\frac{1}{2}\right)}=\frac{\frac{3}{2}\cdot\frac{1}{2}\Gamma\left(\frac{1}{2}\right)}{\Gamma\left(\frac{1}{2}\right)}=\frac{3}{4}.$$

例 5.6.10　计算反常积分：

（1）$\int_0^{+\infty}x^2\mathrm{e}^{-x}\mathrm{d}x$；　　（2）$\int_0^{+\infty}x^{-\frac{1}{2}}\mathrm{e}^{-x}\mathrm{d}x$.

解　（1）$\int_0^{+\infty}x^2\mathrm{e}^{-x}\mathrm{d}x=\Gamma(3)=2!=2$.

（2）根据定义

$$\int_0^{+\infty}x^{-\frac{1}{2}}\mathrm{e}^{-x}\mathrm{d}x=\Gamma\left(\frac{1}{2}\right),$$

根据性质 5.6.3，令 $s=\dfrac{1}{2}$，可得

$$\Gamma\left(\frac{1}{2}\right)=\sqrt{\pi},$$

所以

$$\int_0^{+\infty}x^{-\frac{1}{2}}\mathrm{e}^{-x}\mathrm{d}x=\sqrt{\pi}.$$

令 $x=t^2$，$\mathrm{d}x=2t\mathrm{d}t$，可得

$$\begin{aligned}\int_0^{+\infty}x^{-\frac{1}{2}}\mathrm{e}^{-x}\mathrm{d}x&=\int_0^{+\infty}t^{-1}\mathrm{e}^{-t^2}\cdot 2t\mathrm{d}t\\&=2\int_0^{+\infty}\mathrm{e}^{-t^2}\mathrm{d}t=\int_{-\infty}^{+\infty}\mathrm{e}^{-t^2}\mathrm{d}t,\end{aligned}$$

即

$$\int_{-\infty}^{+\infty} e^{-t^2} dt = \Gamma\left(\frac{1}{2}\right) = \sqrt{\pi} .$$

5.7 定积分的几何应用与经济应用

定积分元素法

5.7.1 定积分的元素法

在本节中，我们将应用前面章节中的定积分理论来解决一些几何学的相关问题. 本节的学习过程中，不仅要掌握这些实际问题的计算公式，更重要的是深刻体会推导这些公式的重要思想方法——**元素法**.

下面首先介绍元素法的基本思想.

简单回顾在本章第一节中的几何问题——曲边梯形的面积问题，解决的步骤可归结为“分割、近似、求和、取极限”. 将曲边梯形分割成细长的小曲边梯形时任意插入了 $n-1$ 个分点 x_1，x_2，…，x_{n-1}，在对每个窄曲边梯形的面积做近似计算时，从对应的每个小区间上任取一个点 ξ_i，以对应的函数值 $f(\xi_i)$ 为高，以区间长度 Δx_i 为底的矩形面积近似代替了小曲边梯形的面积，然后进行求和，取极限得到曲边梯形面积的精确值

$$A = \lim_{\lambda \to 0} \sum_{i=1}^{n} f(\xi_i) \Delta x_i .$$

为了简单起见，对上述的任意分割和任意取值不做具体化标注，从而可以将上述过程改写如下：

（1）分割：把 $[a,b]$ 任意分为 n 个小区间，任取其中一个小区间 $[x, x+dx]$，ΔA 表示 $[x, x+dx]$ 上小曲边梯形的面积.

（2）近似：取 $[x, x+dx]$ 的左端点 x 为 ξ，以 x 处的函数值 $f(x)$ 为高，dx 为底的小矩形的面积 $f(x)dx$ 作为 ΔA 的近似值：

$$\Delta A \approx f(x)dx .$$

（3）求和：面积 A 的近似值表示为

$$A = \sum \Delta A \approx \sum f(x)dx .$$

（4）取极限：面积 A 的精确值表示为

$$A = \lim \sum f(x)dx = \int_a^b f(x)dx .$$

在这四个步骤中，关键是第二步，只要求出了任取小区间对应的小曲边梯形面积 ΔA 的近似值 $dA = f(x)dx$，再以它为被积函数求定积分，就可以得到 A 的精

确值．在这里 $dA = f(x)dx$ 称为**面积元素**.

对所求的量先求出其元素，然后以元素为被积表达式做定积分，从而求出所求量的方法，称为**元素法**.

一般地，如果某一实际问题中的所求量 U 符合下列条件，就可以考虑用定积分的元素法来表达这个量：

（1）U 是一个与变量 x 的变化区间 $[a,b]$ 有关的量.

（2）U 对于区间 $[a,b]$ 具有可加性，即如果把区间 $[a,b]$ 分成若干部分区间，则 U 相应地被分成若干部分量，而 U 等于所有部分量之和.

（3）部分量 ΔU 近似等于量 U 的元素 dU，则 $U = \int_a^b dU$.

通常写出所求量 U 的一般步骤如下：

（1）根据问题的具体情况，选取一个变量，比如 x 作积分变量，并确定它的变化区间 $[a,b]$.

（2）在 $[a,b]$ 上任取一个小区间 $[x, x+dx]$，如果相对应的部分量 ΔU 的元素能够表示成 $f(x)dx$，即

$$dU = f(x)dx.$$

（3）以所求量的元素 $f(x)dx$ 为被积表达式，在区间 $[a,b]$ 上做定积分，得

$$U = \int_a^b dU = \int_a^b f(x)dx.$$

5.7.2　定积分在几何学上的应用——平面图形的面积

由连续曲线 $y = f(x)$（$f(x) \geqslant 0$），直线 $x = a$，$x = b$（$a < b$）和 x 轴围成的曲边梯形的面积 $A = \int_a^b f(x)dx$，被积表达式 $f(x)dx$ 就是面积元素 dA.

按照定积分的元素法，我们可以推导出一般平面图形的面积计算公式.

一般地，由两条曲线 $y = f_1(x)$，$y = f_2(x)$（$f_1(x) \geqslant f_2(x)$）与直线 $x = a$，$x = b$ 围成的图形的面积元素（图 5.13）

$$dA = [f_1(x) - f_2(x)]dx,$$

因此面积为

$$A = \int_a^b dA = \int_a^b [f_1(x) - f_2(x)]dx.$$

类似地，按照定积分元素法，由曲线 $x = g_1(y)$，$x = g_2(y)$（$g_1(y) \leqslant g_2(y)$）与直线 $y = c$，$y = d$ 围成的平面图形（图 5.14）的面积为

$$A = \int_c^d [g_2(y) - g_1(y)]dy.$$

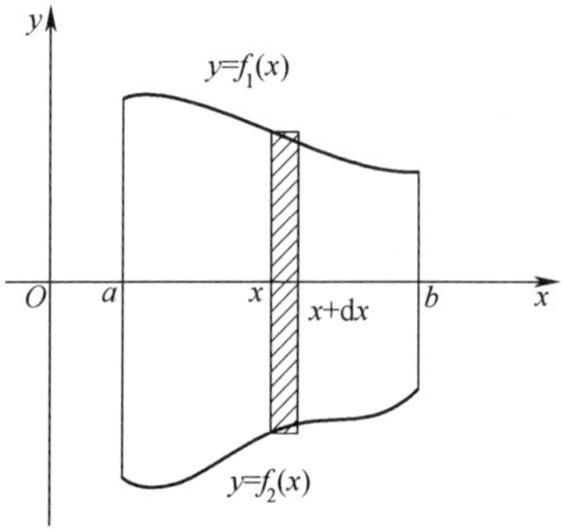

图 5.13

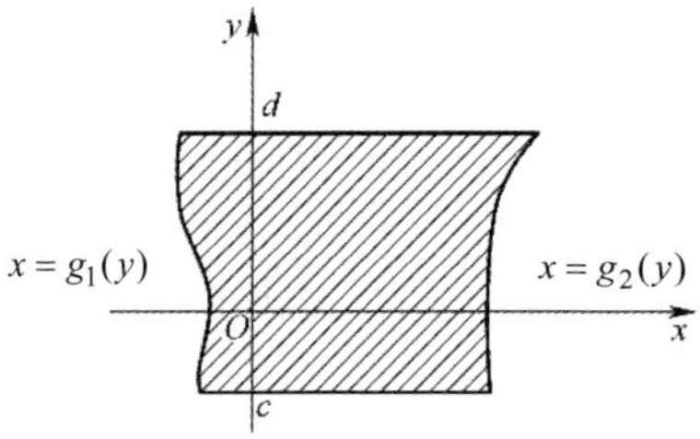

图 5.14

例 5.7.1 计算椭圆 $\dfrac{x^2}{a^2}+\dfrac{y^2}{b^2}=1$（$a>0, b>0$）所围成的平面图形的面积.

解 根据椭圆图形的对称性，整个椭圆所围成的图形面积应为位于第一象限内图形面积的 4 倍，所以只需计算第一象限内图形的面积，如图 5.15 所示.

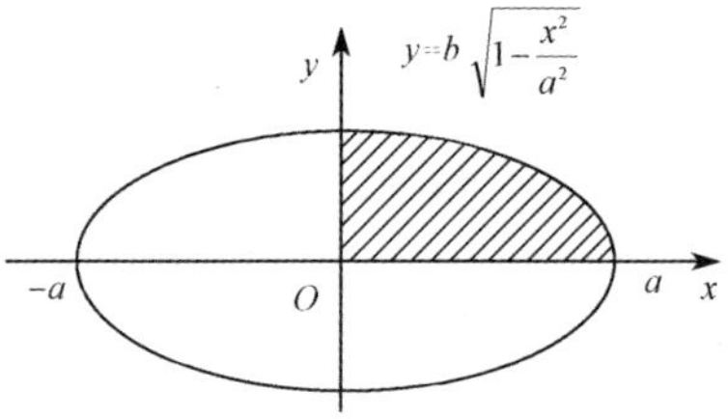

图 5.15

取 x 为积分变量，则 $0\leqslant x\leqslant a$， $y=b\sqrt{1-\dfrac{x^2}{a^2}}$，得到相应的面积元素为

$$\mathrm{d}A=b\sqrt{1-\frac{x^2}{a^2}}\mathrm{d}x,$$

故

$$A = 4\int_0^a \mathrm{d}A = 4\int_0^a b\sqrt{1-\frac{x^2}{a^2}}\,\mathrm{d}x$$

$$\xlongequal{设x=a\cos t} -4\int_0^{\frac{\pi}{2}}(b\sin t)(-a\sin t)\,\mathrm{d}t$$

$$= 4ab\int_0^{\frac{\pi}{2}}\sin^2 t\,\mathrm{d}t = \pi ab\ .$$

例 5.7.2 计算由两条抛物线 $y^2 = x$ 和 $y = x^2$ 所围成的图形的面积.

解 如图 5.16 所示，两曲线的交点 $(0,0)$，$(1,1)$，取 x 为积分变量，则 $x\in[0,1]$，任取 $[x,x+\mathrm{d}x]\subset[0,1]$，则得到相应的面积元素为 $\mathrm{d}A=\left(\sqrt{x}-x^2\right)\mathrm{d}x$.

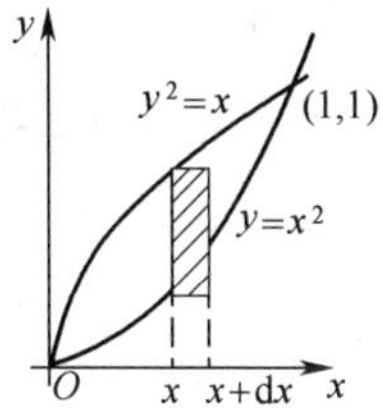

图 5.16

于是

$$A=\int_0^1 \mathrm{d}A=\int_0^1\left(\sqrt{x}-x^2\right)\mathrm{d}x=\left[\frac{2}{3}x^{\frac{3}{2}}-\frac{1}{3}x^3\right]_0^1=\frac{1}{3}\ .$$

注意：本题也可以取 y 为积分变量，请读者自行完成.

例 5.7.3 计算抛物线 $y^2 = 2x$ 与直线 $y = x-4$ 所围成的图形面积.

解 解方程组 $\begin{cases} y^2 = 2x \\ y = x-4 \end{cases}$ 得两曲线交点为 $(2,-2)$，$(8,4)$.

若选取 x 为积分变量，则 x 的变化范围为 $[0,8]$. 但在区间 $[0,2]$ 和 $[2,8]$ 上，面积元素表达式是不同的，如图 5.17 所示.

在 $0\leqslant x\leqslant 2$ 上，面积元素为

$$\mathrm{d}A=\left[\sqrt{2x}-\left(-\sqrt{2x}\right)\right]\mathrm{d}x=2\sqrt{2x}\,\mathrm{d}x\ ;$$

在 $2\leqslant x\leqslant 8$ 上，面积元素为

$$\mathrm{d}A=\left[\sqrt{2x}-(x-4)\right]\mathrm{d}x=\left(4+\sqrt{2x}-x\right)\mathrm{d}x\ .$$

从而

$$A=\int_0^2 2\sqrt{2x}\,\mathrm{d}x+\int_2^8\left[4+\sqrt{2x}-x\right]\mathrm{d}x$$

$$=\left[\frac{4\sqrt{2}}{3}x^{\frac{3}{2}}\right]_0^2+\left[4x+\frac{2\sqrt{2}}{3}x^{\frac{3}{2}}-\frac{1}{2}x^2\right]_2^8=18.$$

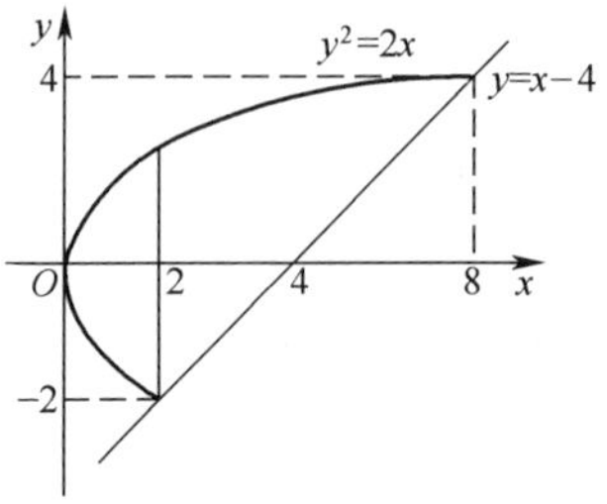

图 5.17

若选取 y 为积分变量，则 y 的变化范围为 $[-2,4]$，任取 $[y,y+\mathrm{d}y]\subset[-2,4]$，对应的面积元素表达式只有一个，即为

$$\mathrm{d}A=\left(y+4-\frac{1}{2}y^2\right)\mathrm{d}y,$$

于是

$$A=\int_{-2}^{4}\left(y+4-\frac{1}{2}y^2\right)\mathrm{d}y=\left[\frac{y^2}{2}+4y-\frac{y^3}{6}\right]_{-2}^4=18.$$

显然，选取 y 为积分变量的解题过程要简洁，因此在求平面图形的面积时，恰当地选取积分变量可以使计算更简单.

5.7.3 定积分在几何学上的应用——体积

1. 旋转体的体积

由一个平面图形绕这平面内一条直线旋转一周而成的立体称为**旋转体**，这条直线称为**旋转轴**.

如圆柱、圆锥、圆台、球体可以分别看成是由矩形绕它的一条边、直角三角形绕它的直角边、直角梯形绕它的直角腰、半圆绕它的直径旋转一周而成的立体，它们都是旋转体.

某一旋转体由连续曲线 $y=f(x)$，直线 $x=a$，$x=b$ 及 x 轴所围成的曲边梯形绕 x 轴旋转一周而成（图 5.18），下面我们来计算它的体积 V.

取 x 为积分变量，旋转体垂直于 x 轴的截面都是圆面，所以在任取的 $x\in[a,b]$ 处对应的圆面的面积为

$$A(x)=\pi y^2=\pi f^2(x),$$

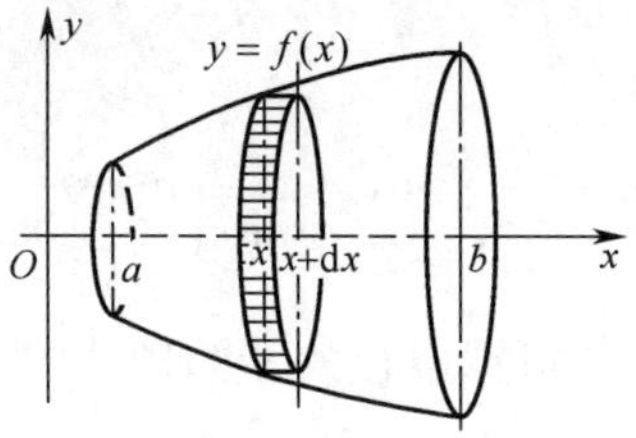

图 5.18

从而得到体积元素为

$$dV = \pi f^2(x)dx,$$

将体积元素作为被积表达式，就可以得到所求旋转体的体积公式

$$V = \int_a^b dV = \int_a^b \pi f^2(x)dx = \pi\int_a^b f^2(x)dx.$$

类似地，如图 5.19 所示，由连续曲线 $x=\varphi(y)$，直线 $y=c$， $y=d$ 及 y 轴所围成的曲边梯形绕 y 轴旋转一周而成的立体，其体积为

$$V = \int_c^d \pi\varphi^2(y)dy = \pi\int_c^d \varphi^2(y)dy.$$

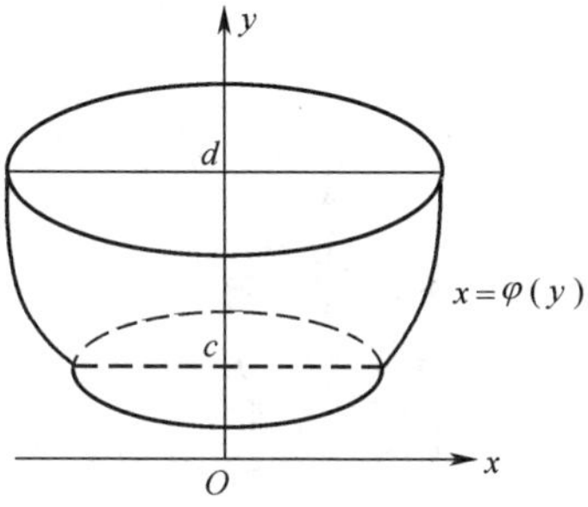

图 5.19

例 5.7.4　计算由椭圆 $\frac{x^2}{a^2}+\frac{y^2}{b^2}=1$ 所围成的图形绕 x 轴旋转一周而成的旋转体（叫作**旋转椭球体**）的体积.

解　如图 5.20 所示，旋转椭球体可以看作上半椭圆绕 x 轴旋转而成的.

取 x 为积分变量，则在任意点 $x\in[-a,a]$ 处对应的面积

$$A(x) = \pi y^2 = \pi\frac{b^2}{a^2}(a^2-x^2),$$

则体积元素为

$$dV = A(x)dx = \pi\frac{b^2}{a^2}(a^2-x^2)dx,$$

故所求旋转体的体积为

$$V=\int_{-a}^{a}\pi\frac{b^2}{a^2}\left(a^2-x^2\right)\mathrm{d}x=\pi\frac{b^2}{a^2}\left[a^2x-\frac{1}{3}x^3\right]_{-a}^{a}=\frac{4}{3}\pi ab^2.$$

特别地，当$a=b=R$时，可得半径为R的球体的体积$V=\frac{4}{3}\pi R^3$.

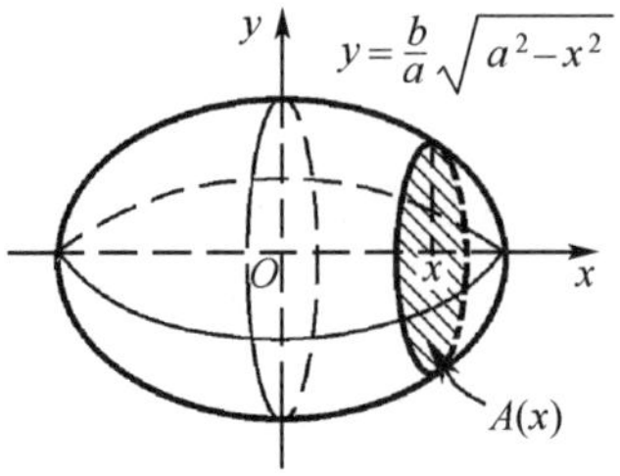

图 5.20

例 5.7.5 计算由曲线$y=x^3$及直线$x=2$，$y=8$所围成的图形绕y轴旋转而成的旋转体的体积.

解 所求的旋转体可以看作是由平面图形$OABO$绕y轴旋转一周形成的，如图 5.21 所示.

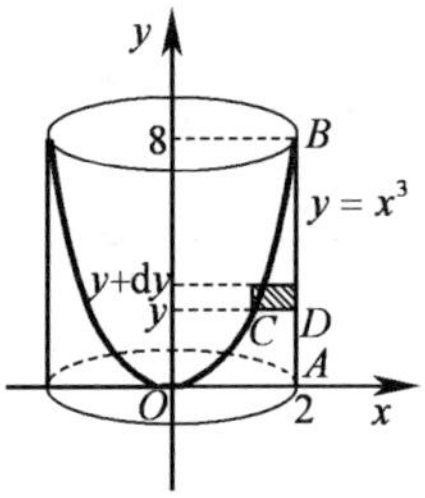

图 5.21

选取y为积分变量，则根据已知条件得，其变化范围为$[0,8]$，任取$y\in[0,8]$，在y处对应的截面面积为

$$A(y)=\pi\times2^2-\pi\times x^2=\pi\left(4-y^{\frac{2}{3}}\right),$$

因此所求的旋转体的体积为

$$V=\int_0^8A(y)\mathrm{d}y=\int_0^8\pi\left(4-y^{\frac{2}{3}}\right)\mathrm{d}y=32\pi-\frac{3}{5}\pi\left[y^{\frac{5}{3}}\right]_0^8=\frac{64}{5}\pi.$$

2. 平行截面面积为已知的立体体积

假设一个不规则的立体，该立体垂直于一个定轴并且用垂直于定轴的平面截

该立体，如果已知各个截面的面积，那么这个立体的体积可用定积分来计算.

如图 5.22 所示，取上述定轴为 x 轴，并设该立体在过点 $x=a$ ， $x=b$ 且垂直于 x 轴的两个平行平面之间，并设过任意一点 x 的截面面积为 $A(x)$，这里 $A(x)$ 是连续函数.

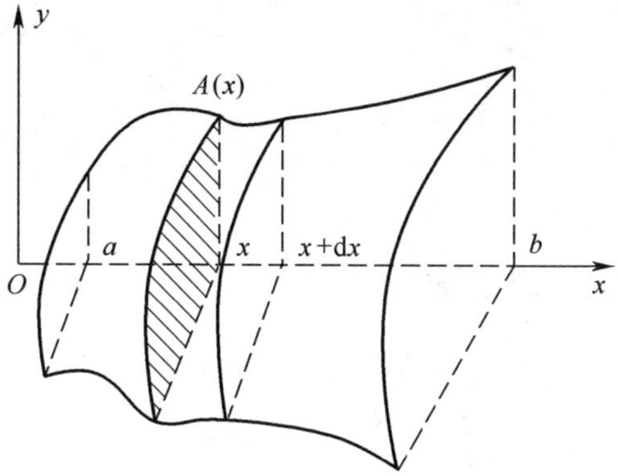

图 5.22

取 x 为积分变量，变化区间为 $[a,b]$，任取 $[x,x+\mathrm{d}x]\subset[a,b]$，该小区间的薄片的体积近似于以 $A(x)$ 为底面积、$\mathrm{d}x$ 为高的扁柱体的体积，则体积元素为

$$\mathrm{d}V=A(x)\mathrm{d}x,$$

从而，所求立体的体积为

$$V=\int_a^b A(x)\mathrm{d}x.$$

例 5.7.6　一平面经过半径为 R 的圆柱体的底圆中心并与底面交成 α 角，计算该平面截圆柱体所得立体的体积.

解　如图 5.23（a）所示建立平面直角坐标系，则底圆方程为 $x^2+y^2=R^2$.

取 x 为积分变量，变化区间为 $[-R,R]$，过区间上任一点 x 且垂直于 x 轴的截面是一个直角三角形．两条直角边的长分别为 $\sqrt{R^2-x^2}$ 及 $\sqrt{R^2-x^2}\tan\alpha$，所以截面面积 $A(x)=\frac{1}{2}\left(R^2-x^2\right)\tan\alpha$，于是所求立体体积为

$$V=\int_{-R}^{R}\frac{1}{2}\left(R^2-x^2\right)\tan\alpha\mathrm{d}x=\frac{1}{2}\tan\alpha\left[R^2x-\frac{1}{3}x^3\right]_{-R}^{R}=\frac{2}{3}R^3\tan\alpha.$$

注意：这个问题我们也可以取 y 为积分变量，如图 5.23（b）所示，请读者自行完成.

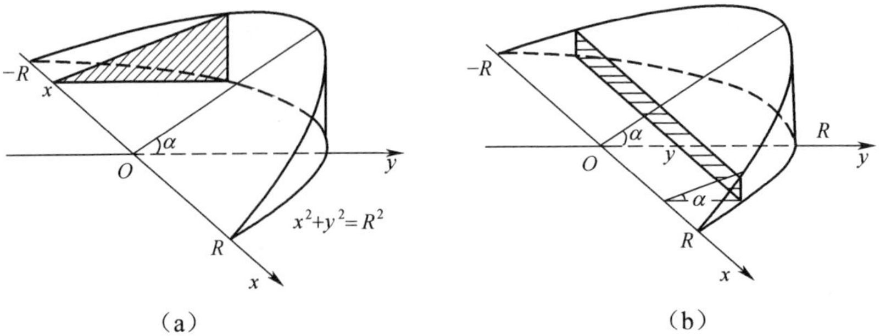

图 5.23

5.7.4 由边际函数求原函数

前面我们学习过，经济应用函数 $u(x)$ 的导数为其边际函数 $u'(x)$，则有

$$\int_0^x u'(t)\mathrm{d}t = u(x) - u(0),$$

于是可以得到边际函数的原函数

$$u(x) = u(0) + \int_0^x u'(t)\mathrm{d}t. \tag{5.7.1}$$

例 5.7.7 生产某产品的边际成本函数为

$$C'(x) = 3x^2 - 14x + 100,$$

固定成本 $C(0) = 10000$，计算生产 x 个产品的总成本函数.

解 总成本函数的导数即为边际成本函数，因此边际成本函数的原函数即为总成本函数，由公式（5.7.1）可得

$$\begin{aligned} C(x) &= C(0) + \int_0^x C'(t)\mathrm{d}t \\ &= 10000 + \int_0^x (3t^2 - 14t + 100)\mathrm{d}t \\ &= 10000 + \left[t^3 - 7t^2 + 100t\right]_0^x \\ &= 10000 + x^3 - 7x^2 + 100x. \end{aligned}$$

例 5.7.8 已知边际收益函数为 $R'(x) = 78 - 2x$，设 $R(0) = 0$，求收益函数.

解

$$\begin{aligned} R(x) &= R(0) + \int_0^x R'(t)\mathrm{d}t \\ &= 0 + \int_0^x (78 - 2t)\mathrm{d}t \\ &= 78x - x^2. \end{aligned}$$

例 5.7.9 已知某产品生产 x 单位时的边际收益为 $R'(x) = 100 - \dfrac{x}{200}$，求

（1）生产 100 单位时的总收益；

（2）如果已经生产了 200 单位，求再生产 200 单位的总收益．

解　（1）生产 100 单位时的总收益是

$$R(100)=R(0)+\int_0^{100}\left(100-\frac{x}{200}\right)\mathrm{d}x=\left[100x-\frac{x^2}{400}\right]_0^{100}=9975 .$$

（2）已经生产了 200 单位，再生产 200 单位的总收益是

$$R=\int_{200}^{400}\left(100-\frac{x}{200}\right)\mathrm{d}x=\left[100x-\frac{x^2}{400}\right]_{200}^{400}=19700 .$$

例 5.7.10　某煤矿投资 5000 万元建成，开采以后，在时刻 t 的追加成本为

$$C'(t)=3+2\sqrt[3]{t^2}\ （百万元/年），$$

同时增加的收益为 $R'(t)=30-\sqrt[3]{t^2}$（百万元/年）．如果要获得最大利润，则该矿应该在何时停止开采？最大利润是多少？

解　由极值存在的必要条件，有 $C'(t)=R'(t)$，即

$$3+2\sqrt[3]{t^2}=30-\sqrt[3]{t^2} ,$$

解得 $t=27$，又

$$R''(t)-C''(t)=-3\cdot\frac{2}{3}t^{-\frac{1}{3}},\quad R''(27)-C''(27)<0 ,$$

所以 $t=27$ 年时利润最大，最大利润是

$$L=\int_0^{27}\left[R'(t)-C'(t)\right]\mathrm{d}t-50=\int_0^{27}\left(27-3\cdot\sqrt[3]{t^2}\right)\mathrm{d}t-50=241.6\ （百万元）.$$

5.8　数学拓展

5.8.1　数学建模——已知贴现率求现金流量的贴现值

由于货币有时间价值，所以不同时间里的货币不能直接相加、减，那么应该如何处理呢？最常用的一种方法是现值法．所谓**现值法**就是把不同时间里的货币都换算成它的“现在”值．

设时间 t 是离散取值的，$t=0,1,2,3,\cdots$，一般取年作为时间单位，投资额（以货币形式）记为 $P(0)$，年利率为 r，按复利计算，则 t 年后的货币额为

$$P(t)=P(0)(1+r)^t\ (t=1,2,\cdots), \tag{5.8.1}$$

从而有

$$P(0)=P(t)(1+r)^{-t}\ (t=1,2,\cdots), \tag{5.8.2}$$

其中，式（5.8.1）中 $P(0)$ 就称为 t 年后的货币 $P(t)$ 的**现值**.

设时间 t 是连续取值的，以 $P(t)$ 表示时间 t 时的货币额，$P(0)$ 为投资额．若按年利率 r 做连续复利计算，$P(0)$ 在 t 年后的货币额为

$$P(t)=P(0)\mathrm{e}^{rt}, \tag{5.8.3}$$

从而，t 年后货币额为 $P(t)$ 的现值为

$$P(0)=P(t)\mathrm{e}^{-rt}. \tag{5.8.4}$$

投资的目的在于收益，由于总收益通常不是在投资周期之末一次进行，而是陆续的，比如说在每一年末都有收益，甚至在每时每刻都有收益，这就称为**收益流量（货币流量）**．现在我们来计算一项投资的总收益.

离散型 设第 1 年末，第 2 年末，…，每年末的收益流量皆为 R_1，年利率为 r，则 n 年末的现值分别为

$$R_1(1+r)^{-1}，R_1(1+r)^{-2}，\cdots，R_1(1+r)^{-n},$$

n 年末该项投资的总收益现值为

$$R=\sum_{i=1}^{n}\frac{R_1}{(1+r)^i}. \tag{5.8.5}$$

连续型 设 t 时刻的收益流量为 R，它指的是在时刻 t 时，单位时间里的收益，则在一个很短的时间区间 $[t,t+\mathrm{d}t]$ 内的收益的近似值是 $R\mathrm{d}t$．若按年利率为 r 的连续复利计算，在 $[t,t+\mathrm{d}t]$ 内收益的现值为 $R\mathrm{e}^{-rt}\mathrm{d}t$，按照定积分的元素法，那么到 n 年末该项投资的总收益现值为

$$R=\int_0^n R\mathrm{e}^{-rt}\mathrm{d}t. \tag{5.8.6}$$

例 5.8.1 有一个大型投资项目，投资成本为 $C=10000$（万元），投资年利率为 5%，每年的均匀收益流量 $A=2000$（万元），求该投资在 20 年末的纯收入的贴现值（按连续型计算）.

解 由已知，$R(t)=2000$（万元）为常量，年利率 $r=5\%$，由公式（5.8.6），得该项投资在 20 年末的总收益现值为

$$\begin{aligned}R&=\int_0^{20}2000\mathrm{e}^{-0.05t}\mathrm{d}t=\frac{2000}{0.05}\left[-\mathrm{e}^{-0.05t}\right]_0^{20}\\&=4000\left(1-\mathrm{e}^{-1}\right)\approx 25285\ （万元），\end{aligned}$$

所以，纯收益现值为

$$L=R-C\approx 25285-10000=15285\ （万元）.$$

例 5.8.2 若某商品房现售价为 50 万元，李某分期付款购买，10 年付清，每年付款数相同，若年利率为 4%，按连续复利计算，问李某每年应付款多少万元？

解　设李某每年付款 A 万元，共计 10 年，而全部付款的总现值是已知的，即房屋的现售价 50 万元，则

$$50 = A\int_0^{10} \mathrm{e}^{-0.04t}\,\mathrm{d}t = \frac{A}{0.04}\left(1-\mathrm{e}^{-0.4}\right),$$

即

$$A \approx 6.066\ （万元）,$$

李某每年应付款 6.066 万元.

5.8.2　数学家简介——莱布尼茨

莱布尼茨（Leibniz，1646－1716 年），德国数学家、自然主义哲学家、自然科学家.

莱布尼茨的父亲是莱比锡大学的哲学教授，在莱布尼茨 6 岁时去世，留给他十分丰富的藏书. 莱布尼茨自幼聪敏好学，经常到父亲的书房里阅读各种不同学科的书籍，中小学的基础课程主要是自学完成的. 16 岁进莱比锡大学学习法律，并钻研哲学，广泛地阅读了培根、开普勒、伽利略等的著作，并且对前人的著述进行深入的思考和评价. 1663 年 5 月，他获得莱比锡大学学士学位. 1664 年 1 月，他取得该校哲学学士学位. 从 1665 年开始，莱比锡大学审查他提交的博士论文《论身份》，但 1666 年以他年轻（20 岁）为由，不授予他博士学位. 对此他气愤地离开了莱比锡大学前往纽伦堡的阿尔特多夫大学，1667 年 2 月阿尔特多夫大学授予他法学博士学位，该校要聘他为教授，被他谢绝了. 1672—1676 年，任外交官并到欧洲各国游历，在此期间他结识了惠更斯等科学家，并在他们的影响下深入钻研了笛卡尔、帕斯卡、巴罗等的论著，并写下了很有见地的数学笔记. 这些笔记显示出他的才智，从中可以看出莱布尼茨深刻的理解力和超人的创造力. 1676 年，他到德国西部的汉诺威，担任腓特烈公爵的顾问及图书馆馆长近 40 年，这使他能利用空闲探讨自己喜爱的问题，撰写各种题材的论文，其论文之多浩如烟海. 莱布尼茨 1673 年被选为英国皇家学会会员，1682 年创办《博学文摘》，1700 年被选为法国科学院院士，同年创建了柏林科学院，并担任第一任院长.

莱布尼茨在数学上最突出的成就是创建了微积分的方法. 莱布尼茨的微积分思想的最早纪录，出现在他 1675 年的数学笔记中. 莱布尼茨研究了巴罗的《几何讲义》之后，意识到微分与积分是互逆的关系，并得出了求曲线的切线依赖于纵坐标与横坐标的差值（当这些差值变成无穷小时）的比；而求面积则依赖于在横

坐标的无穷小区间上的的纵坐标之和或无限窄矩形面积之和．并且这种求和与求差的运算是互逆的．即莱布尼茨的微分学是把微分看作变量相邻二值的无限小的差，而他的积分概念则以变量分成的无穷多个微分之和的形式出现．莱布尼茨的第一篇微分学论文《一种求极大极小和切线的新方法，它也适用于分式和无理量，以及这种新方法的奇妙类型的计算》，于 1684 年发表在《博学文摘》上，这也是历史上最早公开发表的关于微分学的文献．文中介绍了微分的定义，并广泛采用了微分记号 dx，dy，函数的和、差、积、商以及乘幂的微分法则，关于一阶微分不变形式的定理、关于二阶微分的概念以及微分学对于研究极值、作切线、求曲率及拐点的应用．他关于积分学的第一篇论文发表于 1686 年，其中首次引进了积分号 $\int$ ，并且初步论述了积分或求积问题与微分或求切线问题的互逆关系，该文的题目为《探奥几何与不可分量及无限的分析》．关于积分常数的论述发表于 1694 年，他得到的特殊积分法有：变量替换法、分部积分法、在积分号下对参变量的积分法、利用部分分式求有理式的积分方法等．他还给出了判断交错级数收敛性的准则．在常微分方程中，他研究了分离变量法，得出了一阶齐次方程通过用 $y=vx$ 的代换可使其变量分离，得出了如何求一阶线性方程的解的方法．他给出用微积分求旋转体体积的公式等．

莱布尼茨是数学史上最伟大的符号学者，他在创建微积分的过程中，花了很多时间来选择精巧的符号．现在微积分学中的一些基本符号，例如 $\mathrm{d}x$, $\mathrm{d}y$, $\frac{\mathrm{d}x}{\mathrm{d}y}$, d^n, $\int$, log 等，都是他创立的．他的优越的符号为以后分析学的发展带来了极大方便．莱布尼茨和牛顿研究微积分学的基础，都达到了同一个目的，但各自采用了不同的方法．莱布尼茨是作为哲学家和几何学家对这些问题产生兴趣的，而牛顿则主要是从研究物体运动的需要而提出这些问题的．他们都研究了导数、积分的概念和运算法则，阐明了求导数和求积分是互逆的两种运算，从而建立了微积分的重要基础．牛顿在时间上比莱布尼茨早 10 年，而莱布尼茨公开发表的时间却比牛顿早 3 年．

作为一个数学家，莱布尼茨的声望虽然是凭借他在微积分的创建中树立起来的，但他对其他数学分支也是有重大贡献的．例如，对笛卡尔的解析几何，他就提出过不少改进意见，“坐标”及“纵坐标”等术语都是他给出的．他提出了行列式的某些理论，他为包络理论做了很多基础性的工作．并给出了曲率中的密切圆的定义．莱布尼茨还是组合拓扑的先驱，也是数理逻辑学的鼻祖，他系统地阐述了二进制记数法．

莱布尼茨把一切领域的知识作为自己追求的目标．他企图扬弃机械的近世纪哲学与目的论的中世纪哲学，调和新旧教派的纷争，并且为发展科学制定了世界科学院计划，还想建立通用符号、通用语言，以便统一一切科学．莱布尼茨的研究涉及数学、哲学、法学、力学、光学、流体静力学、气体学、海洋学、生物学、地质学、机械学、逻辑学、语言学、历史学、神学等 41 个范畴．他被誉为“17 世纪的亚里士多德”,“德国的百科全书式的天才”．他终生努力寻求的是一种普遍的方法，这种方法既是获得知识的方法，也是创造发明的方法．

莱布尼茨很重视和其他学者交流、讨论问题，他与多方面的人士保持通信和接触，最远的到达锡兰和中国．莱布尼茨十分爱好和重视中国的科学文化和哲学思想．他主张东西方应在文化、科学方面互相学习、平等交流．莱布尼茨虽然脾气急躁，但容易平息．他一生没有结婚，一生不愿进教堂．作为一位伟大的科学家和思想家，他把自己的一生奉献给了科学文化事业．

附录Ⅰ　基本初等函数图像及性质

（一）基本初等函数

常函数、幂函数、指数函数、对数函数、三角函数与反三角函数称为**基本初等函数**．下表所列为一些常见的基本初等函数的名称、表达式、定义域、图形及特性．

名称及表达式	定义域	图形（举例）	特性
常函数 $y=c$	$(-\infty,+\infty)$	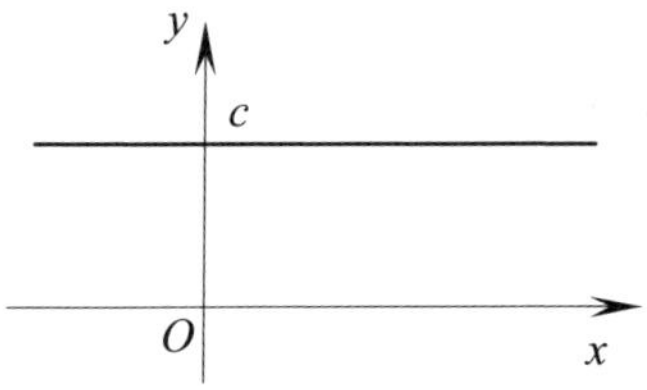	图像为平行于 x 轴的一条直线
幂函数 $y=x^{\alpha}$ （$\alpha\neq 0$）	随 α 不同而不同，但均在 $(0,+\infty)$ 中有意义	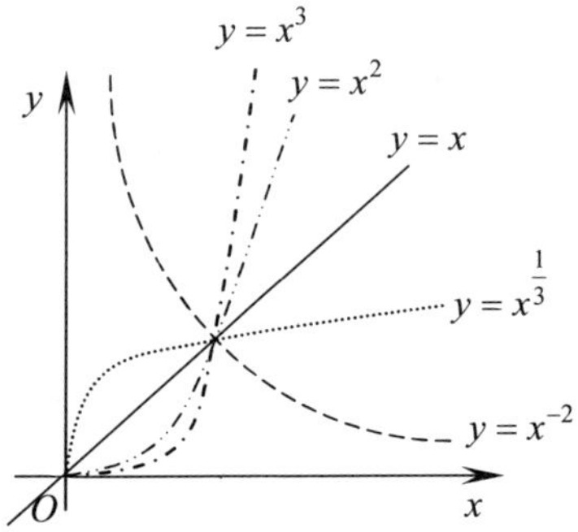	过点(1,1)； 在第一象限内： 当 $\alpha>0$ 时，为增函数； 当 $\alpha<0$ 时，为减函数
指数函数 $y=a^x$ （$a>0$，$a\neq 1$）	$(-\infty,+\infty)$	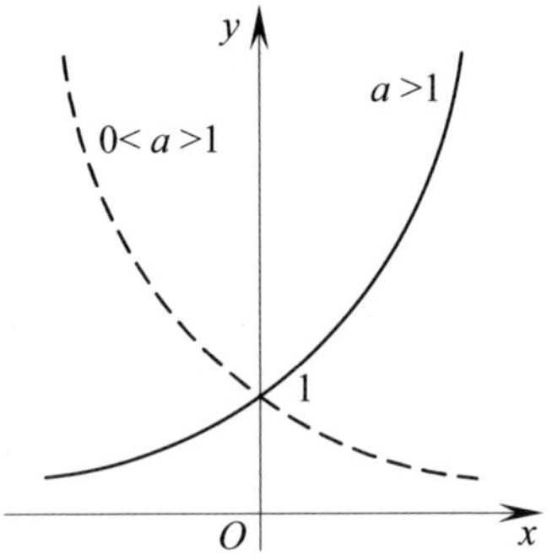	图像在 x 轴上方，过(0,1)点． 当 $0<a<1$ 时为减函数； 当 $a>1$ 时为增函数

续表

名称及表达式	定义域	图形（举例）	特性
对数函数 $y=\log_a x$ （$a>0$，$a\neq1$）	$(0,+\infty)$	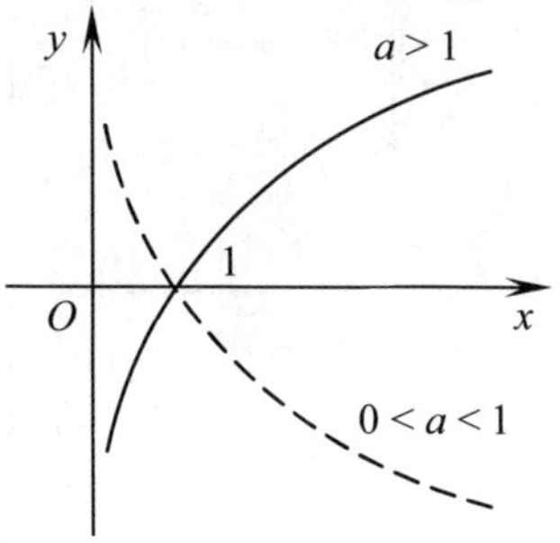	图像在 y 轴的右侧； 过(1,0)点； 当 $0<a<1$ 时为减函数； 当 $a>1$ 时为增函数
正弦函数 $y=\sin x$	$(-\infty,+\infty)$	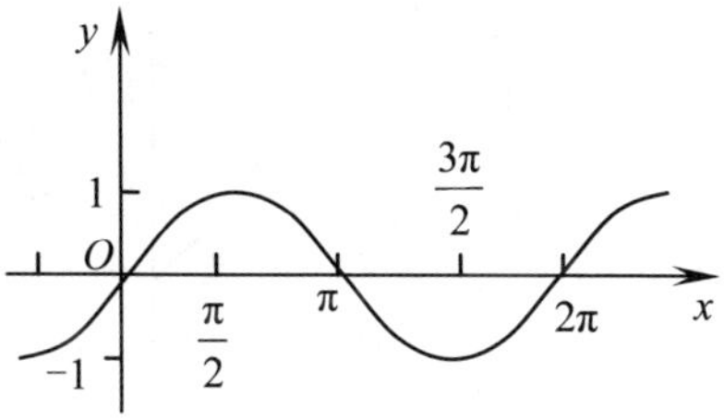	以 2π 为周期；奇函数，图形关于原点对称； 在两直线 $y=1$ 与 $y=-1$ 之间， $-1\leqslant\sin x\leqslant1$
余弦函数 $y=\cos x$	$(-\infty,+\infty)$	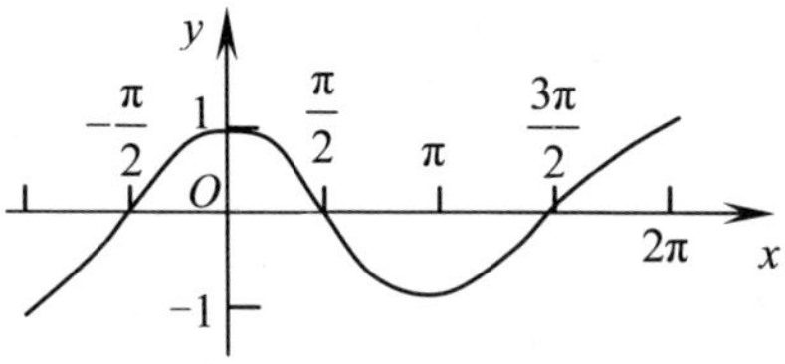	以 2π 为周期；偶函数，图形关于 y 轴对称； 在两直线 $y=1$ 与 $y=-1$ 之间，$-1\leqslant\cos x\leqslant1$
正切函数 $y=\tan x$	$x\neq(2k+1)\dfrac{\pi}{2}$ （$k=\pm1$，±2，…）	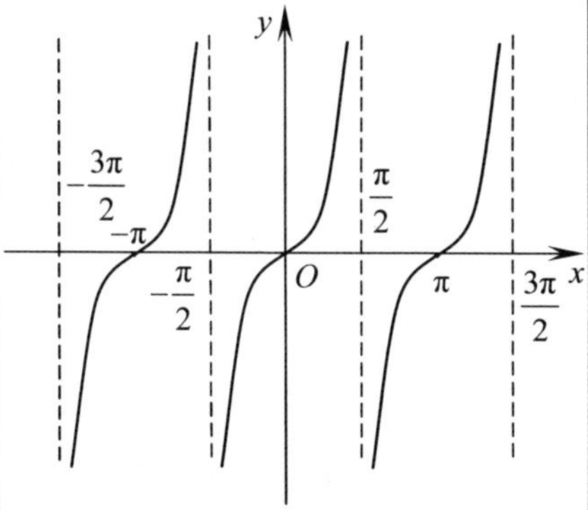	以 π 为周期；奇函数； 在 $\left(-\dfrac{\pi}{2},\dfrac{\pi}{2}\right)$ 内为增函数； 值域为 $(-\infty,+\infty)$

续表

名称及表达式	定义域	图形（举例）	特性
反正弦函数 $y=\arcsin x$	$[-1,1]$	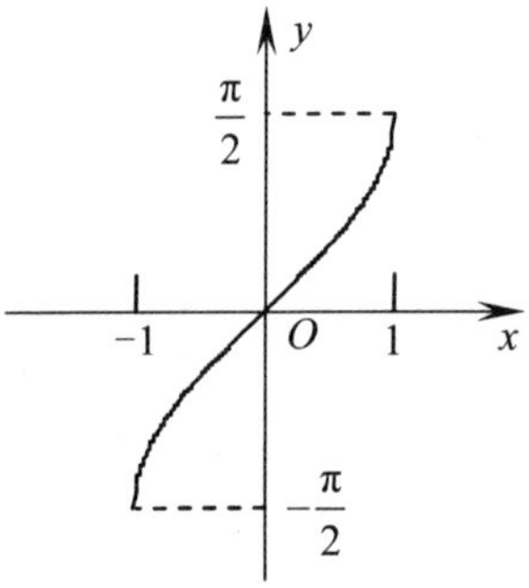	单调递增； 奇函数； 值域：$\left[-\frac{\pi}{2},\frac{\pi}{2}\right]$
反余弦函数 $y=\arccos x$	$[-1,1]$	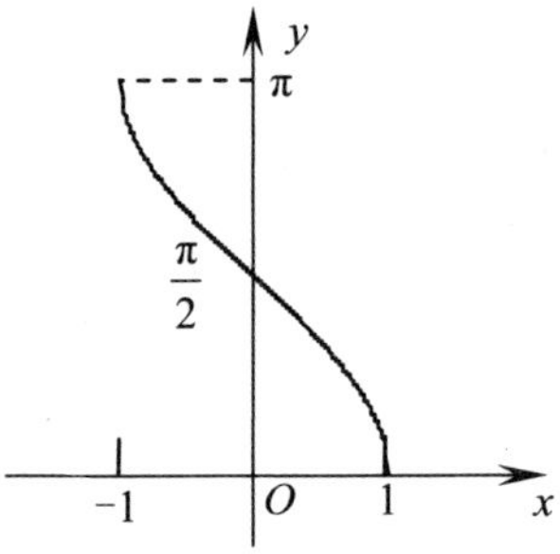	单调递减； 值域：$[0,\pi]$
反正切函数 $y=\arctan x$	$(-\infty,+\infty)$	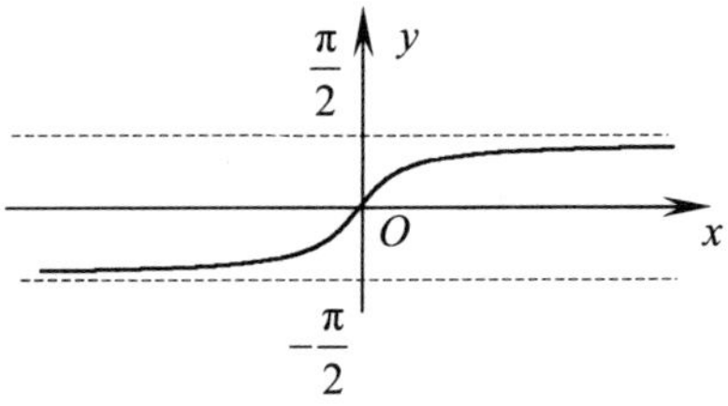	单调递增； 奇函数； 值域：$\left(-\frac{\pi}{2},\frac{\pi}{2}\right)$

（二）初等函数

由基本初等函数经过有限次的有理运算以及有限次函数复合得到的，并可用一个解析式表达的函数统称为初等函数.

（三）分段函数

$$f(x)=\begin{cases} g(x), & x\in I_1, \\ h(x), & x\in I_2. \end{cases}$$

（1）符号函数：$\operatorname{sgn} x=\begin{cases} 1, & x>0, \\ 0, & x=0, \\ -1, & x<0. \end{cases}$

（2）绝对值函数：$|f(x)|=\begin{cases} f(x), & f(x)>0, \\ -f(x), & f(x)<0. \end{cases}$

（3）取整函数：$[f(x)]$，表示不超过$f(x)$的最大整数部分.

（4）最大值函数：$\max\{f(x),g(x)\}=\begin{cases} f(x), & f(x)\geqslant g(x), \\ g(x), & f(x)\leqslant g(x). \end{cases}$

（5）最小值函数：$\min\{f(x),g(x)\}=\begin{cases} g(x), & f(x)\geqslant g(x), \\ f(x), & f(x)\leqslant g(x). \end{cases}$

附录 II　常见三角函数公式

（一）“1”的变换

$\sin^2\alpha+\cos^2\alpha=1$；

$\tan\alpha\cot\alpha=1$.

（二）两角和与差的公式

$\sin(\alpha\pm\beta)=\sin\alpha\cos\beta\pm\cos\alpha\sin\beta$；

$\cos(\alpha\pm\beta)=\cos\alpha\cos\beta\mp\sin\alpha\sin\beta$；

$$\tan(\alpha+\beta)=\frac{\tan\alpha+\tan\beta}{1-\tan\alpha\tan\beta};$$

$$\tan(\alpha-\beta)=\frac{\tan\alpha-\tan\beta}{1+\tan\alpha\tan\beta}.$$

（三）和差化积公式

$$\sin\alpha+\sin\beta=2\sin\frac{\alpha+\beta}{2}\cos\frac{\alpha-\beta}{2};$$

$$\sin\alpha-\sin\beta=2\cos\frac{\alpha+\beta}{2}\sin\frac{\alpha-\beta}{2};$$

$$\cos\alpha+\cos\beta=2\cos\frac{\alpha+\beta}{2}\cos\frac{\alpha-\beta}{2};$$

$$\cos\alpha-\cos\beta=-2\sin\frac{\alpha+\beta}{2}\sin\frac{\alpha-\beta}{2}.$$

（四）积化和差公式

$$\sin\alpha\sin\beta=-\frac{1}{2}\left[\cos(\alpha+\beta)-\cos(\alpha-\beta)\right];$$

$$\sin\alpha\cos\beta=\frac{1}{2}\left[\sin(\alpha+\beta)+\sin(\alpha-\beta)\right];$$

$$\cos\alpha\cos\beta=\frac{1}{2}\left[\cos(\alpha+\beta)+\cos(\alpha-\beta)\right].$$

（五）倍角关系式

$\sin 2\alpha=2\sin\alpha\cos\alpha$；

$\cos 2\alpha=\cos^2\alpha-\sin^2\alpha=2\cos^2\alpha-1=1-2\sin^2\alpha$；

$$\tan 2\alpha=\frac{2\tan\alpha}{1-\tan^2\alpha}.$$

（六）万能公式

$$\sin 2\alpha = \frac{2\tan\alpha}{1+\tan^2\alpha};$$

$$\cos 2\alpha = \frac{1-\tan^2\alpha}{1+\tan^2\alpha};$$

$$\tan 2\alpha = \frac{2\tan\alpha}{1-\tan^2\alpha}.$$

（七）切割函数转换

$$\sec\alpha = \frac{1}{\cos\alpha};$$

$$\csc\alpha = \frac{1}{\sin\alpha};$$

$$\sec^2\alpha = \tan^2\alpha + 1;$$

$$\csc^2\alpha = \cot^2\alpha + 1.$$

附录 III　二阶和三阶行列式简介

设已知正方形数表

$$\begin{pmatrix} a_{11} & a_{12} \\ a_{21} & a_{22} \end{pmatrix}, \tag{1}$$

则数 $a_{11}a_{22}-a_{12}a_{21}$ 称为数表（1）所确定的**二阶行列式**，并记作

$$\begin{vmatrix} a_{11} & a_{12} \\ a_{21} & a_{22} \end{vmatrix},$$

即

$$\begin{vmatrix} a_{11} & a_{12} \\ a_{21} & a_{22} \end{vmatrix} = a_{11}a_{22}-a_{12}a_{21}.$$

数 a_{11}，a_{12}，a_{21}，a_{22} 叫作行列式中的**元素**，横排称为行列式的**行**，竖排称为行列式的**列**，元素 a_{ij} 中的第一个下标 i 表明该元素位于第 i 行，第二个下标 j 表明该元素位于第 j 列，a_{11}，a_{22} 也称为主对角线上的元素.

设二元线性方程组

$$\begin{cases} a_{11}x_1 + a_{12}x_2 = b_1, \\ a_{21}x_1 + a_{22}x_2 = b_2. \end{cases} \tag{2}$$

用大家熟悉的消元法，分别消去方程组（2）中的 x_2 与 x_1，可得

$$\begin{cases} (a_{11}a_{22}-a_{12}a_{21})x_1 = b_1a_{22}-b_2a_{12}, \\ (a_{11}a_{22}-a_{12}a_{21})x_2 = b_2a_{11}-b_1a_{21}. \end{cases} \tag{3}$$

记

$$\begin{vmatrix} a_{11} & a_{12} \\ a_{21} & a_{22} \end{vmatrix} = a_{11}a_{22}-a_{12}a_{21} = D,$$

$$\begin{vmatrix} b_1 & a_{12} \\ b_2 & a_{22} \end{vmatrix} = b_1a_{22}-b_2a_{12} = D_1,$$

$$\begin{vmatrix} a_{11} & b_1 \\ a_{21} & b_2 \end{vmatrix} = b_2a_{11}-b_1a_{21} = D_2,$$

则方程组（3）可写成

$$\begin{cases} Dx_1 = D_1, \\ Dx_2 = D_2. \end{cases}$$

当 $D \neq 0$ 时，方程组（2）有唯一解：

$$x_1=\frac{D_1}{D},\quad x_2=\frac{D_2}{D},$$

其中，D 为方程组（2）的系数行列式，而 D_1 和 D_2 分别是方程组（2）的常数项分别代替 D 的第一列和第二列所形成的.

例 1 解方程组

$$\begin{cases}3x_1-2x_2=12,\\2x_1+x_2=1.\end{cases}$$

解 由于

$$D=\begin{vmatrix}3 & -2\\2 & 1\end{vmatrix}=3\times1-2\times(-2)=7\neq0,$$

$$D_1=\begin{vmatrix}12 & -2\\1 & 1\end{vmatrix}=12\times1-1\times(-2)=14,$$

$$D_2=\begin{vmatrix}3 & 12\\2 & 1\end{vmatrix}=3\times1-2\times12=-21,$$

所以方程组有唯一的解

$$x_1=\frac{D_1}{D}=\frac{14}{7}=2,\quad x_2=\frac{D_2}{D}=\frac{-21}{7}=-3.$$

设 已知正方形数表

$$\begin{pmatrix}a_{11} & a_{12} & a_{13}\\a_{21} & a_{22} & a_{23}\\a_{31} & a_{32} & a_{33}\end{pmatrix},\tag{4}$$

记

$$\begin{vmatrix}a_{11} & a_{12} & a_{13}\\a_{21} & a_{22} & a_{23}\\a_{31} & a_{32} & a_{33}\end{vmatrix}=a_{11}a_{22}a_{33}+a_{12}a_{23}a_{31}+a_{13}a_{21}a_{32}-a_{31}a_{22}a_{13}-a_{32}a_{23}a_{11}-a_{33}a_{21}a_{12},\tag{5}$$

称式（5）为数表（4）所确定的**三阶行列式**.

三阶行列式中的元素、行、列等概念与二阶行列式的相应概念类似.

例 2 计算三阶行列式

$$D=\begin{vmatrix}1 & 2 & 4\\1 & 3 & 9\\1 & -1 & 1\end{vmatrix}.$$

解 根据三阶行列式的定义有

$$\begin{aligned}D&=1\times3\times1+2\times9\times1+4\times1\times(-1)-1\times3\times4-(-1)\times9\times1-1\times1\times2\\&=3+18-4-12+9-2=12.\end{aligned}$$

可以将（5）式写成

$$\begin{vmatrix} a_{11} & a_{12} & a_{13} \\ a_{21} & a_{22} & a_{23} \\ a_{31} & a_{32} & a_{33} \end{vmatrix}$$

$$= a_{11}(a_{22}a_{33} - a_{23}a_{32}) - a_{12}(a_{21}a_{33} - a_{23}a_{31}) + a_{13}(a_{21}a_{32} - a_{22}a_{31})$$

$$= a_{11}\begin{vmatrix} a_{22} & a_{23} \\ a_{32} & a_{33} \end{vmatrix} - a_{12}\begin{vmatrix} a_{21} & a_{23} \\ a_{31} & a_{33} \end{vmatrix} + a_{13}\begin{vmatrix} a_{21} & a_{22} \\ a_{31} & a_{32} \end{vmatrix}. \tag{6}$$

我们称式（6）为三阶行列式按第一行的**展开式**.

例 3 计算三阶行列式

$$D = \begin{vmatrix} 1 & 2 & 0 \\ 1 & 3 & 9 \\ 1 & -1 & 1 \end{vmatrix}.$$

解 由公式（6）有

$$D = \begin{vmatrix} 1 & 2 & 0 \\ 1 & 3 & 9 \\ 1 & -1 & 1 \end{vmatrix} = 1\begin{vmatrix} 3 & 9 \\ -1 & 1 \end{vmatrix} - 2\begin{vmatrix} 1 & 9 \\ 1 & 1 \end{vmatrix} + 0\begin{vmatrix} 1 & 3 \\ 1 & -1 \end{vmatrix}$$

$$= 1 \times 12 - 2 \times (-8) + 0 \times (-4) = 28.$$

附录 IV　几种常见的曲线

（一）三次抛物线

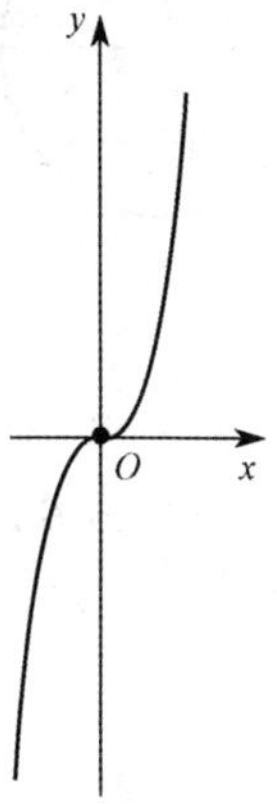

$y = ax^3$（$a > 0$）.

（二）概率曲线

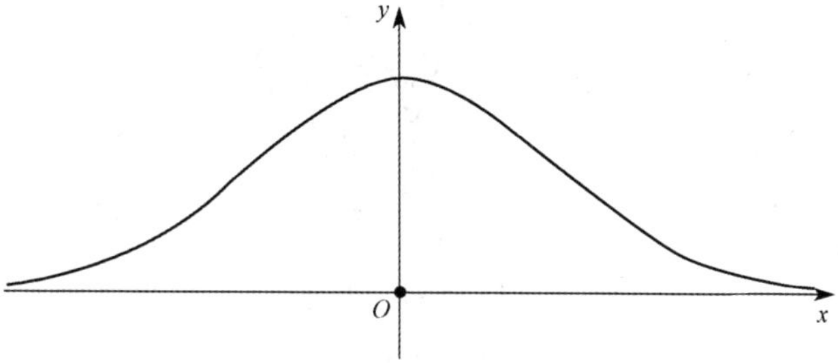

$y = \mathrm{e}^{-x^2}$.

（三）圆

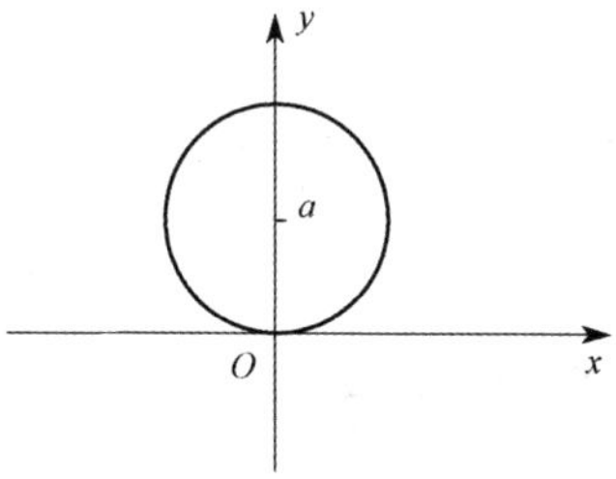

$x^2 + (y-a)^2 = a^2$,

$\rho = 2a\sin\theta$.

（四）圆

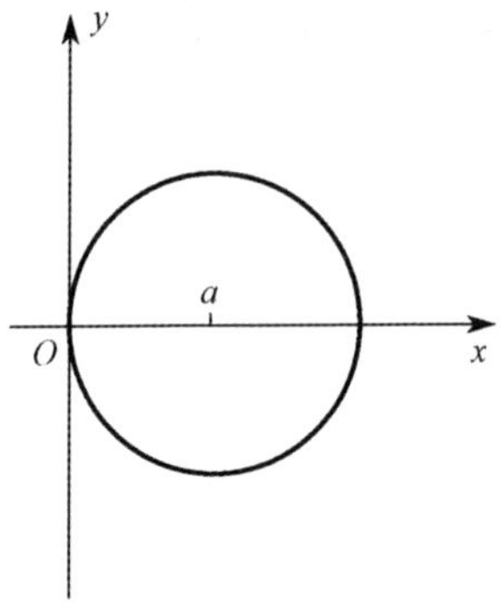

$$x^2+(y-a)^2=a^2 ,$$

$$\rho=2a\cos\theta .$$

（五）星形线（内摆线的一种）

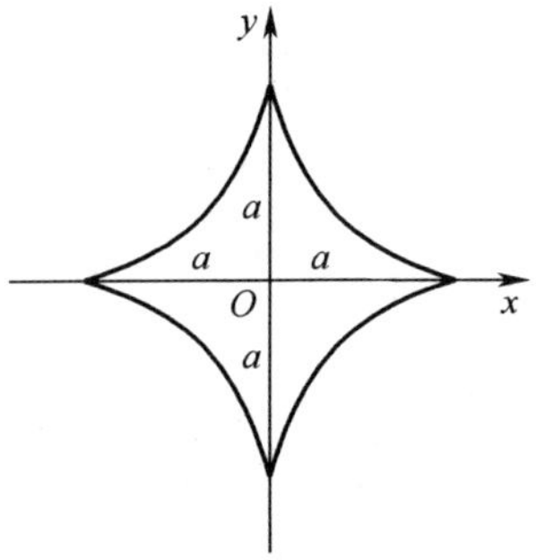

$$x^{\frac{2}{3}}+y^{\frac{2}{3}}=a^{\frac{2}{3}} ,$$

$$\begin{cases} x=a\cos^3\theta , \\ y=a\sin^3\theta . \end{cases}$$

（六）摆线

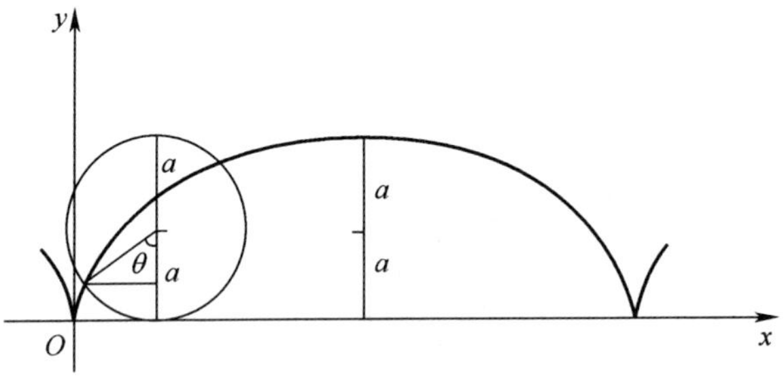

$$\begin{cases} x=a(\theta-\sin\theta) , \\ y=a(1-\cos\theta) . \end{cases}$$

（七）心形线（外摆线的一种）

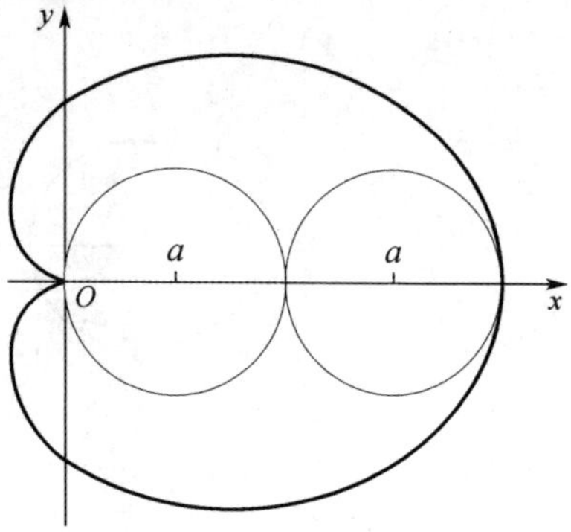

$$\rho = a(1+\cos\theta).$$

（八）阿基米德螺线

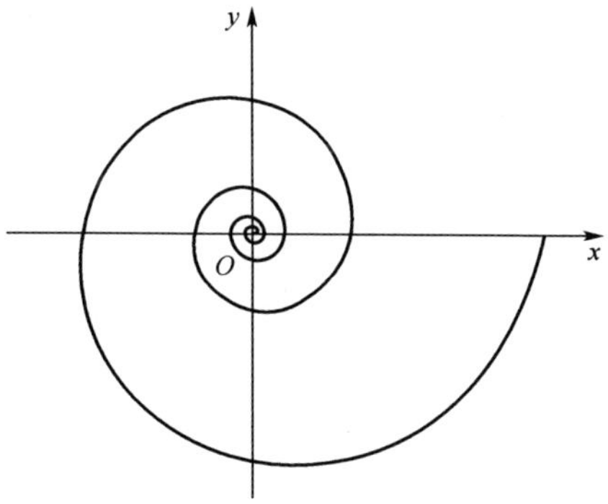

$$\rho = a\theta.$$

（九）伯努利双纽线（1）

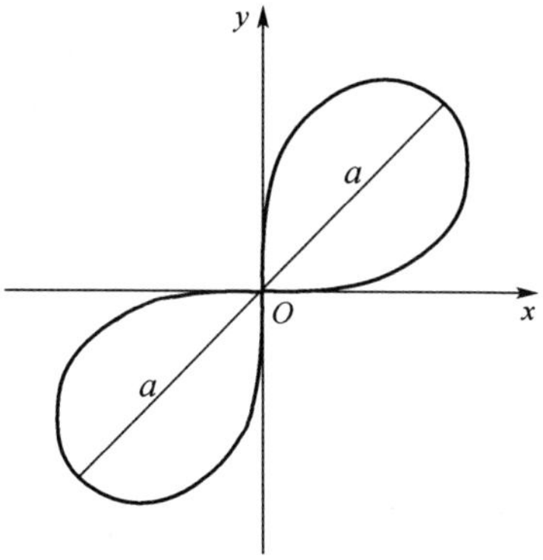

$$(x^2+y^2)^2 = 2a^2xy,$$

$$\rho^2 = a^2\sin 2\theta.$$

（十）伯努利双纽线（2）

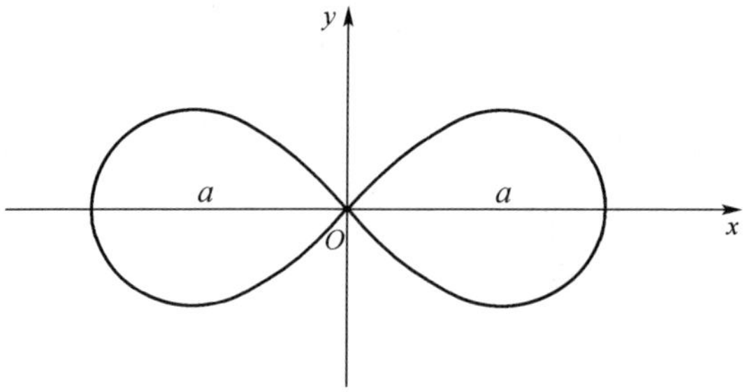

$$(x^2+y^2)^2=a^2(x^2-y^2),$$

$$\rho^2=a^2\cos 2\theta .$$

附录Ⅴ　积分表

（一）含有$ax+b$的积分

1. $\int\frac{dx}{ax+b}=\frac{1}{a}\ln|ax+b|+C$；

2. $\int(ax+b)^{\mu}dx=\frac{1}{a(\mu+1)}(ax+b)^{\mu+1}+C$（$\mu\neq-1$）；

3. $\int\frac{x}{ax+b}dx=\frac{1}{a^2}(ax+b-b\ln|ax+b|)+C$；

4. $\int\frac{x^2}{ax+b}dx=\frac{1}{a^3}\left[\frac{1}{2}(ax+b)^2-2b(ax+b)+b^2\ln|ax+b|\right]$；

5. $\int\frac{dx}{x(ax+b)}=-\frac{1}{b}\ln\left|\frac{ax+b}{x}\right|+C$；

6. $\int\frac{dx}{x^2(ax+b)}=-\frac{1}{bx}+\frac{a}{b^2}\ln\left|\frac{ax+b}{x}\right|+C$；

7. $\int\frac{x}{(ax+b)^2}dx=\frac{1}{a^2}(\ln|ax+b|+\frac{b}{ax+b})+C$；

8. $\int\frac{x^2}{(ax+b)^2}dx=\frac{1}{a^3}\left(ax+b-2b\ln|ax+b|-\frac{b^2}{ax+b}\right)+C$；

9. $\int\frac{dx}{x(ax+b)^2}=\frac{1}{b(ax+b)}-\frac{1}{b^2}\ln\left|\frac{x}{ax+b}\right|+C$.

（二）含有$\sqrt{ax+b}$的积分

10. $\int\sqrt{ax+b}dx=\frac{2}{3a}(ax+b)^{\frac{3}{2}}+C$；

11. $\int x\sqrt{ax+b}dx=\frac{2}{15a^2}(3ax-2b)(ax+b)^{\frac{3}{2}}+C$；

12. $\int x^2\sqrt{ax+b}dx=\frac{2}{105a^3}(15a^2x^2-12abx+8b^2)(ax+b)^{\frac{3}{2}}+C$；

13. $\int \frac{1}{\sqrt{ax+b}}dx = \frac{2}{a}\sqrt{ax+b} + C$；

14. $\int \frac{x}{\sqrt{ax+b}}dx = \frac{2}{3a^2}(ax-2b)\sqrt{ax+b} + C$；

15. $\int \frac{x^2}{\sqrt{ax+b}}dx = \frac{2}{15a^3}(3a^2x^2 - 4abx + 8b^2)\sqrt{ax+b} + C$；

16. $\int \frac{x^3}{\sqrt{ax+b}}dx = \frac{2}{35a^4}(5a^3x^3 - 6a^2bx^2 + 8ab^2x + -16b^3)\sqrt{ax+b} + C$；

17. $\int \frac{dx}{x\sqrt{ax+b}} = \begin{cases} \frac{1}{\sqrt{b}}\ln\left|\frac{\sqrt{ax+b}-\sqrt{b}}{\sqrt{ax+b}+\sqrt{b}}\right| + C\ (b>0), \\ \frac{2}{\sqrt{-b}}\arctan\sqrt{\frac{ax+b}{-b}} + C\ (b<0) \end{cases}$；

18. $\int \frac{dx}{x^2\sqrt{ax+b}} = -\frac{\sqrt{ax+b}}{bx} - \frac{a}{2b}\int \frac{dx}{x\sqrt{ax+b}}$（18、19、20 利用 17 的结果）；

19. $\int \frac{\sqrt{ax+b}}{x}dx = 2\sqrt{ax+b} + b\int \frac{dx}{x\sqrt{ax+b}}$；

20. $\int \frac{\sqrt{ax+b}}{x^2}dx = -\frac{\sqrt{ax+b}}{x} + \frac{a}{2}\int \frac{dx}{x\sqrt{ax+b}}$.

（三）含有 $x^2 \pm a^2$ 的积分

21. $\int \frac{dx}{x^2-a^2} = \frac{1}{2a}\ln\left|\frac{x-a}{x+a}\right| + C$；

22. $\int \frac{dx}{x^2+a^2} = \frac{1}{a}\arctan\frac{x}{a} + C$；

23. $\int \frac{dx}{(x^2+a^2)^n} = \frac{x}{2(n-1)a^2(x^2+a^2)^{n-1}} + \frac{2n-3}{2(n-1)a^2}\int \frac{dx}{(x^2+a^2)^{n-1}}$.

（四）含有 ax^2+b（$a>0$）的积分

24. $\int \frac{dx}{ax^2+b} = \begin{cases} \frac{1}{\sqrt{ab}}\arctan\sqrt{\frac{a}{b}}x + C\ (b>0), \\ \frac{1}{\sqrt{-4ab}}\ln\left|\frac{\sqrt{a}x-\sqrt{-b}}{\sqrt{a}x+\sqrt{-b}}\right| + C\ (b<0) \end{cases}$；

25. $\int \frac{x}{ax^2+b}dx = \frac{1}{2a}\ln|ax+b| + C$；

26. $\int\frac{x^2}{ax^2+b}\mathrm{d}x=\frac{x}{a}-\frac{b}{a}\int\frac{\mathrm{d}x}{ax^2+b}$ （26、28、30 利用 24 的结果）;

27. $\int\frac{\mathrm{d}x}{x(ax^2+b)}=\frac{1}{2b}\ln\frac{x^2}{|ax^2+b|}+C$;

28. $\int\frac{\mathrm{d}x}{x^2(ax^2+b)}=-\frac{1}{bx}-\frac{a}{b}\int\frac{\mathrm{d}x}{ax^2+b}$;

29. $\int\frac{\mathrm{d}x}{x^3(ax^2+b)}=\frac{a}{2b^2}\ln\frac{|ax^2+b|}{x^2}-\frac{1}{2bx^2}+C$;

30. $\int\frac{\mathrm{d}x}{(ax^2+b)^2}=\frac{x}{2b(ax^2+b)}+\frac{1}{2b}\int\frac{\mathrm{d}x}{ax^2+b}$.

（五）含有 ax^2+bx+c （$a>0$）的积分

31. $$\int\frac{\mathrm{d}x}{ax^2+bx+c}=\begin{cases}\frac{2}{\sqrt{4ac-b^2}}\arctan\frac{2ax+b}{\sqrt{4ac-b^2}}+C\ (b^2<4ac),\\ \frac{1}{\sqrt{b^2-4ac}}\ln\left|\frac{2ax+b-\sqrt{b^2-4ac}}{2ax+b+\sqrt{b^2-4ac}}\right|+C\ (b^2>4ac)\end{cases}$$;

32. $\int\frac{x}{ax^2+bx+c}\mathrm{d}x=\frac{1}{2a}\ln\left|ax^2+bx+c\right|-\frac{b}{2a}\int\frac{\mathrm{d}x}{ax^2+bx+c}$ （利用 31 的结果）.

（六）含有 $\sqrt{a^2-x^2}$ （$a>0$）的积分

33. $\int\frac{\mathrm{d}x}{\sqrt{a^2-x^2}}=\arcsin\frac{x}{a}+C$;

34. $\int\frac{\mathrm{d}x}{\sqrt{(a^2-x^2)^3}}=\frac{x}{a^2\sqrt{a^2-x^2}}+C$;

35. $\int\frac{x}{\sqrt{a^2-x^2}}\mathrm{d}x=-\sqrt{a^2-x^2}+C$;

36. $\int\frac{x}{\sqrt{(a^2-x^2)^3}}\mathrm{d}x=\frac{1}{\sqrt{a^2-x^2}}+C$;

37. $\int\frac{x^2}{\sqrt{a^2-x^2}}\mathrm{d}x=-\frac{x}{2}\sqrt{a^2-x^2}+\frac{a^2}{2}\arcsin\frac{x}{a}+C$;

38. $\int\frac{x^2}{\sqrt{(a^2-x^2)^3}}\mathrm{d}x=\frac{x}{\sqrt{a^2-x^2}}-\arcsin\frac{x}{a}+C$;

39. $\int \frac{dx}{x\sqrt{a^2-x^2}} = \frac{1}{a}\ln\frac{a-\sqrt{a^2-x^2}}{|x|}+C$；

40. $\int \frac{dx}{x^2\sqrt{a^2-x^2}} = -\frac{\sqrt{a^2-x^2}}{a^2x}+C$；

41. $\int \sqrt{a^2-x^2}dx = \frac{x}{2}\sqrt{a^2-x^2}+\frac{a^2}{2}\arcsin\frac{x}{a}+C$；

42. $\int \sqrt{(a^2-x^2)^3}dx = \frac{x}{8}(5a^2-2x^2)\sqrt{a^2-x^2}+\frac{3a^4}{8}\arcsin\frac{x}{a}+C$；

43. $\int x\sqrt{a^2-x^2}dx = \frac{1}{3}(a^2-x^2)^{\frac{3}{2}}+C$；

44. $\int x^2\sqrt{a^2-x^2}dx = \frac{x}{8}(2x^2-a^2)\sqrt{a^2-x^2}+\frac{a^4}{8}\arcsin\frac{x}{a}+C$；

45. $\int \frac{\sqrt{a^2-x^2}}{x}dx = \sqrt{a^2-x^2}+a\ln\frac{a-\sqrt{a^2-x^2}}{|x|}+C$；

46. $\int \frac{\sqrt{a^2-x^2}}{x^2}dx = -\frac{\sqrt{a^2-x^2}}{x}-\arcsin\frac{x}{a}+C$.

（七）含有 $\sqrt{a^2+x^2}$ （$a>0$）的积分

47. $\int \frac{dx}{\sqrt{a^2+x^2}} = \ln(x+\sqrt{a^2+x^2})+C$；

48. $\int \frac{dx}{\sqrt{(a^2+x^2)^3}} = \frac{x}{a^2\sqrt{a^2+x^2}}+C$；

49. $\int \frac{x}{\sqrt{a^2+x^2}}dx = \sqrt{a^2+x^2}+C$；

50. $\int \frac{x}{\sqrt{(a^2+x^2)^3}}dx = -\frac{1}{\sqrt{a^2+x^2}}+C$；

51. $\int \frac{x^2}{\sqrt{a^2+x^2}}dx = \frac{x}{2}\sqrt{a^2+x^2}-\frac{a^2}{2}\ln(x+\sqrt{a^2+x^2})+C$；

52. $\int \frac{x^2}{\sqrt{(a^2+x^2)^3}}dx = -\frac{x}{\sqrt{a^2+x^2}}+\ln(x+\sqrt{a^2+x^2})+C$；

53. $\int\frac{dx}{x\sqrt{a^2+x^2}}=\frac{1}{a}\ln\frac{\sqrt{a^2+x^2}-a}{|x|}+C$；

54. $\int\frac{dx}{x^2\sqrt{a^2+x^2}}=-\frac{\sqrt{a^2+x^2}}{a^2x}+C$；

55. $\int\sqrt{a^2+x^2}dx=\frac{x}{2}\sqrt{a^2+x^2}+\frac{a^2}{2}\ln(x+\sqrt{a^2+x^2})+C$；

56. $\int\sqrt{(a^2+x^2)^3}dx=\frac{x}{8}(2x^2+5a^2)\sqrt{a^2+x^2}+\frac{3a^4}{8}\ln(x+\sqrt{a^2+x^2})+C$；

57. $\int x\sqrt{a^2+x^2}dx=\frac{1}{3}(a^2+x^2)^{\frac{3}{2}}+C$；

58. $\int x^2\sqrt{a^2+x^2}dx=\frac{x}{8}(2x^2+a^2)\sqrt{a^2+x^2}-\frac{a^4}{8}\ln(x+\sqrt{a^2+x^2})+C$；

59. $\int\frac{\sqrt{a^2+x^2}}{x}dx=\sqrt{a^2+x^2}+a\ln\frac{\sqrt{a^2+x^2}-a}{|x|}+C$；

60. $\int\frac{\sqrt{a^2+x^2}}{x^2}dx=\frac{\sqrt{a^2+x^2}}{-x}+\ln(x+\sqrt{a^2+x^2})+C$.

（八）含有 $\sqrt{x^2-a^2}$ （$a>0$）的积分

61. $\int\frac{dx}{\sqrt{x^2-a^2}}=\ln\left|x+\sqrt{x^2-a^2}\right|+C$；

62. $\int\frac{dx}{\sqrt{(x^2-a^2)^3}}=-\frac{x}{a^2\sqrt{x^2-a^2}}+C$；

63. $\int\frac{x}{\sqrt{x^2-a^2}}dx=\sqrt{x^2-a^2}+C$；

64. $\int\frac{x}{\sqrt{(x^2-a^2)^3}}dx=-\frac{1}{\sqrt{x^2-a^2}}+C$；

65. $\int\frac{x^2}{\sqrt{x^2-a^2}}dx=\frac{x}{2}\sqrt{x^2-a^2}+\frac{a^2}{2}\ln\left|x+\sqrt{x^2-a^2}\right|+C$；

66. $\int\frac{x^2}{\sqrt{(x^2-a^2)^3}}dx=-\frac{x}{\sqrt{x^2-a^2}}+\ln\left|x+\sqrt{x^2-a^2}\right|+C$；

67. $\int\frac{dx}{x\sqrt{x^2-a^2}}=\frac{1}{a}\arccos\frac{a}{|x|}+C$；

68. $\int\frac{\mathrm{d}x}{x^2\sqrt{x^2-a^2}}=\frac{\sqrt{x^2-a^2}}{a^2x}+C$；

69. $\int\sqrt{x^2-a^2}\,\mathrm{d}x=\frac{x}{2}\sqrt{x^2-a^2}-\frac{a^2}{2}\ln\left|x+\sqrt{x^2-a^2}\right|+C$；

70. $\int\sqrt{(x^2-a^2)^3}\,\mathrm{d}x=\frac{x}{8}(2x^2-5a^2)\sqrt{x^2-a^2}+\frac{3a^4}{8}\ln\left|x+\sqrt{x^2-a^2}\right|+C$；

71. $\int x\sqrt{x^2-a^2}\,\mathrm{d}x=\frac{1}{3}(x^2-a^2)^{\frac{3}{2}}+C$；

72. $\int x^2\sqrt{x^2-a^2}\,\mathrm{d}x=\frac{x}{8}(2x^2-a^2)\sqrt{x^2-a^2}-\frac{a^4}{8}\ln\left|x+\sqrt{x^2-a^2}\right|+C$；

73. $\int\frac{\sqrt{x^2-a^2}}{x}\mathrm{d}x=\sqrt{x^2-a^2}-a\arccos\frac{a}{|x|}+C$；

74. $\int\frac{\sqrt{x^2-a^2}}{x^2}\mathrm{d}x=-\frac{\sqrt{x^2-a^2}}{x}+\ln\left|x+\sqrt{x^2-a^2}\right|+C$.

（九）含有 $\sqrt{\pm ax^2+bx+c}$ （$a>0$）的积分

75. $\int\frac{\mathrm{d}x}{\sqrt{ax^2+bx+c}}=\frac{1}{\sqrt{a}}\ln\left|2ax+b+2\sqrt{a(ax^2+bx+c)}\right|+C$；

76. $\int\sqrt{ax^2+bx+c}\,\mathrm{d}x=\frac{2ax+b}{4a}\sqrt{ax^2+bx+c}+$

$\frac{4ac-b^2}{8a\sqrt{a}}\ln\left|2ax+b+2\sqrt{a(ax^2+bx+c)}\right|+C$；

77. $\int\frac{x}{\sqrt{ax^2+bx+c}}\mathrm{d}x=\frac{1}{a}\sqrt{ax^2+bx+c}-$

$\frac{b}{2a\sqrt{a}}\ln\left|2ax+b+2\sqrt{a(ax^2+bx+c)}\right|+C$；

78. $\int\frac{\mathrm{d}x}{\sqrt{-ax^2+bx+c}}=-\frac{1}{\sqrt{a}}\arcsin\frac{2ax-b}{\sqrt{b^2+4ac}}+C$；

79. $\int\sqrt{-ax^2+bx+c}\,\mathrm{d}x=\frac{2ax-b}{4a}\sqrt{-ax^2+bx+c}+$

$\frac{b^2+4ac}{8a\sqrt{a}}\arcsin\frac{2ax-b}{\sqrt{b^2+4ac}}+C$；

80. $\int\frac{x}{\sqrt{-ax^2+bx+c}}\mathrm{d}x=-\frac{1}{a}\sqrt{-ax^2+bx+c}+\frac{b}{2a\sqrt{a}}\arcsin\frac{2ax-b}{\sqrt{b^2+4ac}}+C$.

（十）含有$\sqrt{\pm\frac{x-a}{x-b}}$或$\sqrt{(x-a)(b-x)}$的积分

81. $\int\sqrt{\frac{x-a}{x-b}}\mathrm{d}x=(x-b)\sqrt{\frac{x-a}{x-b}}+(b-a)\ln(\sqrt{|x-a|}+\sqrt{|x-b|})+C$；

82. $\int\sqrt{\frac{x-a}{b-x}}\mathrm{d}x=(x-b)\sqrt{\frac{x-a}{b-x}}+(b-a)\arcsin\sqrt{\frac{x-a}{b-a}}+C$；

83. $\int\frac{\mathrm{d}x}{\sqrt{(x-a)(b-x)}}=2\arcsin\sqrt{\frac{x-a}{b-a}}+C$ （$a<b$）；

84. $\int\sqrt{(x-a)(b-x)}\mathrm{d}x=\frac{2x-a-b}{4}\sqrt{(x-a)(b-x)}+$

$\frac{(b-a)^2}{4}\arcsin\sqrt{\frac{x-a}{b-a}}+C$ （$a<b$）.

（十一）含有三角函数的积分

85. $\int\sin x\mathrm{d}x=-\cos x+C$；

86. $\int\cos x\mathrm{d}x=\sin x+C$；

87. $\int\tan x\mathrm{d}x=-\ln|\cos x|+C$；

88. $\int\cot x\mathrm{d}x=\ln|\sin x|+C$；

89. $\int\sec x\mathrm{d}x=\ln|\sec x+\tan x|+C$；

90. $\int\csc x\mathrm{d}x=\ln|\csc x-\cot x|+C$；

91. $\int\frac{1}{\cos^2 x}\mathrm{d}x=\int\sec^2 x\mathrm{d}x=\tan x+C$；

92. $\int\frac{1}{\sin^2 x}\mathrm{d}x=\int\csc^2 x\mathrm{d}x=-\cot x+C$；

93. $\int\sec x\tan x\mathrm{d}x=\sec x+C$；

94. $\int\csc x\cot x\mathrm{d}x=-\csc x+C$；

95. $\int\sin^2 x\mathrm{d}x=\frac{x}{2}-\frac{1}{4}\sin 2x+C$；

96. $\int \cos^2 x\mathrm{d}x = \frac{x}{2} + \frac{1}{4}\sin 2x + C$；

97. $\int \sin^n x\mathrm{d}x = -\frac{1}{n}\sin^{n-1} x\cos x + \frac{n-1}{n}\int \sin^{n-2} x\mathrm{d}x$（97～101 为递推公式）；

98. $\int \cos^n x\mathrm{d}x = \frac{1}{n}\cos^{n-1} x\sin x + \frac{n-1}{n}\int \cos^{n-2} x\mathrm{d}x$；

99. $\int \frac{\mathrm{d}x}{\sin^n x} = -\frac{1}{n-1}\cdot\frac{\cos x}{\sin^{n-1} x} + \frac{n-2}{n-1}\int \frac{\mathrm{d}x}{\sin^{n-2} x}$；

100. $\int \frac{\mathrm{d}x}{\cos^n x} = \frac{1}{n-1}\cdot\frac{\sin x}{\cos^{n-1} x} + \frac{n-2}{n-1}\int \frac{\mathrm{d}x}{\cos^{n-2} x}$；

101. $\int \cos^m x\sin^n x\mathrm{d}x = \frac{1}{m+n}\cos^{m-1} x\sin^{n+1} x + \frac{m-1}{m+n}\int \cos^{m-2} x\sin^n x\mathrm{d}x$；

102. $\int \sin ax\cos bx\mathrm{d}x = \frac{1}{2}\left[\frac{-\cos(a+b)x}{a+b} + \frac{-\cos(a-b)x}{a-b}\right] + C$；

103. $\int \cos ax\sin bx\mathrm{d}x = \frac{1}{2}\left[\frac{-\cos(a+b)x}{a+b} + \frac{\cos(a-b)x}{a-b}\right] + C$；

104. $\int \cos ax\cos bx\mathrm{d}x = \frac{1}{2}\left[\frac{\sin(a+b)x}{a+b} + \frac{\sin(a-b)x}{a-b}\right] + C$；

105. $\int \sin ax\sin bx\mathrm{d}x = \frac{1}{2}\left[\frac{-\sin(a+b)x}{a+b} + \frac{\sin(a-b)x}{a-b}\right] + C$；

106. $\int \frac{\mathrm{d}x}{a+b\sin x} = \frac{2}{\sqrt{a^2-b^2}}\arctan\frac{a\tan\frac{x}{2}+b}{\sqrt{a^2-b^2}} + C$（$a^2 > b^2$）；

107. $\int \frac{\mathrm{d}x}{a+b\sin x} = \frac{1}{\sqrt{b^2-a^2}}\ln\left|\frac{a\tan\frac{x}{2}+b-\sqrt{b^2-a^2}}{a\tan\frac{x}{2}+b+\sqrt{b^2-a^2}}\right| + C$（$a^2 < b^2$）；

108. $\int \frac{\mathrm{d}x}{a+b\cos x} = \frac{2}{a+b}\sqrt{\frac{a+b}{a-b}}\arctan\left(\sqrt{\frac{a-b}{a+b}}\tan\frac{x}{2}\right) + C$（$a^2 > b^2$）；

109. $\int \frac{\mathrm{d}x}{a+b\cos x} = \frac{1}{a+b}\sqrt{\frac{a+b}{b-a}}\ln\left|\frac{\tan\frac{x}{2}+\sqrt{\frac{a+b}{b-a}}}{\tan\frac{x}{2}-\sqrt{\frac{a+b}{b-a}}}\right| + C$（$a^2 < b^2$）；

110. $\int \frac{dx}{a^2\cos^2 x + b^2\sin^2 x} = \frac{1}{ab}\arctan\left(\frac{b\tan x}{a}\right) + C$；

111. $\int \frac{dx}{a^2\cos^2 x - b^2\sin^2 x} = \frac{1}{2ab}\ln\left|\frac{b\tan x + a}{b\tan x - a}\right| + C$；

112. $\int x\sin ax dx = -\frac{x\cos ax}{a} + \frac{\sin ax}{a^2} + C$；

113. $\int x^2\sin ax dx = -\frac{x^2\cos ax}{a} + \frac{2x\sin ax}{a^2} + \frac{2\cos ax}{a^3} + C$；

114. $\int x\cos ax dx = \frac{\cos ax}{a^2} + \frac{x\sin ax}{a} + C$；

115. $\int x^2\cos ax dx = \frac{x^2\sin ax}{a} + \frac{2x\cos ax}{a^2} - \frac{2\sin ax}{a^3} + C$.

（十二）含有反三角函数的积分（其中 $a > 0$）

116. $\int \arcsin\frac{x}{a} dx = x\arcsin\frac{x}{a} + \sqrt{a^2 - x^2} + C$；

117. $\int x\arcsin\frac{x}{a} dx = \frac{2x^2 - a^2}{4}\arcsin\frac{x}{a} + \frac{x}{4}\sqrt{a^2 - x^2} + C$；

118. $\int x^2\arcsin\frac{x}{a} dx = \frac{x^3}{3}\arcsin\frac{x}{a} + \frac{x^2 + 2a^2}{9}\sqrt{a^2 - x^2} + C$；

119. $\int \arccos\frac{x}{a} dx = x\arccos\frac{x}{a} - \sqrt{a^2 - x^2} + C$；

120. $\int x\arccos\frac{x}{a} dx = \frac{2x^2 - a^2}{4}\arccos\frac{x}{a} - \frac{x}{4}\sqrt{a^2 - x^2} + C$；

121. $\int x^2\arccos\frac{x}{a} dx = \frac{x^3}{3}\arccos\frac{x}{a} - \frac{x^2 + 2a^2}{9}\sqrt{a^2 - x^2} + C$；

122. $\int \arctan\frac{x}{a} dx = x\arctan\frac{x}{a} - \frac{a}{2}\ln(a^2 + x^2) + C$；

123. $\int x\arctan\frac{x}{a} dx = \frac{x^2 + a^2}{2}\arctan\frac{x}{a} - \frac{ax}{2} + C$；

124. $\int x^2\arctan\frac{x}{a} dx = \frac{x^3}{3}\arctan\frac{x}{a} - \frac{ax^2}{6} + \frac{a^3}{6}\ln(a^2 + x^2) + C$.

（十三）含有指数函数的积分

125. $\int a^x dx = \frac{a^x}{\ln a} + C$；

126. $\int xa^x \mathrm{d}x = \dfrac{xa^x}{\ln a} - \dfrac{a^x}{\ln^2 a} + C$；

127. $\int x^n a^x \mathrm{d}x = \dfrac{x^n a^x}{\ln a} - \dfrac{n}{\ln a}\int x^{n-1} a^x \mathrm{d}x$；

128. $\int \mathrm{e}^{ax} \mathrm{d}x = \dfrac{\mathrm{e}^{ax}}{a} + C$；

129. $\int x\mathrm{e}^{ax} \mathrm{d}x = \dfrac{(ax-1)\mathrm{e}^{ax}}{a^2} + C$；

130. $\int x^n \mathrm{e}^{ax} \mathrm{d}x = \dfrac{x^n \mathrm{e}^{ax}}{a} - \dfrac{n}{a}\int x^{n-1}\mathrm{e}^{ax} \mathrm{d}x$；

131. $\int \mathrm{e}^{ax}\sin bx\mathrm{d}x = \dfrac{\mathrm{e}^{ax}}{a^2+b^2}(a\sin bx - b\cos bx) + C$；

132. $\int \mathrm{e}^{ax}\cos bx\mathrm{d}x = \dfrac{\mathrm{e}^{ax}}{a^2+b^2}(b\sin bx + a\cos bx) + C$；

133. $\int \mathrm{e}^{ax}\sin^n bx\mathrm{d}x = \dfrac{\mathrm{e}^{ax}\sin^{n-1} bx}{a^2+b^2n^2}(a\sin bx - nb\cos bx) + \dfrac{n(n-1)b^2}{a^2+b^2n^2}\int \mathrm{e}^{ax}\sin^{n-2} bx\mathrm{d}x$；

134. $\int \mathrm{e}^{ax}\cos^n bx\mathrm{d}x = \dfrac{\mathrm{e}^{ax}\cos^{n-1} bx}{a^2+b^2n^2}(a\cos bx + nb\sin bx) + \dfrac{n(n-1)b^2}{a^2+b^2n^2}\int \mathrm{e}^{ax}\cos^{n-2} bx\mathrm{d}x$.

（十四）含有对数函数的积分

135. $\int \ln x\mathrm{d}x = x\ln x - x + C$；

136. $\int \dfrac{\mathrm{d}x}{x\ln x} = \ln\left|\ln x\right| + C$；

137. $\int x^n \ln x\mathrm{d}x = \dfrac{x^{n+1}}{n+1}(\ln x - \dfrac{1}{n+1}) + C$；

138. $\int (\ln x)^n \mathrm{d}x = x(\ln x)^n - n\int (\ln x)^{n-1}\mathrm{d}x$ （138、139 为递推公式）；

139. $\int x^m (\ln x)^n \mathrm{d}x = \dfrac{x^{m+1}(\ln x)^n}{m+1} - \dfrac{n}{m+1}\int x^m (\ln x)^{n-1}\mathrm{d}x$.

（十五）定积分

140. $\int_{-\pi}^{\pi} \cos nx\mathrm{d}x = \int_{-\pi}^{\pi} \sin nx\mathrm{d}x = 0$；

141. $\int_{-\pi}^{\pi} \cos mx\sin nx\mathrm{d}x = 0$；

142. $\int_{-\pi}^{\pi} \cos mx \cos nx\mathrm{d}x = \begin{cases} 0\ (m \neq n), \\ \pi\ (m = n) \end{cases}$；

143. $\int_{-\pi}^{\pi} \sin mx \sin nx\mathrm{d}x = \begin{cases} 0\ (m \neq n), \\ \pi\ (m = n) \end{cases}$；

144. $\int_{0}^{\pi} \sin mx \sin nx\mathrm{d}x = \int_{0}^{\pi} \cos mx \cos nx\mathrm{d}x = \begin{cases} 0\quad (m \neq n), \\ \dfrac{\pi}{2}\quad (m = n) \end{cases}$；

145. $I_n = \int_{0}^{\frac{\pi}{2}} \sin^n x\mathrm{d}x = \int_{0}^{\frac{\pi}{2}} \cos^n x\mathrm{d}x = \dfrac{n-1}{n} I_{n-2}$

$$= \begin{cases} \dfrac{n-1}{n} \cdot \dfrac{n-3}{n-2} \cdot \cdots \cdot \dfrac{4}{5} \cdot \dfrac{2}{3}\ (n\text{ 为大于 1 的正奇数}),\ I_1 = 1, \\ \dfrac{n-1}{n} \cdot \dfrac{n-3}{n-2} \cdot \cdots \cdot \dfrac{3}{4} \cdot \dfrac{1}{2} \cdot \dfrac{\pi}{2}\ (n\text{ 为正偶数}),\ I_0 = \dfrac{\pi}{2} \end{cases}.$$